拱心石下　從政十八年

拱心石下

從政十八年

吳靄儀

啟思 啟思出版社

OXFORD
UNIVERSITY PRESS

牛津大學出版社隸屬牛津大學，以環球出版為志業，
弘揚大學卓於研究、博於學術、篤於教育的優良傳統

Oxford 為牛津大學出版社於英國及特定國家的註冊商標

牛津大學出版社（中國）有限公司出版
香港九龍灣宏遠街1號一號九龍39樓

第一版 2018

ISBN: 978-019-0825058

10 9 8 7 6

鳴謝

本社蒙以下機構或人士提供本書參考資料和圖片*，謹此致謝：
蔡楚峰　黃佩瑤　鄧宛芯　蕭智湲　梁靜友　尊子
明報　香港經濟日報
第238頁上、第246頁、第248頁下、第251頁相片
由香港特別行政區政府授權轉載

*部分照片由作者提供

目 錄

吳靄儀的黃金時代

詹德隆

這本書是吳靄儀個人的心路歷程，尤其着重她從政後在立法會內外曾面對過的艱苦挑戰。

這本書也是香港這一困難年代的剪影。吳靄儀從立法會的火線上一退下來便潛心要寫這書，相信是因為她想在大家的集體記憶消失之前留下一個紀錄，記下這一代人曾經辛辛苦苦地走過的民主路。可惜的是，胡適之很想引進華夏的「德先生」在中國人的土地上始終難產。

香港回歸轉眼二十年了。正如劣幣驅逐良幣的道理一樣，香港是壞習慣取代了好習慣。禍害社會的貪污風氣正捲土重來。以前基本上是「學而優則仕」的選拔人才制度，已被「任人唯親」的政治任命破壞，歌功頌德派推倒了選賢與能的傳統，香港政府已經不再是一個 meritocracy，不是能者當之的政府了。曾經是多元開放的公民社會正被蠶食，長官意志壓倒理性討論，香港願意逆來順受的人正帶領這個城市重歸中國人最習慣的一元社會。「三權分立」，權力互相制衡，社會在言論自由、新聞自由、無懼迫害的環境下運行的年代恐怕再難以維持下去，時日無多了。

香港人疼愛的生活方式還能繼續多久？

認識瑪嘉烈（Margaret）是在香港大學開始，多年以來我一直很欣賞她敏鋭的觸覺，清晰的思路，條理分明的鋪陳，和動聽的演繹。但更欣賞她對原則和理念的堅持。她堅持的不是「己見」，而是一個文明進步的社會背後必須有的「法律精神」。

人人都愛自由，但你的自由和我的自由有抵觸的時候應該怎樣處理呢？人與人之間待人接物是因為有法律為基礎才可以衍生出和平共處，而和平共處之道就是依大眾的意思去立法。

假如法律是公平的，是大家都可以接受的話，立法以後行為就有了規範，人民有所適從，社會知所行止。

在進步的國家，立法的人有智慧，也有遠見。美國1933年的 Glass-Steagall Act，由參眾兩院兩位議員（Carter Glass 和 Henry Steagall）主催，把銀行界（經營要穩健）和投資界（經營要進取）的業務分開，數十年來主導及守護美國金融市場，美國大蕭條後至克林頓執政時期凡七十多年，期間並無金融海嘯事件發生，Glass-Steagall Act 居功至偉。可惜近代的華爾街人利慾薰心，硬要把這條防火牆拆除，以利他們的業務擴張——是1999年的事——後來遂催化了2008年的環球金融風暴，連累世界至今。

在美國，人們非常尊重的人物叫 lawgivers（立法者）。他們就是議會中為國家立法的「尊貴的議員」。人類歷史中，最早和最著名的 lawgiver 大概要數猶太人的先知摩西。他寫下的「十誡」就是最早的法律，以此規範古代猶太人的行為。要觀察一個社會是否有前途，首要注意的是它的大學的質素，因為這是知識的實驗室，培養人才的搖籃。另外需要注意的是它的議員質素，因為他們就是這個社會的 lawgivers。法律規範人民的生活方式和經濟運作。法律寫得有道理，清楚，慎密，而且反映的是大眾市民的意願的話，市民就容易遵從，也願意遵從。民主可貴之處就是在這裏。沒有成熟民主和法治的地方，無論短暫間經濟如何繁榮都很容易會重歸「森林規矩」，拳頭凌駕法治，重回弱肉強食的原始社會。

吳靄儀代表香港法律界18年，期間參與辯論無數，曾在立法會舌戰時任律政司司長梁愛詩。吳議員為港人內地子女在香港的居留權而引經據典慷慨陳詞，字字鏗鏘，光芒四射，連應該是反對她的政府中人也不免為之動容。我就是在電視螢幕上看到這難得一見極為罕有的場面，never before and probably never after。當年建制派內的人還是比較有良心的。

但不為外人所知的是吳議員在立法過程中，最繁瑣最沉悶的 committee stage（委員會修正階段）所作的重要貢獻。一條草案通過成為條例前，代表法律界的吳議員都要一字一行一標點符號地審視、提意見、及作出適當修訂。假如香港九七後立法還可以的話，吳靄儀可說有絕大的功勞。如果沒有吳律師和她的法律界黨友據理力爭，香港的公民權利可能早已面目全非。

幕前的演出，大家有目共睹，幕後的辛勞，卻是有苦自己知。吳靄儀離開立法會時，李柱銘曾說：「Margaret 在立法會的貢獻比我還要大！」旨哉斯言，可說實至名歸！

吳靄儀的事業生涯是多姿多彩的，但也可說是艱澀的。學術界、新聞界、法律界、和政界外表上風馬牛不相及，但是對吳靄儀來說底子裏有一線牽。這一線就是她對真、善、理的追求。

這「真善理」得來不易，尤其在香港現今的環境。吳靄儀很喜歡英國浪漫派詩人中的濟慈，興之所至，常能一字不漏地唸出他的詩來。濟慈在他著名的詩作 "Ode on a Grecian Urn" 中寫過：

> Beauty is truth, truth beauty — that is all
> Ye know on earth, and all ye need to know.

在文明國家，人們尊重不同的意見，尤其是與個人信念攸關的理想，所以反對派從來不被視為洪水猛獸。就是因為有人反對，所以政府推出的政策更要計劃周詳。在麥理浩當總督的時期，很多情況下應該是可以獨斷獨行的，但他還是特別器重反對派代表葉錫恩的意見。

很可惜北京對不同信念的人從來都不給予空間，一九九七以後摧毀香港的領導人物不遺餘力，即使對講道理的人也不留情面。香港政治愈來愈激化，與香港的年輕人對溫和抗爭和香港前途感到灰心有極大關係。

我們應該慶幸，香港這個地方還有一些不自量力的人為了真相，為了信念，為了香港人民的福祉，曾經進行過懾人的據理力爭。他們的辯才，提升了立法會內辯論的層次和辯論的水平。他們的努力，為後人提起明燈，為後來者留下不可磨滅的足印。

吳靄儀在書中笑言這是她的「結案陳詞」(Final Submissions)。剛好，最後一任港督彭定康也出版了他的自傳，書名 *First Confession*（《首次懺悔》）。劍橋與牛津的高材生，行文各自精彩，內容也各有千秋，值得所有關心香港的有心人細讀。

活在今時今日的香港，可以看得到當反對派是沒有前途的。華人社會根本上不了解甚麼叫第二種忠誠，也絕不接受。吳靄儀作出這麼大的犧牲，這麼多的犧牲，結果有何所得？為甚麼讀那麼多書的人，智慧那麼高的人竟然會做這傻事？白白斷送了大好前程。

中國古語有云：「識時務者為俊傑。」以這角度觀之，瑪嘉烈可能不是俊傑吧。香港不缺俊傑，甚至可以說俊傑何其多。但有高度智慧，有信念，有情操，有誠信的人卻出奇的少。肯為信念自我犧牲的人更鳳毛麟角。我很高興吳靄儀是我50年的朋友，我簡直是與有榮焉。

2017年8月21日

也無風雨也無晴

陳文敏

6月中的一個早上，我剛夥拍吳靄儀在終審法院一宗刑事案件提出上訴，聆訊比我們預期早結束，儘管後來知道終審法院裁定上訴得直，但過程中仍有一些感到唏噓的地方。大律師生涯原本就是這樣，在辯護的過程中，我們只能竭盡所能，據理力爭，但最後的結果並非在我們掌握之中。我們的司法制度，並不能保障每一個判決都是公平的，但它最少可保障每一宗個案都會得到公平的審訊。在普通法制度內，程序上的公義和實質的公義同樣重要。

中午聆訊結束後，我們在吳靄儀的事務所作簡單午膳，她忽然邀請我為她的新書寫序，當時我倒有點受寵若驚。認識吳靄儀超過25年，知道她的要求極高，也知道這位老朋友絕不輕易找人寫序，惟有硬着頭皮，戰戰兢兢地接受這個挑戰。

收到手稿後，便急不及待一口氣看完。第一個感覺是這本書很有吳靄儀的風釆，她那份對法治的執着和堅持，對使命和責任的承擔，以及那份對制度的尊重均躍然紙上。她從政18年，審閱過無數法案，儘管立法會最重要的工作便是審議法案，可是不少議員對這沉悶的工作並不太熱衷；但她對這項工作卻非常認真。法律條文，一語一詞均可牽連甚廣，她對修詞用字，一絲不苟，往往埋首伏案，工作至深宵達旦，務求令法案準確表達立法的意圖和平衡政府的施政與市民的權利。書中便談及多個例子，例如立法會就新機場的調查報告，或對《截取通訊及監察條例》的辯論，雖然沒有改變任何結果，但文件和辯論記錄在案，這是對社會和對歷史負責。

第二個感覺是這本書不單是吳靄儀的從政小傳，更重要的是它見證了香港這20年來法治的興衰轉變，為回歸前後香港在民主進程和法治建設的重要大事件留下春秋紀錄。1984年8月10日，《中英聯合聲明》簽署在即，132人在各大報章刊登全版聯署廣告，聲言「我們接受時代的挑戰」，吳靄儀是聯署人之一。回想起這份聯署，她說：「（對中英兩國實踐承諾的信心）是無奈之下的勇敢，（對香港人有創造光明前途的能力的信心）卻是滿腔熱誠，我們根本找不到理想的前路：香港沒有獨立的意願，也沒有獨立的能力，從我自己的經歷，『中方不可信，英方不可靠』完全屬實，我們先天後天都沒有本土政治的力量，我們的努力，只集中在極力爭取最有利的條件，在對中、英兩方有限度的信心的基礎上，在有限的時間與空間，為香港打造『港人治港』、『高度自治』的未來。」（第一章，第27頁）。這段說話，輕描淡寫，卻反映了一整代人的無奈，正如她所說，「樂觀與悲觀對我毫無意義，因為這是我的家，我決定了留下來，就要盡力而為。」（第二章，第66頁）。我們可以做的，就是盡力去維護香港的人權自由和法治，因為除了我們的制度以外，我們已一無所有，亦沒有任何其他選擇。

於是，在回歸前我們修訂《終審法院條例》，建立中英雙語法律制度，成立「監警會」，修訂《電子通訊條例》，將《人身保護令》納入本地法例等。政治上，末代港督彭定康修訂立法局的組成，引入「新九組」，擴大立法局選舉的民意基礎。這一點一滴，均旨在鞏固香港回歸後的民主和法治。

可是，這一切都來得太遲和太慢，面對中國的崛起，強大的政治壓力不斷扼殺香港民主和法治的空間。回歸20年，警察對手無寸鐵的平民百姓施放87枚催淚彈，事後竟然無人追究責任，甚至連一個檢討警方可有濫權的委員會也沒有；政府又不惜違反《基本法》的規定，一意孤行強推「一地兩檢」方案，拱手奉送治權，讓內地的法律全面在香港的市中心實施；而法院則重判年輕人，褫奪經過民主選舉產生的議員議席。回歸前我們對法治充滿冀盼，20年後，我們還得在爭論法治和守法的分別，法治漸漸變得面目模糊，而這一切可以由居港權案說起。

居港權案和人大釋法

作為辯護律師團隊的成員，吳靄儀將居港權案的來龍去脈娓娓道來，事隔20年，這連場官司仍是觸目驚心。《吳嘉玲》案是終審法院首宗涉及《基本法》解釋的案件，它亦同時觸及中港兩地法制的衝突和法院在兩個不同制度下的角色。在《吳嘉玲》案中，終審法院認為《基本法》既是全國性法律，自然對國家機關如人大常委會具有約束力。法治的意思是國家機關也不能淩駕法律，於是，人大常委會通過決議，設立臨時立法會這法令必須符合《基本法》才能在特區具法律效力，而根據《基本法》，裁定相關法令是否符合《基本法》這問題自然是落在特區獨立的法院身上。

這項在普通法制度內認為是理所當然的原則，卻觸動了中央政府的神經。在強大的政治壓力下，政府以莫名其妙的理由要求終審法院對其判詞作出澄清。普通法的原則相當清楚：法院的判詞一經頒佈後，法院便無權再對其判詞作出修改或澄清。澄清的申請涉及普通法制的基本原則，大律師公會於是決定介入是項申請。當日郭兆銘資深大律師和我代表大律師公會上庭，希望向法院陳說利害，不要輕易放棄普通法的基本原則。可是，我們還未及陳詞，法院已以大律師公會並無足夠利益介入訴訟為由，拒絕公會的介入。

雖然終審法院的澄清並沒有改變其判詞，但政治上已被視為一種妥協。對政府而言，這澄清並未能遏止港人在內地所生的子女來港定居，於是，政府決定提請人大釋法，推翻終審法院的判決。為得到市民的支持，政府在提請人大釋法前的數月內，以鋪天蓋地的宣傳訴說這些內地子女來港將會如何影響港人的生計、福利和子女入學的機會。這些宣傳將社會分化，令社會對內地移民的歧視加深，亦為日後中港兩地的矛盾埋下伏筆。

人大釋法開創了中央政府干預香港司法獨立的先河，在任何普通法制度下，終審法院的判決只能由立法機關透過公開辯論的修法或修憲程序才可被推翻。在一國兩制下，終審法院的判決卻可以由一個完全沒有透明度的政治機關隨意推翻，而這政治機關在行使所謂解釋權的時候是不受任何約制的。

法律界發起靜默遊行，抗議借釋法為名改變法律，這亦開創了法律界上街遊行的先例。沒有喧嘩，沒有口號，要說的都已說了，沉默更加突顯法治的道德力量。

正如吳靄儀所說，「香港的繁榮，是一代一代的移民、難民建立起來的，他們不是香港的包袱，縱然香港要為新移民付出某些代價，我們也不能做見利忘義的事；見利忘義，不是法治社會的基礎。」(第三章，第85頁)「《基本法》既然明文規定這些子女是永久居民，享有居留權，這些權利就不能由一個政治組織憑其基於政治的考量而取消。如果我們今日這樣對待這一羣，他日我們還怎能堅持《基本法》條文須由香港法庭按照普通法原則理解和實施？我們不保護《基本法》，它又如何能保護我們這一制之下的自由？」(第三章，第84–85頁)

這連場官司，「見證了無數在太平盛世妻離子散的人間苦難，以及政府的冷漠與無理無情。」(第三章，第85頁)。特區政府為遏止香港人在內地出生的子女來港，不惜破壞法制，但諷刺的是，幾年後香港因出生率不斷下降，政府被迫殺校。當日若讓這些子女來港，便正好填補香港因人口老化帶來勞動力不足的缺口。人大釋法對特區法制的破壞，當日的律政司司長梁愛詩難辭其咎。梁愛詩在「胡仙案」中所表現的薄弱法治觀念令人側目，吳靄儀將「胡仙案」和居港權案並列於同一章內，其意昭然。

23條立法

23條立法的抗爭，波瀾壯闊，事隔多年，當年不少場面至今仍歷歷在目。2002年9月，政府發表「實施《基本法》第23條諮詢文件」，正式啟動了23條的立法工程。23條立法涉及一些相當複雜的法律概念，何謂分裂國家？何謂顛覆？何謂非法披露國家機密？何謂煽動叛亂？甚麼是脅迫政府？這些模糊的概念，引起社會極大的關注。政府嘗試淡化這些關注，揚言這些條文對市民的日常生活沒有多大影響。然而，就如吳靄儀指出，「不管官員的心地好壞，通過了的法律就是法律，法律是真實的，賦予政府權力，約束法庭，約束每個在這裏生活的人。」(第四章，第136頁)。一些志同道合的朋友心感不妙，因深知魔鬼在那些條文的細節中，作為法律界人士，我們有責任向公眾指出這些建議的弊端。這班朋友，包括張健利、湯家驊、李志喜、余若薇和梁家傑五位資深大律師兼前大律師公會主席，吳靄儀、陸恭蕙、Mark Daly、戴大為教授和我本人，組成23條關注組。我們以簡易的文字分別指出政府建議的七宗罪個中的弊端和我們的修改建議，陸恭蕙將這些評論印制成七色彩虹冊子，由我們各人落區分派給市民。對我們這班被謔稱為「坐沙發的精英分子」(armchair elites) 而言，不少人還是第一次落區派傳單！還記得當日梁家傑派傳單時那份彆扭神態，誰又會想到他日後會成為公民黨黨魁和特區首長候選人？

然而，政府仍然一意孤行，打算強推23條立法。社會上漸漸形成支持和反對立法兩大陣營。23條關注組受到不少攻擊，罵我們是港英餘孽，賣國求榮！支持23條立法的人問有哪個國家不需要保護國家的國家安全法？我們並不反對訂立保護國家安全的法律，我們關注的是我們需要甚麼樣的國家安全法。維護國家安全並不等於要犧牲市民的基本權益，國家安全法更加不能成為當權者濫權或排除異己的工具。事實上，在抗爭的後期，不少人只期望政府能先發表白紙草案，讓市民有充分的機會討論草案的詳細內容，可是政府連這樣卑微的要求也不願接受。2013年7月1日，50萬人上街遊行，反對23條立法，但政府依然不為所動，打算強闖立法會。在關鍵時刻，自由黨黨魁田北俊改變立場，在失去自由黨在立法會的支持後，政府才無奈地撤回23條的立法草案。

這一役沒有輸贏，23條立法只是暫時擱置，在以後的日子裏，它的陰影仍一直纏繞着香港。這一役亦成為香港政治生態的分水嶺，不少人意識到，沒有民主的立法議會，市民基本權利的保障依然是相當脆弱。23條關注組的成員將焦點轉移到民主政制的發展，其後部分成員成立公民黨，民主黨派的聲勢一時無兩，社會亦漸漸形成泛民和建制兩大陣營。另一邊廂，政府和公民社會的嫌隙日深，政府不但不敢面對羣眾，反而處處防範市民，政府新總部的設計正正如是。與此同時，中央政府和香港市民之間的互不信任亦日漸加深，中央政府開始逐步加深介入香港的內部事務。

莊嚴的立法議會

在書中的最後一章，吳靄儀談到立法會曾坐落的三座大樓和三代議會，當中處處流露吳靄儀希望建立一個以英國國會為藍本，受到市民和政府尊重和莊嚴的立法議會。由修訂《權力及特權法案》，加強和建立專業的祕書處以支援議會的工作，到訂立《議事規則》，使人人知有所循，目的均在建立一個專業和獨立的立法議會。在這裏她更語重心長地指出，議事規則「更重要的意義是維護議會的獨立自主，發揮其無畏無懼，自由辯論的功能。規則是為了便利辯論而不是窒礙辯論而設的，執行議事規則的主席，需要深切了解這個基本原則，不應視議事規則為對付政見不同的議員的工具。主席應要為議事規則服務，而不是要議事規則為主席服務，本末倒置，議會便迷失本義。」(第六章，第256頁)。當今天議事規則頻頻成為壓制議員監督政府的工具時，吳靄儀這段文字便顯得特別有意義。其實，將這段文字內的「議事規則」改為「法律」，將「主席」改為「政府」，法律是為保障市民的權益而非用來限制市民監督政府，這番說話同樣適用，而這不正是今天香港社會的困局？

可惜，今天的議員和政府不再尊重議會和它背後所代表的價值，一定程度上這也是源於這個扭曲了的議會制度；分組點票制度令議員難以監察政府，泛民和建制的議員壁壘分明，辯論往往變得對人不對事。扭曲了的議會制度，令民選議員處處受制，一些建制派議員則不問是非黑白盲目支持政府，而一些泛民的議員亦同樣不問是非地攻擊政府，議員和政府之間的互信瀕臨破產。九七年前的議會，「由於政府與議員認同彼此之間的憲制地位和職能，在工作關係上能做到互相尊重。」(第二章，第51頁)，「縱有重大分歧，也是以禮相待。多麼難受，政府也要面對議員爭取支持，不會繞過議會行事，只能極力說服議員」(第二章，第63頁)。九七年後立法議會和政府的關係是立法會和政府大樓以祕道互通！(第六章，第264頁)，政府能繞過立法會便盡量避開立法會。九七年前，財政司夏鼎基向屬下官員訓示，盈餘是公共盈餘，不是政府的盈餘；收入是公共收入，不是政府收入。他官邸的網球場殘破，他的兒子提出說需要修葺，夏鼎基即指出，納稅人的錢屬於公眾，一分一毫也不能用諸於私。2017年，補缺新任財政司司長陳茂波則急不及待要求豪花二百萬元修葺官邸！（第五章，第225頁）。禮崩樂壞，皆因人漠視制度。當議會不能成為理性辯論的地方，一些議員惟有採取較激進的方式抗爭。主席行使議事規則限制議員的發言或提案，議員便訴諸法庭。議員濫用拉布，主席則粗暴剪布。地產商不滿遭立法會傳召作供，便向法院提出司法覆核。最後連政府也介入立法會的內務事務，質疑立法會主席容許部分議員重新宣誓的決定，至此，立法會的尊嚴和獨立已蕩然無存，這又怎不教人感到唏噓？

三權分立，旨在從制度上作出互相制衡，立法會監察政府，政府透過民選議會向人民負責，獨立的法院則確保政府依法行事，平衡政府施政和保障市民的基本權益。這個制度，讓三權各施其職，避免濫權或一權獨大，令行政立法均受法律規管。不知為何，中央政府卻總視三權分立為洪水猛獸。當然，中央集權有助提高效率，但它的弊病是當權力不受約束時，濫權瀆職的情況便應運而生。國內今天貪污成風，多少就是權力不受約制的結果。權力不受約制，當權者高高在上，很自然會變得不知民間疾苦，政策脱離羣眾，即使有人願意進諫，亦會變得忠言逆耳，這是人治的社會。中國數千年的歷史，不是沒有出現明君賢臣，但中央集權，缺乏制度約束權力，致令每一個朝代都無法長治久安，每一個朝代的覆亡都只不過是歷史重演。法治和三權分立制度的要旨就是要約制權力，防止濫權，從而建立一個更穩健、更透明和更公平的社會。

看畢全書放下手卷後，第三個感覺是當吳靄儀離開立法議會時，似乎同時標誌立法會一個時代的終結。今天的議會已鮮有聽到令人拍案叫絕的精彩辯論，更加鮮有願意花上大量心力對法律草案條文逐字逐詞反覆雕琢的議員。若果連議員自己也不尊重這個立法議會和它背後所代表的價值，市民又怎會尊重這個立法議會？吳靄儀不介意市井之徒的辱罵，卻為法院願意折腰而傷心：「鄔維庸的侮辱是無知狂徒自己的失禮，法庭是千金之體，如何能向強權折腰！」(第三章，第100頁)。她公私分明，公事上絕不談私交，「我和李國能相識在大學時代，黃仁龍是我初次參選時的提名人之一；他兩位受任公職之後，我完全避免提及私交，往來都是以公事身份，有第三者在場」;「公與私，褒與貶，沉默與發聲，我們一生慣於守禮。『發乎情，止乎禮』,『克己復禮為仁』，是唸書時老師教的。」(第六章，第279頁)。亦因公私分明，她「大部分時間的議會工作是孤獨而寂寞」，在議會內「並無私交可言」(第二章，第56頁)。相對於今天不少只講關係不知避嫌之徒，這種情懷更彌足珍貴！

九七前夕，吳靄儀因張健利的一番説話繼續留守議會16年，跨越兩個世紀的議員生涯，今天相信張健利也會認同，她能做的都已做了，這本書就是她留下最好的歷史紀錄！回首向來蕭瑟處，也無風雨也無晴。當今天的年輕人否定前人爭取民主的努力時，吳靄儀指出，讓香港人決定自己的命運，李柱銘和鄧蓮如早在27年前已經提出。(第六章，第244–246頁和第249頁)。或許，將來在某年某月，有人翻看這本書時，會發覺原來我們曾經有過這樣的議會，前人原來也曾付上畢生努力去爭取民主和守護這個制度。

記得有一年在倫敦，我和吳靄儀相約茶敍，我們相熟的咖啡室卻不復在，雖然天色陰暗，微雨霏霏，她仍堅持找一間傳統的咖啡室，不肯妥協往就近的連鎖咖啡店。傳統的咖啡室對沖咖啡和造餅是一絲不苟，每一杯咖啡和每一件糕餅均洋溢着對工作的熱誠和對制度的尊重；尊重制度和欣賞傳統，吳靄儀就是這樣一個朋友！

2017年8月於倫敦

吳靄儀從政 18 年大事年表

1995

九月 17　首次立法局全面直接選舉，920,567 人投票。

1996

三月 24　北京委任的特區籌委會議決成立「臨時立法會」取代民選立法會。

十二月 11　400 人選委會選出董建華為特區首長。

1998

五月 24　首屆在《基本法》下舉行的立法會選舉，1,489,705 人投票，投票率達 53.29%。

1997

六月 30　大雨滂沱中英國在添馬舉行主權移交典禮。

七月 1　香港特別行政區在會展中心主權移交儀式中成立。

民主派議員在舊立法局大樓露台告別市民。

七月 9　臨立會通過《入境(修正)》(第 5 號)法案；數以千計被奪居留權子女的父母尋求司法覆核。

1999

一月 29 終審法院《吳嘉玲》案判決港人子女享有居港權。

六月 26 人大常委會釋法，推翻終院判決。

六月 30 法律界黑衣沉默遊行。

2000

八月 26 Sir Noel Power 主持獨立委員會，調查干預香港大學學術自由事件。

九月 10 立法會選舉，1,319,694人投票。

2001

一月 12 政務司司長陳方安生宣佈提早退休，結束38年公務員服務。

2002

二月 28 56% 市民反對聲中，800人選委會宣佈董建華在無對手競選之下連任。

六月 19 立法會在爭議聲之中通過董建華提出的主要官員問責制。

九月 24 特區政府突然推出諮詢文件，建議23條立法禁制叛國、分裂國家、顛覆中央行為。

實施基本法第二十三條

諮詢文件

十一月 5 基本法第23條關注組發表彩虹七色冊子，指出法案損害人權自由。

2003

二月 26 《國家安全（立法條文）條例草案》刊憲。

三月 10 沙士疫情籠罩香港。

三月 25 立法會成立草案委員會審議23條法案；政府施壓要在7月1日前通過法例。

六月 1 民主派代表團赴美游說。

六月 14 大律師公會及大學合辦「國家安全與人權自由——是否已取得平衡」研討會，本港及國際學者在會上發言。

六月 23 世衞除去香港在疫埠名單上的提名。

六月 28 政府只略作修正，要求立法會通過23條立法草案。

七月 1 逾50萬人上街遊行和平抗議要求實施普選及擱置草案。

七月 9 5萬人圍繞立法會大樓靜坐集會；政府宣佈延遲立法。

九月 5 政府正式撤回草案。

十一月 14 《基本法》第45條關注組成立，推動2007/2008雙普選。

2004

四月 6 人大常委會頒佈對《基本法》附件一及附件二的解釋文件，特區政改程序須循五步驟，由中央啟動。

四月 26 人大常委會公佈07/08不實施普選。

九月 12 1,784,131人在立法會選舉中投票，投票率達55.64%。

2005

三月 10 特首董建華辭職下台。

四月 6 署任特首曾蔭權搶在司法程序展開前提呈人大釋法辦理補缺特首任期。

四月 19 法律界沉默遊行抗議。

四月 27 人大常委會頒佈對第53(2)條的解釋文件。

十月 19 政府發表07/08政改建議：選委會增至1,600人，特首候選人須有200位選委提名；立法會直選及功能界別各增五席。

十二月 4 數以萬計市民遊行抗議當局否決07/08雙普選。

十二月 21 泛民主派否決政府所提政改方案。

2006

三月 19 公民黨創立，繼續推動法治之下民主公義。

十一月 6 梁家傑代表泛民主派參選特首。

2007

三月 1 香港首次舉行特首選舉，兩候選人曾蔭權、梁家傑出席電視辯論。

三月 26 1,200人的選委會以649票選出曾蔭權為特首。

十二月 2 陳方安生在補選中當選立法會議員。

十二月 29 人大常委會公佈，否決2012雙普選；2017可實施普選特首，其後一屆可普選立法會；普選可包括功能組別選舉。

2008

五月 20 政治委任制擴充：特首委任八名副局長。

五月 27 在一片批評聲中，九名主要官員的政治助理獲委任。

九月 7 1,524,249人在立法會選舉中投票。

2009

六月 24 立法會通過《在囚人士投票條例草案》，在囚人士得以行使憲制下的投票權。

九月 2 終審法院首席法官李國能宣佈決定提早退休。

十一月 18 政府發表2012政改方案，既無普選路線圖，亦無承諾會取消功能組別。

2010

一月 27 五名民主派議員辭職，以補選推動公投，對取消功能界別及雙普選表態。

二月 3 建制派議員表態不參與補選。

四月 9 馬道立受委任為終審法院首席法官。

五月 16 579,795人在補選中投票，五位辭職議員全部以傾倒性票數當選。

六月 17 特首曾蔭權挑戰五區公投，與發言人余若薇電視辯論政改方案。

六月 20 中聯辦閉門會見民主黨領袖，達成妥協方案。

六月 21 特區政府接受「改良方案」。

六月 23 2012政改方案在民主黨支持之下，立法會以三分之二大多數票數下通過。

2011

五月 17
政府未經諮詢提出「替補機制」草案，廢除因議員辭職而引發的補選。

六月 3
《立法會(修正)條例草案》刊憲。

七月 1
218,000市民上街遊行。

七月 5
「替補機制」草案押後，以待諮詢。

七月 16
議員告別由1985年起啟用的立法會大樓。

八月 18
中國副總理李克強出席港大百週年紀念典禮。

九月 1
立法會遷往添馬艦新大樓。

2012

二月 14
唐英年、梁振英、何俊仁競選特首。

三月 24
222,990名市民參與「民間公投」，54.6%人投白票。

三月 25
梁振英以689票當選特首。

六月 4
180,000人參加維園燭光晚會。

七月 1
400,000名市民上街遊行，爭取普選及要求梁振英下台。

七月 17
立法會休會。

港危急

序章：尋找未來的旅程

1995年9月，我當選為立法局議員。2012年9月，我正式退任。在2014年9月，雨傘運動爆發時，我已離開議會整整兩年了。2016年9月的立法會選舉，是雨傘運動後的第一場立法會選舉。那場選舉，充滿變幻，左右未來。參選名單之多、票源之分散、選情之激烈，教選民無所適從。30年掌舵民主大業的傳統民主黨派內憂外患，在「西環」中聯辦[1]統率下的建制派，與異軍突起的「本土」、「自決」新世代力量之間，腹背受敵。支持民主派的選民，既想造就新世代上場，又怕老兵大量出局，民主派在議會中失去「關鍵少數」[2]及分組點票的多數，最後防線便潰於一旦，「西環治港」會藉號令特區政府長驅直入，香港這「一制」從此覆亡。

這是「洗牌」的一局。早已退下火線的我，只能在特別場合幫小忙。其實，這一局無人能操控一切，我們只能各盡其力。

最後關頭，不知甚麼人做對了甚麼事，[3]乾坤扭轉，公民社會士氣大盛，民主派竟然取得比預期好的成績，傳統泛民黨派

1 「中央人民政府駐香港特別行政區聯絡辦公室」簡稱，地址在香港西營盤干諾道西160號。

2 「關鍵少數」是指在《基本法》附件一和附件二之下，修改行政長官及立法會組成的建議，須得立法會全體議員三分之二通過，民主派所佔議席只要達三分之一，便能阻止政府的政制修改建議通過。「分組點票」是指《基本法》附件二規定，議員所提的議案，要分別經功能團體選舉產生的議員，和分區直接選舉產生的議員兩部分出席會議議員各過半數通過，才能算是通過。

3 選舉最後兩天，五名民主派候選人，包括競選跨區議席的公民黨成員、梨木樹區議員陳琬琛，毅然宣佈棄選，以增加民主派整體贏面，數目上難以證明這起了多大作用，但行動感動選民，民主派士氣大增，可能是其中一件做對了的事。

大致成功新舊交棒，而幾位本土、自決素人當選，「非建制」議席加起來更勝上屆。我們的心情，也由戒備轉為期待。

豈料選舉兩星期後，一場「宣誓風波」，又粉碎了樂觀情緒。兩位高舉「港獨」旗幟的青年新政議員梁頌恒和游蕙禎，在宣誓就職時身披 "Hong Kong is not China" 的標語，並在宣讀誓詞時扭曲 "China" 的讀音，令誓詞語帶侮辱。這個挑釁行為，引起建制派激烈反應，社會亦普遍反感。新當選的主席梁君彥認為宣誓無效，決定讓兩人重新宣誓，建制派不允，以離場製造流會，兩人無法重新宣誓就職。期間，律政司及特首梁振英入稟法庭，要法庭裁決兩人舉止已足使他們失去議員資格。這項申請，史無前例。政府根據的是《基本法》第104條，以及《宣誓》條例，法律界普遍認為相當牽強。《宣誓》條例並無説明合法當選的議員，若宣誓時行為不當，或未能正確完整讀出誓詞，法庭即有權裁判該等行為等同拒絕宣誓，並可即時由法庭褫奪其議員資格，[4] 而毋須經過立法會程序。

然而，特首梁振英，早在雨傘運動清場不久，就在施政報告中譴責大學生倡議港獨，挑戰一國，違反《基本法》條文。接着，在立法會選舉提名階段，政府已採取行政手段，禁止發表過港獨言論的本土派人士參選。行政手段隨即遭到司法挑戰，當時，左派及建制派已作勢要求以全國人大常委會解釋香港《基本法》(「人大釋法」) 對付。司法挑戰因選舉在即而被法庭押後。[5] 此時，梁振英便藉宣誓風波，主動興訟，令釋法呼聲更

4 香港法例第11章《宣誓及聲明條例》第21條原文全文為：「如任何獲妥為邀請作出本部規定其須作出的某項誓言後，拒絕或忽略作出該項誓言 – (a) 該人若已就任，則必須離任，及 (b) 該人若未就任，則須被取消其就任資格。」

5 本土民主前線成員梁天琦報名參選2016年立法會選舉。2016年8月2日，選舉主任以他曾發表港獨言論，違反《基本法》中包括「香港是中國不可分離的部

加響亮。其實訴訟的法律焦點在於《宣誓》條例的解釋，牽上釋法，是企圖以政治壓倒法治。當時正在訪京的大律師公會代表仍不認為中央有釋法之意。但案件仍在候判期間，人大常委會已在11月7日突然頒佈對《基本法》第104條的「解釋文件」(下稱《解釋》)，內容具體約束法庭的裁決。

11月15日，原訟庭判決政府勝訴。[6]判決書稱與釋法無關，但説服力不大，梁、游上訴。11月30日，上訴庭駁回上訴，明言是基於釋法，兩人無上訴理據。[7]到此，梁、游不但遭法庭裁定已喪失議員資格，還須付政府一方訟費，及遭立法會討回10月1日任期開始時已支付的薪津和辦事處開支共一百六十八萬餘，令兩名青年面臨破產。社會反應冷淡，政府乘勝追擊，12月2日，用同一手法，入稟法庭要求取消多四位議員[8]的資格。如果政府全盤勝訴，則18萬選民投票得來的議席，便會得而復失，反勝為敗，由淨增長兩席變為負四席。[9]

看着這連串事件發生，對於特區政府濫用司法程序，對於人大常委會恃權「釋法」，我感到極度憤怒。無論甚麼人犯了甚

分」，取消他的提名資格。梁天琦入稟法庭申請司法覆核許可，挑戰選舉主任的決定，並以提名期結束在即，要求法庭緊急聆訊。法庭不同意緊急聆訊，理由是梁天琦可待選舉舉行後作選舉呈請：見法庭案件編號 HCAL 133/2016 Leung Tin Kei（梁天琦）v Electoral Affairs Commission。

6 見 Chief Executive of the HKSAR and Secretary for Justice v President of Legislative Council, Sixtus Leung Chung Hang and Yau Wai Ching, HCAL 185/2016; Chief Executive of HKSAR and Secretary for Justice v Yau Wai Ching, Sixtus Leung Chung Hang and President of the Legislative Council, HCMP 2816/2016, 2016年11月15日判決書。

7 見 CACV 224/2016 及 CACV 225/2016 判決書。

8 四位議員為姚松炎、劉小麗、羅冠聰、梁國雄。

9 2017年7月14日，原訟庭宣判政府勝訴，四位議員全部喪失議席兼須付對方訟費。見法庭案件編號 HCAL 223, 224, 225, 226 / 2016。

麼彌天大罪，也須以合乎正當程序的方式處理，不應務求達到目的，便不擇手段，扭曲法律，摧毀香港特區在《基本法》框架下的基本制度。這次人大釋法，是破壞力最大的一次，遠遠超出「解釋」的性質，大刀闊斧補充和修改法律，而所修改補充的還不止是《基本法》條文，而是不屬人大常委會權力範圍之內的香港法例，還加入一些違反香港法律一貫原則的東西。香港法例從無規定任何人作誓「必須真誠、莊重地進行」，否則無效，因為這種要求，會令法例條文變得主觀和不明確，違反「依法」的基本定義。法律慣常的做法是，宣誓人若作出違反誓言的行為，在他宣誓之後才加以制裁。在這場官司之中，法庭要裁決的核心問題：宣誓時行為不檢是否等同《宣誓》條例第21條下「拒絕宣誓」，而法官應如何解釋法例條文，普通法有成立已久的法則規範，但人大常委會的《解釋》就越俎代庖，指明「宣誓人故意宣讀與法定誓言不一致的誓言或以任何不真誠、不莊重的方式宣誓也屬拒絕宣誓」，侵犯《基本法》保障特區法庭的獨立裁判權。[10]

此外，《解釋》還指明由監誓人「確定」宣誓是否有效，若此人確定宣誓無效（包括不夠真誠、莊重等等原因），就「不得重新安排宣誓」。這又是藉釋法而篡改香港法律。按照《宣誓》條例及立法會根據《基本法》第75（2）條訂立的議事規則，[11] 在立法會選出主席之前，監誓人為立法會祕書；祕書長並無決

10 《基本法》第80條訂明：「香港特別行政區的司法機關，行使香港特別行政區的審判權。」

11 《宣誓及聲明條例》第19條規定，立法會議員須在其任期開始後盡快宣誓，如在選舉立法會主席之前，由立法會祕書監誓，選出主席之後，由主席或代主席行事的議員監誓。立法會《議事規則》第一條訂明，議員在就職時須按《宣誓》條例規定宣誓。

定議員宣誓是否有效的權力，而議員宣誓若因任何理由可能無效，由主席決定安排重新宣誓，這已是立法會的慣例。上述種種，已顯示人大常委會的《解釋》多方面違反《基本法》條文與精神。《解釋》本身違反「依法」一詞的基本定義，創下了無客觀準則、隨時可變、隨時可新訂懲處而溯及訂立前的行為的法規，抵觸法治原則，但卻約束法庭要依照《解釋》解釋法律。如果《基本法》真的是這樣，當局憑甚麼要人「擁護」《基本法》？要人「擁護」的《基本法》究竟是甚麼？

釋法最嚴重的後果，對我來說，是對香港法庭的公信力造成的傷害。法律界和廣大市民都深知，人大釋法對香港法庭具約束力，但我們都希望看到法庭在一切可能的範圍內，盡力維護香港一制的完整與尊嚴，特別對是如此天馬行空的《解釋》，不會不加以最慎重的考慮，就照單全收。然而，上訴庭的裁決令人嘩然。如果高等法院首席法官的判決書說得對，則人大常委會在任何時候都可以對《基本法》任何條款作任何解釋，無論《解釋》的內容是否超越了解釋法律的性質而變成補充立法或修改《基本法》，無論《解釋》是否實質介入本地立法及司法權，無論《解釋》是否違反《基本法》條文、程序與精神，香港法庭都得照單全收並一概視為有溯及力，自1997年7月1日起生效，即使實質上等同立法加入事前所無的懲處條文也作如是觀，而且有關訴訟人的代表大律師全部沒有專業資格在庭上提出任何質疑，因為他們所學的不過是普通法，與人大常委會依據的一制毫無關係。判決書指："The view of a common law lawyer, untrained in the civil law system, particularly the civil law system practised on the Mainland is, with respect, simply quite irrelevant."[12]

12　見 CACV 224/2016；CACV 225/2016 高等法院首席法官張舉能判決書第57段。

若然如此，不論法庭或法律界，在人大釋法之下都只能啞口無言，法庭只是執行人大常委會旨意的工具，那麼市民為甚麼要信任香港法律，信任法庭？

上訴庭的裁決，還削弱了終審法院屢次肯定的「三權分立」（separation of powers）憲制架構，及三權分立之下，法庭對立法機關的不干預原則。就算按照人大釋法，以不真誠、不莊重的方式宣誓，也屬拒絕宣誓，所作宣誓無效、宣誓人即喪失該公職的資格，事件涉及立法會議員，不等於要由法庭應行政機關的申請宣佈取消其資格，而應該經立法會按《議事規則》程序罷免，就如法官若宣誓無效，要罷免這名法官也須經憲法規定而行。選民合法選出的代表，沒有由法庭取消資格的先例，這與現行其他法例相左。法庭有責任加以維護而非削弱《基本法》設立的憲制架構的裁決，應以《基本法》賦予選民的選舉權為念，這才是民主法治的基礎。終審法庭確立的不干預原則，不是指法庭沒有司法管轄權干預立法會事務，而是不在不必要的情況下行使管轄權干預議會。[13] 立法會自己可以罷免其議員，自己向公眾負責，何勞法庭插手？法庭應確定的是憲法賦予的立法機關獨立自主，沒有必要強制撤銷立法會主席在立法會事務安排上的決定。不干預原則，是個有智慧的原則，保護的不只是立法會或個別議員，而是法庭的認受性和超然地位，這是香港人最寶貴的資產，也是社會穩定的最後支柱。我畢生努力所堅守的，就是不讓法律成為當權者的殺人利器，不讓司法程序成為借刀殺人的工具。

13　終審法院2014年9月29日在梁國雄訴立法會主席判決書：(2014) 17 HKCFAR 689，第28–35段，及 Rediffusion (Hong Kong) Ltd v Attorney General of Hong Kong 樞密院判決：[1970] AC 1136。

梁、游兩位議員的行為侮辱議會，傷害民主運動，令我極度失望。但我認為，侮辱議會的行為，應由議會在憲制下以自己的方式和程序處理。《基本法》與本港法例之下，立法會已有明確的權力和既定的程序，罷免一位行為不檢的議員，宣佈其失去議席，[14] 然後由立法會祕書，按照法例要求通知當局，由當局啟動補選的安排。[15] 如果該名人士仍企圖以議員身份行事，則律政司司長或該選區選民有權入稟法庭，禁止及懲處該等行為。[16] 當然，通過罷免需要議會內有很大的共識，但這也正是立法的原意，因為選民透過投票表達的意向，議會不得輕易否定。當局不應因為擔心得不到所想要的結果就捨棄正途。只有遵循正途，有規有矩地處事，才能重申議會的憲制地位和職能，令議會發揮穩定社會的作用。

其實，這也是我對於在宣誓就職時作出或大或小的異常舉動的議員感到遺憾之處。我看不到這種行為的必要和意義。我從政18年，五度當選連任，五次在公眾面前在會議廳宣誓就職，每一次都是真心誠意、莊重莊嚴的，是向公眾、向我的選民表示承擔此職是何等重大。我來議會，是為建立一個強而有力的民選議會，並以民選議會為核心，建立香港的民主制度。我要建立的議會，是一個得到香港人信任及國際尊重的議會，獨立自主，體現民意，與行政、司法鼎足而三。如果議員自己也不尊重議會，我們怎能叫公眾尊重議會？如果議員不認真盡責，議會怎會得到公眾尊重？如果議員帶頭踐踏議會，公眾怎會得到信息，認同民主議會值得我們奮鬥？行政當局、司法人

14 見《基本法》第79(7)條及立法會《議事規則》第49B條；《立法會條例》第15條。

15 見《立法會條例》第35條。

16 見《立法會條例》第73條。

員輕視議會，不也是意料中事麼？如果我們不滿議會現狀，我們有責任改善，這是我認為我作為議員要承擔的一部分。如果我們根本就蔑視這個議會，那麼我們來此作啥？就為了領導市民藐視議會嗎？[17]

事實上，從踏入議會的第一天，我已知道這個任務艱難。我們好比坐在一條裝備未完成，船員訓練未足夠，卻已要在風浪中駛往地圖上沒有清楚顯示海岸的船上。我們一面要應付航行的大小事務，要做得最好，一面要不停潑掉不停入侵的海水，一面盡用現有的裝備，一面要盡快打造好新裝備，令這條船變得真正適航。當年，香港根本沒有其他選擇；上不上船，選擇在我，但既已上船，何時棄船卻由不得我，就是這樣，一做18年！

議會每天有很多職務要處理，例如審議法案、監察施政、通過撥款，也有很多「家務」要打點妥貼，例如草擬文書、組織人手，好比航行的日常工作，甲板是否擦得光亮，機件是否運

17 我看不出為何議員宣誓就職不能誠心摯意。九七前的立法局，特區成立後的立法會，距離理想十萬八千里，但我承諾忠誠服務的不是當前的政權與一眾議員，而是心目中要為香港人建立起來的民主議會，是對一個理想承擔的忠誠。維護《基本法》，是同意接受一個約章，不是完美的約章，但意義在於我要在條款下為香港爭取最大的利益，同時我會堅持使對方信任自己的諾言。我了解，法定的誓言文字不是完美，但它是經過談判協定的。立法局議員不須效忠英女皇；立法會議員不須效忠中華人民共和國，只須效忠香港特別行政區，而香港特區是「中華人民共和國香港特別行政區」，是個無可否認的政治現實，法律上，是這個約章的一部分。2004年，「長毛」梁國雄當選，誓詞首先受到司法挑戰，認為他不應向特區效忠，而是向人民效忠，法律應容許修改誓詞。他的理據或者不足，但提司法覆核的目的是為了確保自己擬採取的行動合法。司法覆核駁回之後，他就採取了法例及議事規則容許的方式行事。他重視選民給他的議席，也令人感覺到他接受規範。不幸不是每位議員都有長毛的深度和原則，結果他創先河，追隨者卻漸失初衷，宣誓變為例行抗議的行為，名為議會內的抗爭，其實議會內的抗爭不應是這樣膚淺無聊的，也不須作這樣的表態。議員尊重選民，尊重議席，大有作為，才不負眾望。

作良好。常言道最好的培訓是在職的培訓，所以如何保持議會的員工水平與士氣，都是議員日常職責。

立法會的組成不健全，最大缺陷是功能界別議席的延續，名義上為了在過渡時期能保留工商專業界的專長，服務議會，但實際結果卻是過渡完結無期，界別利益逐漸淩駕整體，左右議會決策，好比船上兩組機件，原為舊機組暫留，讓新機組預備全面接替，但結果卻是新舊兩機組互相牽制，阻礙航行。完成新舊接替是旅程順利的最大關鍵，愈延遲完成危險愈大，也愈難達成。

總括來説，從舊議會百多年而來圓熟的基本功架規條，是新議會的寶貴承傳和穩固基礎。《基本法》一面明文賦予議會獨立自主的身份地位，一面又奪去部分舊有的重要權能，再加上諸多牽制，於是我們便需要在克服新的挑戰之前，首先要保護原有的強項，特別是代表議會自主和言論自由傳統的會議常規。船在海上，舊時海岸的一切，很快已成回憶，回憶又漸次殘缺模糊，時間不在我們的一方。

不但議會，原有的行政架構也出現了同樣問題。公務人員和公職人員舊時行事的優良傳統與典章制度，絕大部分載於不成文的守則、信念及內部檔案。人事變更，一朝天子一朝臣，檔案消失，與議會的來往默契及行事習慣和文化變得更快，議會要憑藉原有文化為尺度的可能，也漸始落空。

參與主權移交前的最後一屆立法局，給了我很多機會深刻體驗舊議會文化的高峯。港督麥理浩，有鑒於六七暴動[18]的教

18 1967年5月至12月，香港左派乘大陸文化大革命之勢，在香港發動反殖民地政府暴動，企圖提早解放香港，終因得不到中央政府支持而戛然而止。見張家偉著：《六七暴動——香港戰後歷史的分水嶺》，香港：香港大學出版社，2012。

訓，開始有意識地逐步擴大民意代表參與的範圍，[19]雖然他絕不認為香港應走上民主政制的道路。八十年代，中英談判啟動以至完結，港英撤退有期，自港督尤德起，展開了步履蹣跚的民主改革，但末代港督彭定康是第一位真正極力推動香港民主的港督，因此他在任的五年，港府內部也在他統領之下，鋭意尋求公開透明和向議會負責，仿傚英國的執政黨向下議院負責的模式。九七切斷了這個關係，第一屆民選立法會在1998年7月成立後，難言重續，但餘温尚在，下議院仍樂於與立法會有聯繫，而香港公務員高層，與立法會有重大對立也有互相合作，直至2002年，董特首推行主要官員政治委任制（俗稱「高官問責制」），從公務員系統手上奪權，自此而後，公務員文化急劇改變，行政立法關係也徹底變質，以前官員不問黨派，與議員互相尊重，共同商討也變為噤若寒蟬。民主派要在這個位置推動立法會改善這條船的裝備，可以想像何等艱巨，何等迫切？在我心目中，一個專業、高水準、操守嚴謹的公務員團隊，是香港民主的必要基石，特別是在成立民主制度的初期，如果從政的人與組織尚未成熟，穩當的公務員體系渙散，香港的管治就會陷入危機，那是我日夕擔心和日益心焦的事。[20]

坐在這條船上，我們經歷了不少暴風雨：居港權引出的第一次人大釋法、沙士疫情籠罩下反抗「23條立法」，只不過是特區成立初期的其中兩宗。我是個不熱衷從政的人，1995年參政，以為任務只是代表法律界維護法治及法制平穩過渡，但是很快

19 麥理浩主要是大大擴充了諮詢架構，擴闊諮詢對象廣及市民，委任他們為各政策或地區範疇的諮詢委員會委員。

20 我對立法會祕書處也有同樣的期望：議員每屆不同，可能各方面的學識與經驗不可知，但一個恆常、專業的祕書處能確保立法機關的行事方式可靠和有規格可循，有利建立議會文化及習慣。

已看到，法律界不能獨善其身，法治需要民主制度的保障才能生存，即使居留權這項憲法權利，也不能單靠在法庭上憑法理爭辯，因為政治能夠改變法律，法庭只能實施法律。不但只憑法律不夠，只憑議會內的工作也不夠，因為在當時政治架構之下，政府永遠能掌握建制派大多數，要抵擋外來的風暴破浪而行，民主派人士必須與廣大的民眾同行，不單要聆聽民眾，還須願意領導羣眾。23條立法之役，令我深刻感到香港公民社會的力量和冀盼，站在法律專業界的地位，我更深刻地感到專業必須深入民間，接受及履行羣眾加諸我們身上的責任。

從2003年「七一大遊行」，到2004年「七一爭取普選大遊行」，我從參與組織「23條關注組」到以協助推進特首普選為任務的「45條關注組」，到2005年否決政改方案，到2006年成立公民黨，其實都是在驚濤駭浪之中修理這條裝備不全的大船。2004年一屆的立法會，是全港民主派士氣最高昂、公民社會積極結合議會程序，獲得最顯著佳績的一屆，西九文化中心的一役，迫使政府改變原來計劃是其中一例。但原來那只是曇花一現，因為中央與特區的當權派，汲取了23條立法慘敗的教訓，已決定改變對港政策，全面干預香港事務。[21] 在特區興建連接內地高速鐵路的一段，在西九市中心設總站，讓內地人員進駐施行「一地兩檢」，是最高調的一着，但2008年至2009年的反高鐵運動，也正是議會程序在民間力量全面策動監察之下，最壯麗和振奮人心的一役，我們雖敗猶榮 ，而且為民主抗爭埋下了伏筆。

21 見曹二寶，〈「一國兩制」條件下香港的管治力量〉，2008年1月29日，《學習時報》第422期，及 程 潔，"Story of a new policy"，*Hong Kong Journal*，2009年7月1日。

無論是2003年7月9日黃昏，我在會議中走到立法會大樓遠望圍繞立法會靜坐的羣眾，或是2005年12月21日的寒冬子夜，我們否決了政府的第一項政改議案之後，走到聖誕燈飾璀璨的廣場上冒寒苦候的羣眾前，或是2009年12月18日財委會會議之後，我隻身穿過為抗議高鐵撥款洶湧的羣眾，一切盡在不言中，我都為香港深心感動。我仍然是個不熱衷的議員，但十數載辛苦耕耘，我對議會難免有情，歷年或要作出的個人犧牲，也是無怨無悔。犧牲是有的，包括在個人的執業、私交、私人生活的自由以至寫作的空間。2007年，我收到通知，我一個寫了多年的專欄要結束了，我雖然有點傷感，但也感到那是個適當時機，讓我跟讀者談一些心事。我提到過去十年，我的生活起了很大變化，從相對的順境走進看不到曙光的逆境，從相對的盛年踏入遲暮，降臨整個香港的經濟困境，同樣降臨於我的身上，香港人爭取民主、法治與自由的艱苦戰鬥，不幸而從政的我自然要委身其中。勞多樂少，這個不容易的十年，支撐着我的是信念、有意義的工作，以及豐富的精神生活這三大力量。其中，信念是最大的力量。我說，歷史上有令人驚歎的無數例子，對信念的堅持，令處於弱勢的人們一次又一次地戰勝強權，甚至戰勝命運。重大事業需要很多人協力用心，我個人的力量和犧牲微不足道。然而，能控制自己，不等於能控制別人。每個人都有自主權，同行者一旦選擇走上一條我不認同的路，我只得尊重，一任自己的心血付諸東流。過去如此，未來如何，難以逆料。[22]

2004至2008一屆立法會將盡之際，我也曾想過不再參選，因為我懂得做的，已經不夠好，應該讓更有魄力才能的人接

22 《蘋果日報》副刊，2007年2月12、13及14日。

任。而且，做一名尊貴議員諸多約束，我也渴望重獲自由。但結果這個願望要押後，因為有志民主參政的人，都不願意出選不民主的功能界別。這個「原罪」污名我頂住了多年，就頂下去算了。

於是，2008年我再參選，毫無新意，競選口號，就是「信念始終如一」。我的競選團隊鬥志高昂，因為不是為我，而是為我們的共同信念。2008至2012年的一屆，民主議會更加艱難，因為民主派缺乏實在的成績，支持民主普選的羣眾，老的漸次失望，新的愈來愈不耐煩。不耐煩而爭不到成績，轉而要求有更激烈的抗爭行動。[23]但議會內的抗爭，不等於與議會抗爭。我秉持最後的力量，守護議員在《議事規則》下的發言權，即使稱之為「拉布」。「拉布」不是離經叛道，而是民主議會的既有傳統，「拉布」的缺陷，是只能在特別的條件下能產生實質的作用，達不到作用，就反過來傷及自身。2011年立法會搬入大而無當，俗不可耐的新大樓。到此，我去意已決。我老了，春蠶絲盡，蠟炬成灰，[24]我能做的，懂得做的，都做了，有沒有「接班人」，我也不能留下了。2012年3月，梁振英當選特首，令我更慶幸我已作出了決定。六月底，在「拉布」阻擋候任特首「五司十四局」的辯論聲中，我靜下來寫我給我的選民最後一份立法會報告，借用法庭程序用語，稱為「結案陳詞」(Final Submissions)，交代這18年來一同走過的旅程。趁着立法會最後的會議，有些同儕在發言中惜別，對我這名低調議員美言幾句。此外，前任終院首席法官李國能與行將退任的律政司司長

23 2008年10月，新當選的立法會議員黃毓民向特首扔玩具香蕉，揭開了以激烈動作在議會內抗議的序幕。

24《香港獨立媒體》記者陳玉峰2012年8月20日訪問:《蠟炬成灰，所以要有新蠟——專訪吳靄儀》。

黃仁龍隆重其事，分別撰文、發言表揚，但我臨別的心情是完成責任，不要多想功過——無論是過去的，未完成的，或應做得更好的。我是時候回去了，重返書齋，重操故業。江山代代有才人，新一代有新一代的事。2014年9月28日，87枚催淚彈催生了雨傘運動，「命運自主」的承擔昂然升起。在新一代的身上，我看到年輕的我，看到香港下一程的新希望，每一代人都須親身受到磨煉，從挫折中反省、學習、向前。山月照人歸，到此，我應該釋然於懷，寬恕自己。

第一章

回首向來蕭瑟處 往從政之路

1966–1997

回首過往，我從執筆論政到成為區議員，可謂漫不經意，亦似是順理成章。但當我逐步進入社會核心政治圈時，卻擺脱別人已為我設下的路軌，撇下一切到劍橋轉攻法律。然而身在海外心在港，回來重踏之前的從政路，看到的景況已是「處處蕭瑟」。懷着知其不可為而為之的心志，竟生出「也無風雨也無晴」之感。這非關超然澹泊，也不是着意持平，只因一點直面公眾不能或缺的莊敬與坦誠。

從政之路

1966年　入讀香港大學，主修比較文學和哲學。

1969年　修讀香港大學哲學碩士，兼任助教。

1971年　赴美國波士頓大學修讀哲學博士。

1978年　開始在《英文虎報》(*Hong Kong Standard*) 撰寫政事評論。

1980年　接受政府委任沙田諮詢委員會(即後來的沙田區議會)委員，成為「第一代區議員」。

1982年　為《南華早報》(*South China Morning Post*) 撰寫專欄 "The Margaret Ng Column"。
受聘於美國大通銀行亞太區內部通訊組。

1983年　赴英國劍橋大學攻讀法律，並在《明報周刊》撰寫每週專欄。

1984年　轉投《英文虎報》專欄，亦在《明報》兼職。

1986年　畢業回港，任《明報》副總編輯。

1990年　投身法律界，成為執業大律師。

1995年　參選香港回歸前最後一屆立法局法律界功能組別，成功當選。

1997年　於6月30日暫別立法局。1996年12月於深圳成立的「臨時立法會」由7月1日起在香港特別行政區運作。

1998年　當選特區第一屆立法會議員，至2012年止。

回首：往從政之路

1966年，我踏入香港大學之初，主要的興趣是中國和英國文學，港大讓我接觸到邏輯和西方哲學思想，並結識了一羣熱心討論香港時事的朋友，大大擴闊了我的視野，改變了我的一生。

我從小個性愛抱不平，到了大學年代也是一樣，愛與經常批評校政和學生會的《學苑》(香港大學學生會官方刊物編輯委員會) 仝人來往，而無興趣加入甚麼幹事會或委員會。我喜歡自由自主，獨來獨往，興之所至，就出力幫忙。我戲言自己的主要角色是備下茶點，招呼各路英雄高談闊論。尤其是入住柏立基堂那年，我的房間經常成為集會的地點，滔滔雄辯，通宵達旦。

大學光陰就是這麼虛擲。我1969年畢業，又留在港大修碩士學位，兼任助教。1971年，我便決心學好哲學，遠赴美國波士頓修讀博士課程，不料卻在那個冰天雪地的歷史之城，展開了一段孤獨而深沉的人生旅程，探索內心，以及塑造了我的社會價值觀和思想文化，對人生宇宙提出了許多問號。我的個性不改，但思想方式卻從此不一樣。

在我去國留學的那段時間，香港社會和經濟也起了重大變化，經濟蓬勃，需要大量中英兼擅的本地人才，戰後在香港出生成長的一代，在政府與商界、專業界得以一展抱負。與我同期畢業的港大同學，不少已身居要職，而取得博士學位的我，則有幸得老舍監一念之憐，在港大覓得研究助理的職位，繼續吊兒郎當。此後數年，浮游於大學的行政部門，學非所用，但也正在此時，我卻在不知不覺間，踏出了從政的第一步。

不平則鳴：從寫專欄到參與公務

1978年秋，我的港大同學詹德隆，其時任職於香港中文大學，並在《南華早報》(*South China Morning Post*) 撰寫一個叫 "One Man's View" 的每週專欄，對香港時事及公共政策發表意見，甚得各界重視。那時，另一份英文報章《英文虎報》(*Hong Kong Standard*) 的總編輯 Viswa Nathan 有意請他跳槽，他婉拒了，改介紹了我作替代。Viswa 惟有答應試用，我就以 "Special Writer" 的名義，嘗試寫起時事專欄來。那時，香港的樓價與租金同步節節上升，薪金追不上租金，每下愈況，苦了年輕家庭及就業人士，我也身受其苦，於是以此為題，刊出了第一篇評論。1982年初，我開始在《南華早報》每週發表 "The Margaret Ng Column"，其後風風雨雨，在這兩份英文報章寫專欄，一直維持了二十多年。

七十年代，沒有真正的參政空間，當時的港督麥理浩出身外交官，又是工黨人物，他堅決反對開放政制，但認為香港前途在年輕一代，於是刻意開設渠道，直接接觸香港的年輕人。他帶來了重視輿論的風氣，港府高層經常主動與有影響力的評論人及傳媒工作者直接溝通，我也因這樣成了港府的諮詢對象。其實，對政府來說，有機會解釋政策背景及目標，預先測試可能遭到的反對和阻力，無疑有助施政順暢，而站在評論人的地位，資料及理解愈正確，發表的意見就愈一針見血，言之有物，有助推動社會討論。一個評論人對社會的最大貢獻是他誠實獨立的分析和意見，歌功頌德固然不屑為之，模棱兩可的言論也是浪費紙張。我的尖銳批評常令一些官員不悅，但我相信也得到港府的尊重。有趣的是，每當有英國高官政要或議員來訪，港府就特別邀請我們這些牙尖嘴利的人與他們聚會，讓他們也一嘗本土輿論壓力的滋味。

還有另一層，就是六七暴動之後，港府着意發展更多民間參與的諮詢架構，高官如黎敦義（Denis Bray）、鍾逸傑（David Akers-Jones）的一項要務就是物色適當的委任人選。麥理浩上任之後最大的工程是建設18個新市鎮，為基層市民的居住問題找出路，但這同時也帶來了新問題，其中之一是離開了上一代，在新市鎮建立家庭的婦女，變得孤立無助，一旦不為丈夫善待，便求助無門。大概1979年，當時任新界事務司的鍾逸傑想到了在各個新市鎮成立婦女互助組織，這組織後來稱為「賢毅社」，以突顯婦女堅強的特色。鍾逸傑的得力助手劉李麗娟，想到了我這名早她兩屆的港大同學，建議找我幫他看看這個組織的憲章，我於是沾上了政府的事務。

政府委任，成為第一代沙田區議員

1980年，我受委任為沙田區諮詢委員會委員，委員會後來正式成立為沙田區議會，我可說是沙田區議會的第一代區議員。我既是出生於沙田大圍村的「土著」，其後又「學業有成」，英語流利，當然很有資格參與沙田發展事務了，但委任之後，我卻為官員帶來大量麻煩，不但太多反對意見，而且過度認真，不肯做橡皮圖章。當年要通過沙田大會堂及公共圖書館的設計，我就堅持要官方先給我們看圖則，官員表面有禮貌，但背後埋怨我是「外行人指點內行人」，不過圖則總是讓我看了。原來我們這羣少不更事的男女，因為公開及私下發表評語，意見多多，被封為 “the awkward brigade”。

我做了一年多區議員之後，政府推出區議會選舉。有官員勸我參選，我卻拒絕了，不是不高興與官員吵架，而是被鄉紳父老期望我出席的飲宴應酬嚇怕了。而且1984年初我轉了工，實在不能繼續撥出時間到沙田出席區議會冗長的會議。我記得初時的沙田政務專員夏義思特別長篇大論，從早上到下午還未完結，後來曾蔭權接任，手法高明得多，中間添了個小息，反而加快完成議程。

當時我還有參與其他公共服務，包括香港房屋委員會管理及行動小組和廉政公署社區關係市民諮詢委員會。前者可記之處是他們開會的方式十分有效率。委員會的一個重要目標是統籌各部門的意見，所以部門都是由主腦親自出席，文件一早分發，該決議的項目亦清楚扼要寫明，各人開會之前早已考慮清楚，開會時無須長篇大論。人人事忙，會議早上8時30分召開，一般45分鐘內已完成，各人打道回府辦公。我認為集體決策的會議就應是這樣，所以一直對事前沒有充分準備以致漫無邊際地拖長會議的人都不耐煩。

跟我一起受委任的還有譚惠珠，那時我們經常見面，是好朋友，兩人商量應不應接受委任。我説，加入委員會可以直接影響決策，而我們費了那麼大的勁提出批評，無非都是為此；代價當然是加入後會限制我發表這方面的意見。最後，我們決定加入，但如果白白限制了自由而不能發揮作用，那麼就辭職好了。後來，我有一次發表了一篇批評房屋政策的專欄，房屋署長老大不高興，認為我既是委員就不該批評。我反駁他説，這從來都不是接受委任的條件，我的專欄經小心考慮，既沒有透露須保密之事，而所引用的理據，亦全部是已公開的資料。這位官員不大服氣，卻無可奈何。其實他過慮了，港府當時委任像我這樣「包拗頸」的人，就是因為明白經常受不同意見挑戰對管治的重要性，如果只想聽到同意的聲音，又何必費功夫邀請我？在我的經驗中，怕事的多是低級的庸碌官兒，我同港督辯論從不需收斂。

廉政公署社區關係市民諮詢委員會的工作很輕鬆，廉署不時把宣傳影片或海報的擬稿給我們看，探測會得到公眾甚麼反應。對我最重要的是在委員會上初次認識了查良鏞先生，引致他邀請我加入《明報》服務，那是後話。

心繫香港：留學劍橋仍越洋關注

1982年初，我受聘於美國大通銀行亞太區的內部通訊組，初次離開了我熟悉的學院門牆。到了年中，我覺得不能繼續其時的生活方式，渴望覓地退思。我選擇了投考劍橋大學，遠赴英倫，修讀法律學位。由於我已有大學學位，所以豁免第一年課程，我薄有積蓄，大概可以應付兩年的清貧日子，而選修法律，主要是念及兩年之後，還須面對謀生問題。大概1983年中，我得到羅便臣學院的取錄，整裝待發。

然而，雖不得已，當時離港，卻是十分不合時，因為我們這一代人愈來愈牽掛1997年後香港的前途。我們最擔憂和害怕的是，九七之後，英國政府會將香港交還給一個共產政權專政的中國。六七暴動，使香港市民突然體驗到共產黨的可怕和香港的可貴，而暴動過後，港英政府採取的一連串廣納民意和改善市民生活的政策措施，加強了我們對香港的歸屬感，但形容這種歸屬感為「親英」是不正確的。我們對英國政府對待香港的政策和態度強烈不滿，不接受以「把香港交給一個共產政權」作為結束殖民地管治的出路。我們的心情複雜，充滿了矛盾，只知道害怕甚麼、反對甚麼，不知道問題能怎樣解決。我們唯一的強烈信念，就是香港人要有真正參與解決香港前途的地位。在八十年代初，我的專欄，不斷強調這一點。要求中、英政府正視九七問題的聲音不絕，到了1982年9月，英國首相戴卓爾訪華，與鄧小平會面，正式宣佈將會就香港前途展開談判。

第一輪談判，終於在1983年7月於北京舉行，那時正是我最急切要盡力參與討論之際，但卻已不得不出門了，只能決心越洋關注，維持評論，有假期就回來度過。

寒假回來那一趟，我接到董橋代查良鏞先生打來的電話，約我會面，表示有意邀請我到《明報》工作。我不無好奇，但在那階段當然無法接受他的盛情。我們見面，吃了一頓愉快的午餐，查先生不肯就此放棄，邀請我完成了課程回港就加入《明報》，在劍橋期間，先為《明報周刊》寫專欄。專欄稿費異常優厚，改變了我原先計劃在劍橋過清貧學生的生活。我身在英國的期間，數次代表《明報》到倫敦採訪下議院辯論香港前途，及香港非官守議員訪英的新聞，而我在英文報章發表專欄仍無間斷。劍橋不食人間煙火，與外界消息傳遞甚為不便，不是今時習慣了互聯網通訊發達的人可以想像。

不堅決，就退出：香港前途引發的衝擊與煩愁

1984年初，我在劍橋收到了消息，英方在談判中放棄了九七後一切權利，主權治權同歸北京。我百感交雜，寫下了“Now We Stand Alone”專欄一篇，呼籲香港人，我們再無懸念，香港前途全靠自己，眼前是持久奮鬥，不堅決，就退出！專欄照常交付《南華早報》，卻引起了軒然大波。《南早》編輯 Robin Hutcheon 遲遲不發稿，我追問之下，他竟説是稿件有問題。我於是告訴他，《南早》若不刊登這篇稿子，我就罷寫該報專欄，轉寫《虎報》。當時《虎報》編輯周融即時答應，並馬上大幅宣傳我的轉投。1984年3月28日，不知 Hutcheon 是否成功説服了甚麼人或甚麼人説服了他，《南早》將“Now We Stand Alone”原文照登，但覆水難收，“The Margaret Ng Column”已轉到《虎報》，之後維持了好幾年。

《中英聯合聲明》

英國在香港的管治基於三條條約：1842年《南京條約》及1860年《北京條約》分別割讓香港島及九龍，1898年《北京條約》租借新界為期99年，即在1997年7月1日屆滿。1982年初，中英雙方同意通過談判解決九七後香港的前途問題。同年9月，英國首相戴卓爾夫人赴北京與中國國家領導人鄧小平會面，正式展開了歷時兩年的「中英談判」。1984年9月26日，經過了22輪談判之後，中英達成協議。於同年12月19日，中國國務院總理趙紫陽與英國首相戴卓爾夫人在北京簽訂《中華人民共和國政府和大不列顛及北愛爾蘭聯合王國政府關於香港問題的聯合聲明》(簡稱「中英聯合聲明」)。英國於1997年7月1日將香港交還中國。中國在1997年7月1日對香港 (包括香港島、九龍及新界) 行使主權，聲明對香港的12點基本方針，根據中國憲法第31條成立香港特別行政區，在「一國兩制」原則之下，確保香港享有高度的自治權，享有行政管理權、立法權、獨立的司法權和終審權，現行的法律基本不變；原有社會、經濟制度不變，生活方式不變；該等基本方針將以基本法規定，並在50年不變。按照聯合聲明，中國及後制定《香港特別行政區基本法》，並於1990年4月4日頒佈。

1984年夏天，我回港度暑假，就地了解中英談判的形勢。那時有兩撥人馬，對我影響至深，一撥是一直在香港和北京兩地緊密採訪中英談判的記者，他們屬於在香港受教育長大的年輕一代，由於採訪中英談判需要中、英文流利的記者，他們迅速在傳統以老報人為主管的媒體建立了重要地位，並為新聞報道開闢了政治新聞的新領域。其中香港電台的馮成章，《信報》的張健波及他們的好友何文瀚，和我成了好朋友，他們深信堅強獨立的媒體，對香港前途至為關鍵，尋覓這樣的傳媒機構，作為有理想有抱負的年輕記者的棲身之所，是我們最經常討論的迫切話題，他們認為我跟《明報》的關係是一個值得探索的起點。

另一撥人馬完全出乎我意料之外，他們是後來成立或加入「港人協會」的一羣人。我忘了是誰引薦，讓我參加了他們當時借香港大學教職員聚集室舉行的討論。這羣人的組合十分奇妙，他們大部分是港大和中大的畢業生，事業如日中天的中產及專業人士，素來注重事業或個人興趣發展多於參與政治，意見傾向保守溫和，他們大多在大機構及大專院校任職，包括蘇澤光、梁秉中、李明堃、林李靜文等人，唯一資歷與政見截然不同的一員，是活躍於社會運動的司徒華。將這些人連結在一起的，是香港要怎樣面對九七主權轉移的迫切議題，更切身的是：他們應該怎樣做？他們可以怎做？他們完全沒有懷疑，作為香港社會精英，以香港為家的一代人，他們對香港前途有一份責任，這也是我最認同的抱負與承擔。

《中英聯合聲明》草簽前幾個月，1984年8月10日的《明報》、《信報》及《南華早報》等大報章，刊載了132人聯署的全版廣告，聲言「我們接受時代的挑戰」，今日重溫聯署名單，簡直匪夷所思，包括了「親中」、「親英」、建制、泛民的知名人士，橫跨工商、專業、學界、文化界，不少後來從政，1997年成為特區首任律政司司長的梁愛詩，2012年以689票當選特首的梁振英也榜上有名。這份聲明的六點內容，對即將公佈的聯合聲明，對中、英兩國實踐承諾，及對港人有創造光明前途的能力表示信心，並呼籲全港市民共同努力。其實聯署人之中，一部分或許對中方完全信賴甚至絕對忠誠，但更多人像我那樣，對前三點的信心是無奈之下的勇敢，後兩點的信心卻是滿腔熱誠，我們根本找不到理想的前路：香港沒有獨立的意願，也沒有獨立的能力，從我自己的經歷，「中方不可信，英方不可靠」完全屬實，我們先天後天都沒有本土政治的力量，我們的努力，只集中在極力爭取最有利的條件，在對中、英兩方有限度的信心的基礎上，在有限的時間與空間，為香港打造「港人治港」、「高度自治」的未來。

後來，司徒華對我說，新華社向他透露，中方不反對香港人為準備「港人治港」而成立政黨，而且特別鼓勵像「接受時代挑戰」的聯署人那樣的中產、專業、温和派組黨。稍後，「港人協會」便告成立。我起初表示有意在我暫別劍橋的一年全職服務，但終於放棄，改到《明報》做兼職，這是後話。回想起來，這多多少少也是我的宿命，永遠只能在通往理想目標的路上送別人一程，然後就按自己的堅持與個性，繼續獨行。

1984年9月，港督尤德爵士以白皮書形式，向立法局提交《中英聯合聲明》「草擬本」——名為「草擬」，實質言明，條款無法更改，香港人只有「接受」與「不接受」兩個選擇。大部分香港人反應矛盾複雜，可以想像，亦可以從《明報》及《南早》委託社會研究中心做的大型民意調查於11月24日發表的結果看到。[1] 其時我正在《明報》做兼職。12月，《聯合聲明》在北京

1 調查隨機抽樣訪問了七千人，所得結果數據透露香港人心聲充滿矛盾。92% 市民知道有中英協議，但只有1% 表示了解各部分細節；90% 認為協議是好的，

草簽。繃緊了兩年的港人神經一下子鬆弛下來，如火如荼的時代挑戰暫時轉靜，以盧景文為主席的港人協會難以發揮集體力量。到了1985年9月，我就收拾行裝，重返劍橋完成學業了。我在劍橋的日子，在每個星期的《明報周刊》專欄有很多描述，後來收集在《劍橋歸路》一書，告訴讀者的都是生活上有趣味的情事，煩惱愁悶留給自己。

半途出家：從哲學世界走進法律之門

1986年夏天回港，我履行對查先生的諾言到《明報》任職副總編輯，展開了四年傳媒歲月。查先生要《明報》成為「全世界最好的中文報紙」，我則繼續努力使《明報》成為有理想的年輕一代記者的容身處。這個過程歷盡波折以及我前所未見的權力、政治和人事鬥爭，亦反映了《聯合聲明》到《基本法》草擬一段時期的爭權奪利，令我這名在溫室長大的讀書人大開眼界，不過那又是另一個故事了。1990年，我終於離開了《明報》，過程至今為外人扭曲，我也一直不願多提。告別《明報》，我決心重歸大律師執業之途。在這段時間，我在《南早》的專欄一直照寫，也以評論人的身份，一直維持與香港政府高層及政界人物的來往。

補回一筆，我從哲學到法律之路也迂迴。我從小愛跟人理論，大人於是說，這孩子大了要做律師，我就賭氣偏偏不屑一顧，認為做不做律師與愛辯論無關。如是到了前途茫茫，既不

但只有16%感到完全放心，76%在接受中仍頗有保留；79%同意香港主權應在1997年歸還中國，45%不同意中英協議是英國出賣港人，但給意見的人最大的共同願望是保持香港地位不變，既承認中國是自己的祖國而又不欲受制於中國統治。見《明報》1984年11月24日第2及5版。

願在銀行界混下去，又不知往後何以維生的路口，才迫不得已踏上法律之路。當時最明白我的處境的又是老朋友詹氏夫婦。一個星期日，我們在獅子山隧道口的沙田海鮮酒家午飯，詹勸我考慮到劍橋讀法律。法律沉悶而世俗（我認為），但劍橋卻有一份遺世的滄桑（我想像），於是就決定不妨一試，如此輕佻地改變了自己的下半生。

其實我寫評論時已經常接觸到法律，例如1980至1981年間，英國擬通過新的國籍法，將香港出生的非英裔人士劃為沒有英國本土居留權的英籍公民類別，我認為此舉違背對香港出生的英籍居民的道義責任，寫了許多文章批評，又訪問了不少港府高官，及與到訪的英國官員、議員爭辯，因此認真研究了相關的法律條文和資料。另一個例子是中英談判後，港府擬通過立法，保障九七之後立法局議員繼續享有當時參照下議院的權力及特權，包括言論自由及前往立法局會議途中不受逮捕等。為減低公眾誤會，在正式發表草案之前，後來出任布政司的霍德（David Ford）預先與主要傳媒有過不少討論。我一貫對議會程序很有興趣，所以格外留神。果然，草案發表之後引起了極大爭議，因為當時議員並非民選，賦予「特權」，實在有違民主原則。整個爭議意義重大，但我做夢也沒有想到的是我多年後竟與這項法例有那麼密切的關係！

在我來說，從哲學到法律最難適應的是兩套截然不同的思考方式與習慣，哲學是運用邏輯作批判式的思考，法律卻側重案例權威與解釋條文，而且哲學是為推進思想領域，法律卻是為當事人的利益服務，事事要以當事人的意願為依歸。轉行做律師，不但需要一套新學問，而且真的要「學而時習之」！習慣成自然，那才有發展的空間。我雖然遲入行，但比年輕新晉處境較好，最實際的是薄有積蓄之餘還薄有才名，可以繼續賣文為活，而且多點人生社會經驗，也有助了解案情。我執業之初，只求做做普通案件，平淡過活，想着人做到的我也應能做到，所以也不是太過徬徨。

有幸隨名師：見習大律師的三個階段

我在一年零三個月的見習大律師階段，一共跟過三位名師。第一位是梁定邦（後來委任為御用大律師及資深大律師），他是我早已認識的好朋友，相信我會認真學習。他經歷豐富，在港府當過官，又在廉政公署任過高職，後來對法律產生興趣，於是轉投法律專業，打過不少成了經典案例的土地官司。我拜師時他正在處理一宗非常複雜冗長的收地賠償案件，我趁機結識了一羣同門手足，其中大師兄到裁判署打案時讓我陪同，指點我做刑事辯護的門路。

第二位師父是以刑事案著名的紐西蘭人包樂文（Gary Plowman）（後來也受委任為資深大律師），當時重大的毒品案件都由他處理，不作他人想。我有幸做了他的弟子六個月，十分投緣，他的作風嚴謹認真、生活檢點，一點奢華習慣也沒有，他所屬的大律師事務所在老齡恆昌大廈（已拆卸），裝修陳舊，正合我的脾胃，可惜當時事務所之首認為成員組合刑事比重過高，要我承諾專注民事才考慮讓我加入，但我根本無法承諾，包樂文力爭也無效。幸好我還有第三位師父，就是余若薇。論年紀，她比我小好幾歲，但她入行早，不但行內公認才華出眾，而且人緣極好，因此來拜師者極多。我以前不認識她，只因梁定邦見我因為他處理的官司審訊冗長，以致無暇指導我民事訴訟上的基本功夫，內疚起來，就向余若薇「託孤」，讓我儕身於地位非凡，幾乎清一色做民事訴訟的張奧偉爵士大律師事務所。

御用大律師張奧偉爵士，1965年冊封御用大律師，是首位享此榮銜的華人，他在1970至1981年任立法局議員，1974至1986年為行政局議員，退任後，於1987年封爵。他的大律師事務所成立於1965年，在香港歷史堪稱數一數二。我滿師之後無家可歸，得余若薇推薦，獲張奧偉收容，可見她的説服力及魅力非同小可。我因不放棄刑事案件而不見容於刑事民事參半的大律師事務所，結果反而得到以民事稱著的大律師事務所接受為成員，也可謂諷刺了。

當年，余小姐對政治全無興趣，張奧偉又已從政壇退下，而且作為行政局議員，他的政見，自當與我以抨擊政府為己任的立場南轅北轍。我加入之後，他從不過問我的政治活動，亦甚少與我談論政治，但有一次例外，印象深刻。那是我任立法局議員期間，港府擬修訂法例，取消英裔人士已享有的香港入境權，以預先「適應」九七後的特區憲制。我反對這項修改，因為這樣做違反普通法不立法褫奪已享有的權利的原則。張奧偉知道了後，主動向我表示認同。當時我有點訝異，但多年之後，我翻閱檔案，才開始了解到他從政，是對香港的另一份承擔與服務，他在立法局辯論的發言，也反映了他的處事風範與原則，其實值得後人敬重，但這都是後話。

我執業之初，像其他新入行的大律師一樣，做的是平平無奇的簡單刑事辯護與民事訴訟，而在民事方面，遵照傳統，我的大律師事務所內資深成員，不時助我一把，邀請我作副手，這樣，我的執業才慢慢建立起來。我與其他成員最大的分別是我的雙重生活，既是私人執業大律師，同時又透過我的每週專欄，繼續維持我的評論人身份，參與香港政治發展的公眾辯論。我的大律師辦事處位在中環雪廠街十號，與當時佔用最高法院大樓的立法局只是一箭之遙，方便隨時旁聽會議或訪友。

普通法

「普通法」(Common Law)和「衡平法」(Equity)是沿襲自英國的香港法律，根據《基本法》第8條「予以保留」。「普通法」是指由法庭依照過往判例訂立的法律原則不斷發展而成的一套法律，它的最大特色是法庭須受判例約束，相同或相類的案情，須應用相同或相關的判例已訂立的法律原則裁決。權威法學家指出，「普通法」不是由法官訂立，而是自古以來已存在、普遍為社會公認的基本法律原則，在法庭判決案件中得到宣示。「普通法」亦稱「習慣法」，反映其源於社會源遠流長一直得到公認的慣例。

「普通法」可理解為相對於「成文法」，即由立法機關訂立的條例、規例；又可理解為相對於衡平法規(Rules of Equity)，例如有關信託(trust)的成立和規管，及受託人(trustee)的誠信責任的處理。直至十九世紀中葉，英國行使「普通法」的法庭與行使「衡平法」的法庭分立，1873年後兩個系統合併，同一法庭可行使「普通法」及「衡平法」。

「普通法」流傳廣遠，遍及英語地區，與主要流傳於歐洲大陸，以成文法典為本的Civil Law(又稱「大陸法」)，分別為兩大法律系統。

張奧偉大律師事務所的格局比我以前見習的另外兩處高檔得多了。包樂文與他事務所的其他大狀合份「買馬」(投注)，張奧偉仝人卻是合夥養馬，做馬主。馬圈著名的長勝將軍「翠河」的馬主就是張奧偉和另一位名律師夏佳理，此外還有其他人也是馬主，可惜我對跑馬毫無興趣，未能融入這項傳統運動。我們事務所的另一特色是參與公共事務的傳統，特別是出任大律師公會執委會。張奧偉是公會1966年的主席，沈澄御用大律師是1975及1976年兩屆主席，鄧國楨御用大律師是1988及1989年兩屆主席。

決心參選　踏上政途

1988至1990年正值《中英聯合聲明》簽署後，籌劃九七過渡安排之初，大律師公會的角色很重要。當時法律界不少領導人物如張健利御用大律師(1985、1986及1987年三屆公會主席)，都致力推動民主機制以保九七後法治得以維持。草擬《基本法》的工程在北京展開後，李柱銘御用大律師(1980、1981及1982年三屆公會主席)受委任為起草委員之一，而張健利則成為《基本法》諮詢委員會的成員。我在《明報》工作時已跟他們認識，正式成為執業大律師之後，往來自然更加密切。當時有一個重大議題是立法局應如何過渡至由直接選舉產生——主權移交，「港人治港」，必須建立民選立法局，代替全部議員由港督任命的制度。港府一直抗拒讓香港有民主選舉制度，麥理浩也不例外。部分民選地區諮詢性質的區議會，及部分民選只管市政的市政局，已是極限，但九七主權移交的定局改變了港府的底線，開放立法局議席給市民選舉勢在必行。

1984年7月，中英談判接近尾聲，港督尤德爵士發表了《代議政制綠皮書》，正式揭開立法局選舉的序幕，民主選舉的步伐卻沒有確實的承諾，1985年可以有「功能組別」及「間接選舉」小部分議席，但一人一票分區直選，則要留待1988年甚至1991年才有機會實行。《中英聯合聲明》草簽之後，港府隨後發表的《代議政制白皮書》立場已顯著倒退，民間於是極力發起運動，凝聚要求「八八直選」的聲音。1987年，港府採取了卑鄙手段，利用明顯偏頗的問卷調查及不公正的民意計算方法，強行得出了只有少數民意支持八八直選的結論。立法局直接選舉於是推遲到1991年，其時，《基本法》草擬已在北京控制之下展開，香港民主失掉先機，變為讓中共牽着鼻子走。

雖然在1991年直選中，民主派取得傾倒性的勝利，但春天來得太遲，大局已無法挽回。下一屆，即1995年的一屆，已是主權移交之前的最後一屆立法局選舉。根據全國人民代表大會1990年決議通過的「直通車」，最後一屆立法局的組成若符合《基本法》有關特區第一屆立法會的規定，則其擁護基本法、願意效忠特區的議員，只須經特區籌委會確認，就可成為特區第一屆立法會議員。這個設計，令接任尤德的港督衛奕信（任期：1987至1992年）與中方談判過渡安排時強調以「銜接」（convergence）為目的，嚴重規限了《聯合聲明》之後香港的民主發展。1992年，「最後的港督」彭定康接任，企圖打破框架，奮力在立法局通過了法例，創立了大幅擴闊功能組別選民基礎的「新九組」，中方於是怒毀「直通車」，並「另起爐灶」，決定自1996年12月起以「臨時立法會」擔任特區成立初期的立法機關角色。1995年的立法局選舉因此成了主權移交前的「最後一屆」，而那一屆立法局的立法工作也因為這個背景而變得格外關鍵，也格外困難。

有些人預期，立法局一旦開放選舉，像我們這樣的活躍分子一定會紛紛把握機會投身政壇，但我不是這樣想。我認為熱衷選舉的人一定不乏，但無黨無派的獨立言論卻同時變得更加重要。當時我的言論地位獨特，緊守這個崗位才是我最重要的角色，而大律師的職業不但沒有影響，反而加強言論的獨立性。但有一天，事務處的一位好朋友邀請我到他的房間談——他是個收藏家，我還以為他得了甚麼古物珍玩邀人欣賞，卻料不到他要我考慮競選立法局法律界功能組別議席。當時，法律界已有兩人宣佈了參選，一位是律師會前任會長葉天養，另一位是執業大律師李偉業。這位好朋友向我解釋，這一屆立法局會有好些對法治延續關係重大的議案要處理，他希望確保代表法律界的議員能擋得住壓力，堅守原則，他對我有信心，希望我參選。

法律界絕大多數人都反對「功能組別」，認為它違反民主原則，應該盡快廢除，然而，一天有這個議席存在，一天就須力保席位不落在損害法治、損害法律界榮譽的人手裏。我很明白他的意思，他所説的話顯然有理，不需討論，答應與否是我的自由，只看我願不願意。我是笨人，我相信邏輯，我想了半晌，就同意參選，也明知一旦當選，是禍是福，來去都不再由得我。

競選對從來不屑求人的我，是個難忘的經驗，我在過程中忍氣吞聲，學會了謙卑，最重要的是結識了一批為法治而全力協助我這個陌生人競選的英勇的法律界朋友，他們有大律師，也有事務律師。選舉結果清楚顯示，不論是大律師或事務律師，不管候選人來自大律師或事務律師的分支，法律界都支持民主法治。我記得，在法律界兩個專業團體合辦的選舉論壇上，有人質問我，以我五年之淺的執業年資，為何我認為自己有資格代表法律界。我當即答道，立法局議員最大任務是參與政治，這方面我有充分資歷，在這個歷史階段，我又當上執業大律師，具備參選資格，這是天作之合。

回想起來，這個答案是對的。1995年9月18日，我第一次當選為立法局議員；1997年6月30日，我和一批民主派議員「下車」暫別；1998年，臨時立法會結束，第一屆立法會選舉在5月24日舉行，我重返議會，直至2012年退任。連不在席的一年在內，一共從政18年。可能冥冥中自有天意，我修讀哲學十年窗下，沒有做得成哲學講師，從事業餘評論、轉攻法律、執業，原來只為準備我代表法律界，踏上政途。

吳靄儀成長於沙田大圍圍村，就讀英文中學，畢業於香港大學，是土生土長、接受英式教育的香港人。

吳靄儀自1978年起已關注時局，撰寫時事評論。在80年代中英談論香港問題前後，她的時事評論不輟。及後身在劍橋，更代表《明報》和《明報周刊》，親自採訪當時英國政壇主要人物，寫下多篇專訪報道。

第17版　1983年8月25日　明報　星期四　夏曆癸亥年七月十七日

香港人的民族自尊

吳靄儀 MARGARET NG

特稿

歷史的一個波折

還擇居住香港的理由

新一代不同的觀感

「我是中國人」的含義

感情化的反應

·倫敦傳眞特稿·

麥理浩接受本刊獨家訪問

認爲兩局議員訪英正合時宜
表示深知他們都有治港才幹

·吳靄儀·

—17—

麥理浩以過來人身份在上議院如此指出

中國默默貫徹一國兩制已二十年

吉地斯勳爵力主英國國籍可以傳給子女

備忘錄非不可更改英國應再努力

・吳靄儀・

國會附近一早擠滿了湊熱鬧的人羣（本刊獨有圖片）

本刊倫敦人造衛星傳眞特稿

由一千二百零二位貴族組成的英國國會上議院，雖然在民主化的過程中，實權已被褫奪得七七八八，但仍是一股不容忽視的影響力。上議院大力反對的議案，往往使政府重新考慮，因爲上議院是一塊試金石；上議院議員中很多是在社會上頗有影響力的人，他們反對的議案可以預期在推行時會受到各種阻力。同時上議院的議員多是經驗和見識豐富的退休學者、政治家、企業家，他們已達到可以智慧地看事物的階段，而且他們的政治生涯不再受外界褒貶影響，所以看法比較客觀，發言也沒有甚麼顧忌。他們的意見一般受到尊重，上議院的辯論，也往往比下議院更理智和內容充實。十二月十日有關中英協議的辯論，正好說明了這一點，這天發言的議員共十八位，多是極具身份的人，他們充份掌握了問題的重心，有感而言，而這個差不多五小時的辯論高潮迭起。

人好感得多了。

楊格主要提到香港人對協議的反應，除了引用民意審核處的報告外，還提到明報和其他機構贊助的龐大獨立調查，認爲一方面突出了香港市民對協議的接受，二方面也反映了他們對前途的憂慮，這些意見對中英聯絡小組未來的工作十分有價值。特別提出討論的是對參與草擬基本法的希望、中英聯絡小組會不會干預香港行政，和國籍問題，答案也與賀維上周所說基本一致。

楊格結語指出協議是一個極佳的基礎，但要達到成功，必要倚賴中國、英國和香港人的共同努力。

官方立場演釋完畢，照例跟着是反對黨領袖發言回應。上議院工黨領袖是格里雲勳爵。他對香港這個「歷史遺留下來」的問題看法別開生面，說八十多年前簽訂新界租約時，首相張伯倫大概沒有預見到有今日的場面，雖然中國早知解決問題的一日遲早要來。以新界來說，英國一向只是二房東，香港人這三房客要換業主了，面臨新業主，担心是在所不免的。正如獨立市場調查顯示，大多市民接受協議之時並不是絕無保留的。

國會應舉行「香港日」

格里雲的演詞是最突出的演詞之一。他對香港人的憂慮表示關注，重申未來十二年是極具重

都不應保存的投票方法，又怎可以移植到香港去？第二是香港人不同年齡的人對前途有不同的感受，尤以在香港長大，事業前途光明的二十五至四十五歲市民感受最深，他們很多希望留在香港，「搏一搏」，應當得到國會的同情和支持。

第四位是畢葦克侯爵的遺女演講，態度頗見親熱，分明做了功課，講及中國的經濟方面、深圳的發展；香港人聰之完備，而上議院多位議員多年與中國香港來往密切，看來都知道這位新人的稚嫩，但照例十分客氣，他說完了熱切呼「聽！聽！」之聲不絕。

第五位是香港人甚爲熟悉、五月時代嘉道理勳爵讀出演詞的八十六歲羅德士勳爵。他老人家很多話說，但口齒略含混，說得十分用力。他主要強調香港在未來的十二年中是一項重大的挑戰，國會要傾力支持香港，包括爲香港爭取國際貿易地位，在中英聯絡小組與港人商議，和留心香港代議制發展。關於國籍方面，他認爲兩國交換備忘錄中所提到的解決方法，或者可以改善，因爲備忘錄不是協議的一部份，而香港人十分關注國籍問題，英政府應盡量以同情態度對待。

關於基本法，羅德士指出協議沒有說明一九九七之後香港和英國表示贊成的途徑。另外他提出如果英女皇眞的可以如去年盛傳那樣，在這兩年內——基本法

因爲這是中國的政策：「是以中國政府現在主動地提出，在他們中國旗下，繼續施行在英國旗下施行了多年的政策，使香港現狀大致不改變，實無矛盾或可疑之處。」

至於香港代議政制，麥理浩呼籲：「這主要是當地人判斷當地環境，爲當地的問題找到一個符合當地需要的事。」他特別寄望於年輕專業人士：「協議的安排，把很重的責任放在現在三十至四十五歲的人——特別年輕專業人士——的身上。在過渡時期中他們正是盛年，而且有很好的資格去保證特別行政區的行政、經濟和文化上的成功。我希望聯合聲明及附件的公佈，使他們感到有所保障，鼓勵他們留下來做這件工作。」

國籍問題香港人獲得支持

麥理浩演詞中也提到國籍問題，指出：「對於某些人英國是有責任容納他們在此安居——如果他們想這樣做的話，即使我們預期香港會是一個自由、快樂、繁榮而安全的地方。」

但接着的一位議員吉地斯勳爵，却是集中講國籍問題。這位第三代襲爵的保守黨議員，以香港、國籍移民爲特別興趣，在五月辯論中也有參加發言。這次更詳細地分析香港人對國籍問題關注之處，包括三點：新護照的接受程度；國籍可否傳給子女；無

，支持這義上善待香港英屬土居民。不淡的語調，但彷彿給全上議院上了一課中國近代史。英國國會裏能有這麼一個人，也眞是意外。

八時三十分楊格女男爵總結，正式動議贊成英政府簽署中英協議，全上議院一致通過。

總括來說，上議院雖然沒有實質上提出很多行動的議案，但却表現了眞正熱誠的一般性支持和對香港人的尊重。上議院的辯論沒有下議院那種「掩不住的喜悅」，多了一份嚴重和深切關注，在國籍上的承担，對每年辯論香港的支持，對代議制發展的了解，對香港和中國合作的希望，都表露了誠心的友善。明年國籍法修改，便可以使我們看到這種善意能否訴諸實際行動。

代表團對辯論表示滿意

辯論後代表團在招待記者會上表示對辯論感到滿意，認爲十八位上議院發言的議員所說，充份照顧了代表團提出的要點。「我們聽到他們重覆我們早些時對他們說過的話。不單在上議院，下議院也是一樣情形。」羅保說。

但「駐」英十多天的兩局議員都有點感到反高潮。五月訪英團成員之一的周梁淑怡說：「這次訪問懸疑性少得多了，我們預料到會得到更多人同意，有更多人更熟悉香港，對香港瞭解更有

It's our home, our future, our battle and we must take the banner in our own hands

Now we stand alone

WE are at the brink of a new era. Hongkong politics since January has become a whole new ball game.

The faint hearted will do well to drop out. Those who stay must be prepared for swift action without a chance to look back.

Thirteen years will fly past like a whiff; we cannot afford to drag our feet if we want anything done. But these 13 years will be a very good time to do things in; for our hands are now untied.

No more the need to compromise with the establishment and keep silent in the hope of giving peace a chance; no more the fear that embarrassing one or the other party will bring on irreparable harm.

There is no point now in holding on to the old order. Freely we go into the dark, to forge from it a new one.

What unbinds us is the indubitable fact that Britain has given up the territory.

Before and up to January the ironic situation was that Britain was the best champion of our free society, to argue our case so that we will remain outside the communist regime of the PRC.

It made sense then to rally round the colonial Government, to maintain staunchly in the teeth of accusations of sycophancy and betrayal of the Chinese race, that it was better to be a Colony and free than Chinese and under state dictatorship.

After January there is no point in doing so. As Britain had given up on us, we must ...

The Margaret Ng column

—from London

The Legislative Council ... it must gain strength and transform itself into a democratic body

1984年3月28日刊登於《南華早報》文章"Now We Stand Alone"，吳靄儀為了此文遭《南早》擱置而轉撰《虎報》專欄，並獲《虎報》隆重其事，大幅宣傳。時任政務司鍾逸傑致函回應，可見當時她的政評備受重視。

政務總署
九龍尖沙咀廣東道七號
環球航運中心
十二樓及十三樓

CITY AND NEW TERRITORIES ADMINISTRATION
WORLD SHIPPING CENTRE,
7, CANTON ROAD,
12 FLOOR AND 13 FLOOR,
KOWLOON.

BY AIRMAIL

本署檔號 Our Ref. SDA/2
來函檔號 Your Ref.
電話 Tel.: 3-660029

12th April, 1984

Dear Margaret

I read "Now we stand alone" with great interest. It was good Churchillian writing! It is a pity you are not here so that I could explain what we are up to. But believe me there is method in what seems, from Cambridge, to be madness!

With regard to elections, I think it is much more important to work out what sort of government we need to govern Hong Kong and then think out how we achieve that. It may be elections is the way to do it, but it may not. It might be that fewer people than ever would be willing to stand for election in future because of political constraints.

I think, too, that things have changed in Hong Kong in even the short space of time that you have been away, and that "apathy, ignorance and ambivalence" is giving way to something more positive, not to say "the wonderful plans of our most senior government officials"!

Perhaps you will be able to come back to Hong Kong for a few days' talk? Meantime I shall look forward to Friday mornings in the Standard!

Best wishes,

(This sounds rather reactionary in fact we are moving very fast!)

Yours ever
David.

(D. Akers-Jones)
Secretary for District Administration

Dr. Margaret NG,
c/o Robinson College,
Cambridge, CB3 9AN,
ENGLAND.

往從政之路

132人聯署聲明，刊於1984年8月10日《信報財經新聞》及其他數份中英文香港報章，表達各界對香港前途的關注。

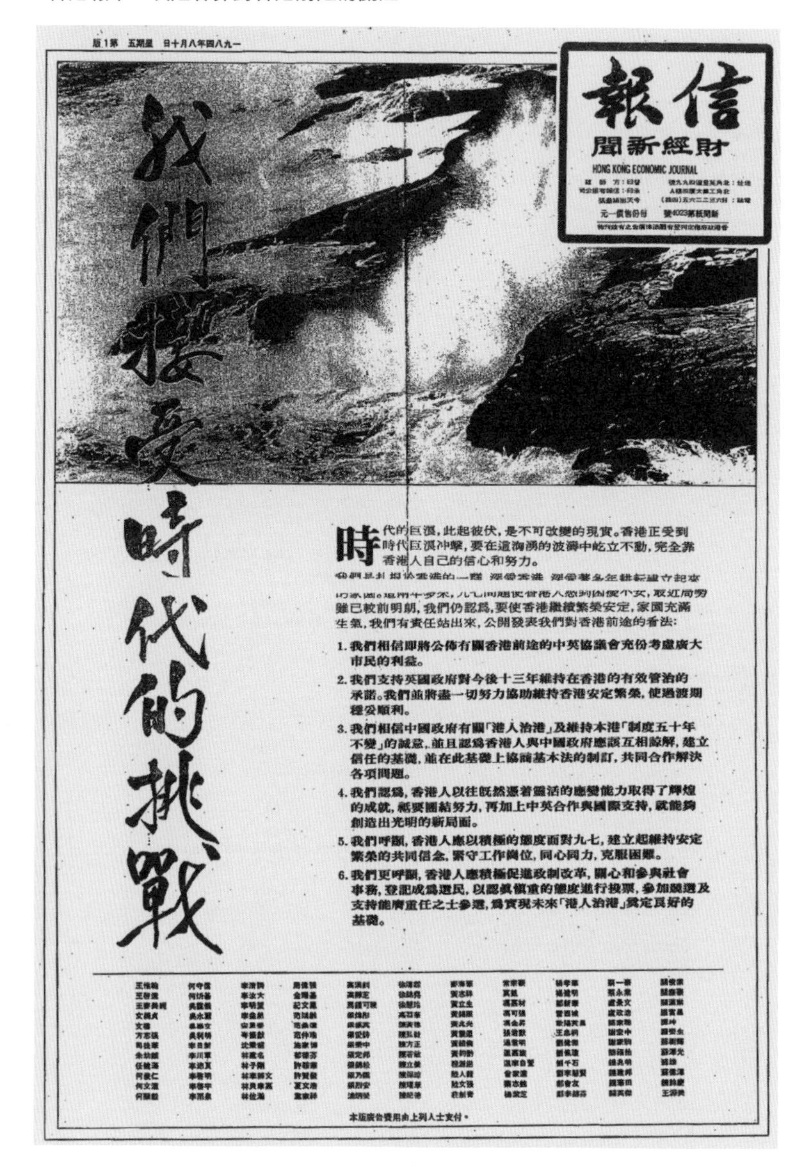

一九八四年八月十日 星期五 第1版

信報財經新聞

HONG KONG ECONOMIC JOURNAL

我們接受時代的挑戰

時代的巨浪，此起彼伏，是不可改變的現實。香港正受到時代巨浪冲擊，要在這洶湧的波濤中屹立不動，完全靠香港人自己的信心和努力。

雖已較前明朗，我們仍認爲，要使香港繼續繁榮安定，家園充滿生氣，我們有責任站出來，公開發表我們對香港前途的看法：

1. 我們相信即將公佈有關香港前途的中英協議會充份考慮廣大市民的利益。
2. 我們支持英國政府對今後十三年維持在香港的有效管治的承諾。我們並將盡一切努力協助維持香港安定繁榮，使過渡期穩妥順利。
3. 我們相信中國政府有關「港人治港」及維持本港「制度五十年不變」的誠意，並且認爲香港人與中國政府應該互相諒解，建立信任的基礎，並在此基礎上協商基本法的制訂，共同合作解決各項問題。
4. 我們認爲，香港人以往既然憑着靈活的應變能力取得了輝煌的成就，祇要團結努力，再加上中英合作與國際支持，就能夠創造出光明的新局面。
5. 我們呼籲，香港人應以積極的態度面對九七，建立起維持安定繁榮的共同信念，緊守工作崗位，同心同力，克服困難。
6. 我們更呼籲，香港人應積極促進政制改革，關心和參與社會事務，登記成爲選民，以認眞愼重的態度進行投票，參加競選及支持能膺重任之士參選，爲實現未來「港人治港」奠定良好的基礎。

本版廣告費用由上列人士支付。

1997年7月1日，英國把香港主權移交中國，特區政府成立。
兩本小冊子，見證一個時代的終結。

程序表

- 雙方軍事儀仗隊進場
- 雙方主要代表進場
- 雙方軍事儀仗隊敬禮
- 威爾斯親王致辭
- 護旗隊進場
- 奏英國國歌
- 降英國國旗及香港旗
- 奏中國國歌
- 升中國國旗及香港特區旗
- 護旗隊離場
- 中華人民共和國主席江澤民致辭
- 雙方主要代表離場
- 雙方軍事儀仗隊離場

中華人民共和國
香港特別行政區成立慶典
Celebration of the Establishment of
the Hong Kong Special Administrative Region
of the People's Republic of China

一九九七年七月一日上午十時
香港會議展覽中心三號大廳
1 July 1997 at 10:00 am
Hall 3
Hong Kong Convention and
Exhibition Centre

程序表
Programme

1. 主禮嘉賓到場
   Arrival of Officiating Party
2. 演奏國歌
   National Anthem
3. 國家主席江澤民先生致辭
   Speech by Mr Jiang Zemin, President of the People's Republic of China
4. 香港特別行政區行政長官董建華先生致辭
   Speech by Mr Tung Chee Hwa, Chief Executive of the Hong Kong Special Administrative Region
5. 移交土地基金予香港特別行政區政府
   Transfer of the Land Fund to the Hong Kong Special Administrative Region Government
6. 宣讀中央人民政府及三十一省、自治區、直轄市贈予香港特別行政區賀禮禮單
   Announcement of gifts presented to the Hong Kong Special Administrative Region from the Central People's Government, 31 Provinces, Autonomous Regions and Municipalities
7. 文藝匯演
   Performances
   Symphony 1997 (Heaven, Earth, Mankind)
   Hong Kong Medley : A Musical Celebration

吳靄儀歷屆參選立法會的小冊子（左起至下：1995, 2000, 2004, 2008）

1995年首次當選，宣誓就任立法局議員。

2008年最後一次參選，以「信念始終如一」作為貫徹她18年政壇生涯的口號。

1
Margaret Ng
吳靄儀
VOTE TO SAY,
OUR VALUES DO NOT CHANGE
信念 始終如一
Vote Margaret Ng on 7.9.08

第二章

魚梁渡頭爭渡喧

九七過渡的挑戰

1992–1998

「魚梁渡頭爭渡喧」(孟浩然的〈夜歸鹿門歌〉) 可說是九七過渡時期的最佳概括：許多人聚在渡頭待渡，有些生怕趕不上頭班船，因已是「山寺鐘鳴晝已昏」的時分，識時務者當會在入夜前找着安身立命之所，哪管頭班船盪着不合乎道義之窘態；有些依然在渡頭上靜候原定的班次，恪守承諾，強調暮鐘實為人心不古之警示。

想不到過渡以後迎來的是「巖扉松徑長寂寥，惟有幽人自來去」的光景——我繼續當了16年立法會議員，此徑不能不算長，並猶自求公正護法制，難免寂寥。可幸每遇上志同道合者，便覺吾道不孤。現在我是抖落議席的「幽人」，從政18年的種種，令我感覺充盈，一生回味。

九七過渡事件紀要

1992年	7月9日	末代港督彭定康來港履任。
1994年		立法局行政管理委員會成為法定機構，自行管理財政和聘任祕書處職員和法律顧問，不再向政府借調人手。
1995年	9月18日	政權移交前最後一屆立法局議員（包括吳靄儀）宣誓就任，由於彭定康於「功能組別」增設「新九組」，涵蓋大部分在職人士，不少基層得以突圍當選，令這屆立法局中民主派稍佔多數。
	12月28日	人大通過成立香港特別行政區籌備委員會。
1996年	12月	董建華成為候任行政長官，中國政府主動成立「臨時立法會」，原來最後一屆立法局議員無法直通為香港特區首屆立法會議員。
1997年	6月30日	英國結束在港的殖民統治。政權移交典禮在新落成的會展中心舉行。
	7月1日	香港回歸中國，特區政府成立。
1998年	5月24日	吳靄儀在第一屆立法會選舉當選；就職後開始擔任立法會議事規則委員會副主席，並一直續任達14年。

1995年9月18日，我宣誓就職，正式成為香港主權移交前最後一屆立法局的議員。擊敗有巨大傳統勢力和中方機構支持的對手高票當選，是重大勝利，證明了法律界不分律師、大律師，整體對民主和法治的信念與堅持。我的助選團的努力得到回報，當然令人十分鼓舞，但對我個人來說，當選為議員殊無勝利的興奮與喜悅。十多年來評論立法局事務，我對立法局的表現一向諸多不滿。法治需要有民主制度才能得到保障，但早在1986年8月，《中英聯合聲明》簽署才年餘，中方便透過中英聯合聯絡小組來規限九七前香港的民主發展。繼尤德任港督的衞奕信對香港很有感情，無奈卻受英國外交部姿態所累，只能受中方牽制。八九民運、六四屠城，觸發了香港市民加強保障原有自由的意識，對居英權、人權法的關注和爭取，都是為着要挽回對香港前途的信心。政制改革仍是不敢加快，惟恐觸發外交風波。1992年，衞奕信任滿黯然離港，換了個一心要大刀闊斧加強香港民主和自治意識的政治人物彭定康(Christopher Patten),但他也無法突破中英外交祕密協議設下的框架。[1]我非常清楚我們籌碼有限,障礙重重,但我也說過,熱愛香港的人,必須秉持一分信念,盡力為香港爭取自由。宣誓就職之時,我已知道法律界要我做的是吃力不討好的工作,既不為中、英、港政府歡迎,與大多數的議員也會格格不入。

回顧起來,香港最後一屆立法局,已是香港有史以來最具民主代表性及權力最大的立法議會。彭定康增加直選議席不成,改為大幅改革保守的功能組別;1994年通過法例,取消公司票,改為個人票,增設選民涵蓋大多數在職人士的「新九組」;1995年藉新九組當選的議員,包括基層民運人士「阿牛」曾健成(漁農礦產、能源及建造界),也包括了前政府高官黃錢其濂(公共、社會及個人服務界),及當時屬民主黨的鄭家富(金融、保險、地產及商業服務界),令這屆立法局整體議員中,民主派稍佔多數。

這屆立法局也是實質權力最大及最具獨立身份和形象的一屆,這是因為在《英皇制誥》之下,除涉及公共開支之外,議員有權提私人法案,而最後一屆立法局的議員亦確實運用這項權力,提出並通過了好些社會需要但政府不願提出的法律草案。議員提私人草案的權力,可說是鞭策政府的重大力量。[2]

1 彭定康一意要增加立法局的直選議席,上任後發現原來中、英兩方通過七封外交函件,訂定銜接《基本法》的政治架構,即是英方不能在九七前單方面增加直選議席。彭定康迫使這七封祕密函件曝光,引起了軒然大波。

2 1995–1997年提交立法局的288項法案中,議員私人法案佔44項,包括後來發揮了很大作用的《保護海港條例》。九七後,議員若要提這樣的關乎公共政策的法律草案,必須先得到特首的書面同意,而關乎政制的法案就完全無權提出,「立法」權變得非常被動,政府不提出,議員就只有批評的分兒,及發動公眾施壓。

同時，政府接受議員有權對法案提修正案，一般來說，都重視法案委員會建議的修正，令提修正案的權力發揮力量。[3] 由於政府與議員認同彼此之間的憲制地位和職能，在工作關係上能做到互相尊重。

彭定康刻意突出行政、立法互相制衡的關係，正式取消了港督為立法局成員的地位。末屆立法局議員選出了直選議員黃宏發擔任主席。黃宏發是我港大時代的校友，在大學時代已十分醉心議會程序，致力在學生組織推行，當上立法局主席，他的一大雄心壯志，便是鞏固議會程序。當時的立法局有意識地效法西敏寺議會民主模式，英國兩院程序權威典籍 *Erskine May: Parliamentary Practice* 也是我們最常用的參政典籍，目的是要香港立法議會媲美世界民主議會。議會獨立自主，是核心原則，所以認真執行會議常規，體現會議常規的精神，就是體現立法局的獨立自主身份。我認同這個看法，我在立法會也特別注重研習《議事規則》，自1998年起，一直任議事規則委員會[4]副主席共14年。

1994年的另一個重要發展，是通過法例，正式成立立法局行政管理委員會[5]為有法人身份的法定機構，由議員互選出成員，自行管理財政及聘任祕書處所有職員，提供一切行政及支援服務，結束了在此之前向政府公務員借調人手的做法。立法局有自己的法律顧問，統籌由專業法律人士組成的法律服務

3 九七後，特區政府不認同議員的修正權，但無法阻止議員提修正案。

4 議事規則委員會 "Committee on Rules of Procedure"（CROP）主要職能是經常檢討立法會的《議事規則》，並討論應作出的修正。第六章會進一步詳述。

5 Legislative Council Commission Ordinance Cap.443，香港法例第443章。

部，在議會事務及審議法案上向議員提供專業獨立法律意見。[6] 我認為行管會工作極其重要，自2001年起一直任行管會成員共11年。立法局具備一切獨立自主行事的條件，關鍵在於議員是否有意建立獨立自主的議會。

不幸的是，與此同時，在當時的政治形勢下，議會共識卻迅速減少，逐漸形成立法局一分為二的情況，傾向北京的「親中派」和標榜為「民主抗共」的「民主派」對立，過往作為保守派中堅分子的工商界，也逐漸將他們的忠誠，從行將撤退的港英政府，轉移到行將接收主權的北京政權上。「親中派」在立法局的共同任務是防止港英政府放權，削弱中方在九七後對香港的控制權和利益，與民主派爭取九七前享有更大民主，「還政於民」，直接衝突。有趣的是，本來是「反對派」角色的民主派，往往站在願意放權的港府的一方，對抗「親中派」背後的中方。

1995年12月28日，人大通過成立香港特別行政區籌備委員會（「籌委會」），多名立法局議員晉身籌委，籌委會行集體負責制，這些雙重身份的議員，紛紛表態會在立法局投票反對任何不符合籌委會立場的議案，他們的考慮基本上是以籌委會成員身份為先，立法局議員為後。「臨時立法會」成立之後，除了19名民主派議員之外，其餘的議員，一律同時兼為臨立會成員，戴兩頂帽子，不時上深圳開「臨立會」會議，一僕二主，真的不知道他們在香港立法局的會議上以甚麼身份原則辦事。

我們就是在這個荒謬的情景下，爭取在九七大限前盡力完成保障香港未來的民主和法治的立法工作。

6 詳見第六章。

籌備過渡

立法局最重要的工作是通過香港所需的法例。移交前最後一屆的立法工作異常繁重緊密。政府有一大張立法清單，其中包括了一大堆必須的「本地立法」(localisation)，即是有些範疇，以往香港倚賴引用英國法例，毋需在立法局另行立法，九七後英國法例在香港沒有效力，香港便要將這些英國法例以本地法例的形式在立法局通過，才可以延續原有法律，維持不變。在這方面的一個例子是有關知識產權的一系列法例。知識產權法例艱深而繁多，包括了版權、專利、商標、設計等，一一要在6月30日之前通過生效。

另一大堆是本港經過多年檢討和研究，決定應要推行的改革，也要藉立法實行。例如死因裁判庭的制度，舊的一套早已過時，必須以全新的法例替代。還有一些是原有的非正式組織，作用重大，為了確保九七後延續，就要通過立法，成立為法定機構。一個重要例子是港督委任的監察警察投訴課運作的委員會。為使這個組織能在九七後延續，港府建議立法將它成為有法定身份的機構。[7]

除此之外，又有一些作用重大的法律，根源在憑藉英國案例成立的普通法，需要以香港成文法保存下來；更有數不盡那麼多需要澄清、更正、作技術修改的法例，也一一需以修正法例的形式立法。嚴謹的法律制度，不是唾手可得的。

相隔二十多年，如今重提，這許多法案法例，對讀者來說很可能只是一堆沒有意義的名字，但我和一些議員當年卻是認真看待，用心逐字斟酌，不為時間緊迫而馬虎處理。重大法案太多，此處不能一一論述，但也要重提《官方保密條例》審議和

7 見本章69頁。

通過的情形。當時的保安司黎慶寧提交條例草案，解釋目的是要保護關乎香港安全的機密，防止外泄。過往，香港在這方面的保障，依賴英國的《官方保密法例》（Official Secrets Act）在香港生效，因此現在就有需要將這項法例變為香港本地法例。我參加了由陸恭蕙議員[8]任主席的條例草案審議委員會。我們完全不同意這純是本地化的事情。英國在20世紀初，戰爭陰影之下匆匆通過的反間諜罪行法例，及防止披露事無大小的官方所謂「機密」的措施，根本不適合香港，不應照搬，要通過，也得先刪除了過於廣闊，容易累及無辜的條文，並在非法披露機密方面，要加上「公眾利益」（public interest）及「先前已在公眾載體上披露」（prior disclosure）的免責辯解，才能符合現代資訊及新聞自由的原則。

這次政府態度強硬，黎慶寧警告議員，這是中英雙方在中英聯合聯絡小組已有協議的事，只要通過這項條例，中方便接納香港已完成了《基本法》第23條要求的香港「應自行立法禁止任何……竊取國家機密行為」部分。他說，如果我們提出的修正案通過，條例能否過渡九七就大有疑問，所以政府呼籲議員不要支持委員會的修正案。

對此，審議法案的委員會極為反感，違反條例，一經定罪，最高刑罰是入獄14年；新聞採訪，隨時受累，危害香港自由權利的惡法，我們為何要提早通過？如果中英同意了的條文我們就不能改，那麼還設立審議委員會幹甚麼？

但結果，在「親中派」擁護之下，修正案全軍盡墨，法案原封不動通過。那天晚上正值六四燭光晚會，我從立法局出來即直赴維園，深感諷刺。但是，要強調的是，不要再說香港沒有

8 陸恭蕙2000年後不再任立法會議員，2012–2017年出任環境局副局長。

23條立法了，事實上已部分特地為23條立法。這一關，我們守護龍門失敗。

可告慰的是關於人身保護令立法的安全過渡。人身保護令（habeas corpus），保障任何人不得被非法拘禁，是法治的基石，比大憲章還早。若有人被非法拘禁，他的代表可到法庭申請一道「人身保護令」，着管有他人身的人，將該人帶上法庭，即時解釋根據甚麼合法權力拘禁此人。若法庭不接納其理由，該人便當場重獲自由。香港一直倚賴法庭普通法之下的權力，並無完整訂立法例保障，於是有需要通過《最高法院（修訂）條例草案》，藉明文法訂明。

當時，我任審議這項法案的委員會的主席，十分支持通過這項法案，但我和委員會其他成員，特別是法律界的議員，都認為人身保護令的傳統保護，必須完整無缺保存，不容例外。條例草案很多須改善之處，政府都願意接受，但在這點上卻是立場強硬，認為需要訂明容許例外，例如入境處處長，應有權行使權力在法庭未判決之前將人遞解出境。茲事體大，終於我要自己到英倫，要求英國的律政高層助我們一臂之力，向香港的律政司解釋英國情況。我不知這是否起了任何作用，但律政司馬富善，終於在6月25日最後一刻，同意了委員會的修正，人身保護令遂得完整立法保障，不容許任何例外。

九七後的政府是何景象，無人能料，每位議員各有為了保障將來而需把握機會通過的條例草案，例如代表工人運動的李卓人便要提集體談判權的法案，推動人權的胡紅玉要提反歧視法案，注重環境保育的陸恭蕙便要提保護海港的法案等等。

至於我，我代表法律界出任立法局議員，最大任務是確保法治的平穩過渡，把守立法局這一關，不讓損害人權法治的惡法通過，同時還要推動一切所需的法例，令人權法治得以安穩延續，要時刻警醒，在法治受到危害之際挺身而出，正直發言。那時，對我來說，比起法治，民主只是次要，民主的重要性，是在於沒有民主，法治難以長久維持。

我大部分時間的議會工作孤獨而寂寞。我早已認識大部分的議員和出席立法局會議的高層官員，但由於我多年來一直擔任評論人的角色，對任何評論對象一貫保持距離，堅持自己的獨立言論地位。在立法局的工作很多時需要集體討論，我也是公私分明，事實上並無私交可言。

我與傳統左派和新立的「親中派」心態理念格格不入，相對而言，對港府和民主派人士的思想習慣和價值觀就有較大的共鳴，但儘管如此，我們之間仍談不上關係密切，我不擅交際是一個原因。對於民主黨的隔膜，我想主要是在於他們追求民主，是從民族大義出發，我對民族大義甚感疏離；對於港府，我深知說到底，我們都不是同路人，英國人的最重要目標是「平穩過渡，榮譽撤退」，而平穩過渡又壓倒一切。對我和我所代表的法律界來說，平穩過渡重要無比，但不單是為了這13年，更是為了過渡九七之後，香港人能在一國兩制之下實行高度自治，在法治的基礎上，原有的生活方式不變。

立法局議員之中的法律界人士，和我最熟絡的要算李柱銘了，他是第一位法律界功能組別議員，又是大律師，我們一向思維接近，但他從政目的是民主第一，他的法律裏有很多政治，我則是政治和法律劃分清楚。他爭取民主政制，希望在民主政制之下有更大發揮，對我來說，民主政制得到成立，我就不必從政下去了。李柱銘說他很高興我入立法局，因為他可以更放心把法律事務交給我，自己專注民主議題！

晝昏鐘鳴：法律事務上的應變

香港的立法遵照一套由法例[9]及立法局常規制訂的程序，其中最重要的是交由立法局的內務委員會決定是否要成立條例草案審議委員會，詳細審議草案的具體內容，甚至邀請社會人士提交意見，以決定應否通過，以及是否需要修改才通過。

審議法案的工作至為重要，因為「魔鬼在細節」中，但大部分時間，這也是最冗長枯燥的工作，傳媒難以報道，議員不熱衷，是可以理解的，但我反而最感興趣。同時，技術難度高的法案如版權法，看慣了法例的法律界議員駕輕就熟，我責無旁貸，所以一開始就劃為自己在立法局工作的重點。另外就是監察有關法律和司法制度的政策措施。這個範疇也屬冷門，我長期毛遂自薦，每次都在全無對手之下輕易當選為司法及法律服務事務委員會的主席。這個事務委員會專責監察有關法庭運作、法官人手編制、法律援助、律政司各科如刑事檢控及法律政策、以及法律專業服務和教育等等，論新聞價值，遠不如保安、福利、財經、教育那些事務。但世事難料，後來一些最轟動社會的事件，就正正發生在我處理的司法及法律服務事務委員會，這是後話。[10]

港府當年最重要的司法及法律事務就是雙語化，實際上就是為了整個法制運作，製造香港法例幾百章全套中文文本，不是中譯本，而是中文文本通過立法成為與英文版具同等法律效力的文本，有鑒於中英文本之間可能出現歧異，於是又要立法制定有這個情況出現之時如何解釋有關法例條文——答案是要選擇一

9 主要是香港法例第一章《釋義及通則條例》(Cap.1 Interpretation and General Clauses Ordinance)。

10 詳見第三章，「胡仙案」引致的對律政司司長梁愛詩提不信任動議。

個最能兼顧和協調兩個文本的解釋。[11] 編製法例中文文本工程浩大，由律政司負責，委任了由在中文、翻譯、法學等社會各界人士組成委員會，開會討論及審議律政司官員編撰的初稿，逐字斟酌，定稿之後交立法局立法通過。我也擔任過一段時期這個委員會的成員，每星期六整個早上開會，會議桌上放備幾個小竹籃，籃內是一包包梳打餅乾，餓了就靠這些餅乾及清水充飢，補充氣力再爭論個面紅耳熱。文學家要雅，律政人員要信要達，我則堅持萬不能藉編寫中文文本而改變法律原意，但法例之為物，本來就不能完全排除有各種解釋的可能，英文若有十種可能的解釋，難道中文文本就同樣要有十種解釋麼？這如何能做到？視乎通過的年代，不同條例的文字風格不同；何況有此法律概念和慣用術語——譬如 "a reasonable man"—— 中國文化和中文並無同義詞或相同概念。我不合作，反駁這個中文化的工程根本就是一個勞民傷財、無助法治的政治姿態。想起來，難為其他人容忍我，不過委員會裏頭執着的人遠多於隨和的人，結果常常要靠主席收拾殘局，找到最不是不合理的結論。可以想像，這些一項項燒糊卷子的中文法例拿上立法局審議時我是甚麼嘴臉！

11 法庭處理中、英法例文本有兩個有趣的例子。第一宗《譚玉霞》案，涉及法例英文文本 "addition to a plan"，中文文本作「增建工程」，如接受後者，被告脱罪，按照前者，則可能入罪，楊振權法官判決以中文文本為準，理由是涉及刑責，應取對被告有利的文本。第二宗是民事訴訟，原告人陳鳳蘭，與訟人黎緯泉，涉及《遺產税條例》第18(1)條的一段「但書」之中 "without notice" 一詞，整句是法律學生也耳熟能詳的 "bona fide purchaser for valuable consideration without notice"，英文文本沒有説明 "without notice" 甚麼，但中文文本則作「真誠購買人以有值代價及不知該財產有押記」，「不知悉」鎖定在不知「有押記」，範圍狹窄得多。主審法官張澤佑判決不應採用中文文本，原因是中文文本的意義法律上錯誤，英文文本表達的是個在無數判例中引用過的法律原則，他認為《譚玉霞》案的裁決對本案不適用。見吳靄儀：〈中英法例又現歧異〉，刊於《明報》論壇版，1997年1月8日。

港府同時急於推進的是中文法庭。特別在刑事審訊，華人社會，理所當然應用本地人聽得懂、説得通順的本地語文，但直至接近九七，卻只有裁判庭有較大比例的中文審訊，至於高等法院和上訴庭，則是絕無僅有，主要原因是有許多實際困難，大多數法官是非華裔人，律師和大律師也是習慣用英語多於中文，根本普通法的語文是英文，所有案例、法律典籍全用英文寫成，一時三刻，怎能變成中文？所以儘管司法和法律界原則上一致認同，執行起來卻深恐操之過急，達不到公平原則，反而對當事人不利。比如一定要用中文作為審訊語文，那麼當事人選擇代表律師的範圍便會遽減，而可以審理該案件的法官數目亦有限。為了推動中文審訊而導致這些嚴重後果，值得嗎？但港府為了政治上有所交代，不惜揠苗助長，我這名法律界代表又少不免問長問短，讓人批評我為了維護外籍法官和律師而不顧公眾應得的公義了。

其實，這些重大的改變，涉及很多原則問題和具體細節，是需要妥善處理的。最基本的原則是，既然中文和英文同時是香港的官方語言，我們要達到的目的，應是任何一名只懂中文或英文的人，都可以憑他懂的那個語言得到公平審訊，不必他同時懂中文和英文；但做得不妥，法庭反而變成必須雙語兼備，任何一方要求用中文，就所有的法庭文件都要翻譯為中文，所有英語陳詞都要由傳譯員譯為中文；所有審訊，事先都要選擇用英文還是中文，選定了一個語文，就全部清一色以該語文進行，這樣，法庭程序非但不會簡化以省時省錢，而是變得更加笨重。

我最擔心的是，政治掛帥走到極端，便會成了以語文、族裔而不是法律修養，作為服務司法及法律工作的先決條件及晉升準繩，在當時的情勢下，對法治極為不利。事實證明，我的擔心和法律界對過速本土化的抗拒並非無理，幸好在缺乏社會支持之下，急速本土化除了在律政司部門之外並沒有發生。結果法庭能夠按照自己的步伐推動中文審訊，保持了香港的司法水準。但本地化畢竟造成了法律界的本土化，少數中文了得的資深同行變得炙手可熱，部分外籍同行則提早告老歸田。

我當時是十分希望設立一個質量並重的雙語法律制度的，因為這會是香港並世無雙的歷史貢獻：不是生吞活剝的硬譯，而是細緻生動的「教普通法說中文」。由於法庭多用了中文，法庭傳譯員的需求便減少，我認為應推動重要判決書的翻譯，選拔有才幹的傳譯員及政府中文語文組人員為翻譯官，文字翻譯遠比口語傳譯精準，假以時日，可供引述的判例中文本多了，我們用中文陳詞及寫判決書，以至草擬法例及法律文書都會更得心應手。可惜，沒有人對我這個夢想有興趣。時至今日，我們在法庭說中文是家常便飯，但法律理念的掌握好了還是差了，我實在很有疑問。

渡頭爭喧：各地傳媒爭相報道

香港從來都是個國際大都會，世界各地來此營商，衍生了各行各業的服務行業，隨之而來吸引了不少外籍人士及中國內地各階層人士來港謀生和安居。東、西文化特質未必每項都能融合，但百多年來相安無事，且看香港舊城區，以鴨巴甸街為界，以東是英人管治制度的法庭、警署、政府山，以西是太平山區，華人聚居之地，文武廟為老百姓排難解紛，百年之後，時至今日，古跡宛然。傳媒記者分別在港九華文和英文領域報道和活動，香港一直吸引外國記者長期採訪，主因是香港最接近中國大陸的自由城市，同時港府也有很多值得國際注目的商業、金融消息。香港自二戰以來，一直是英政府世界情報網的重要一站，從好些暢銷的間諜小說，可見在外國記者眼中，香港是多麼令人着迷的地方。[12] 1981至1984年中英談判，帶來另一個高潮，13年過渡，史無前例的主權移交，在英方，將香港交還中國，是絕世嫁奩，彭定康喻之為"Cleopatra's Dowry"；在中方，對香港重新行使主權，是洗脫鴉片戰爭、不平等條約的百年恥辱。如此大事，臨近九七，理所當然，國際傳媒雲集，見證歷史，萬一移交之際出現突發事件，例如香港人有反抗行動、解放軍開動鎮壓、六四記憶猶新，焉能缺席現場？

種種大道理之外，還有是外國記者源遠流長在此歇腳，組成的外國記者會（Foreign Correspondents' Club "FCC"）十分活躍，與港府高層及法律界往來密切，對香港份外有情，交還大陸之後，必然風光不再，於是熱烈採訪之下，未免有許多離愁別緒。不少傳媒代表提早進駐，發掘經濟、法律、人權等各方面的消息及對前景的預測，特別是移交前的最後兩年，我自己就接受了多得數不清的國際媒體訪問，有時多至一天數場，像我這樣的人如資深法律界人士有不少，也是同樣忙碌，我們幾乎來者不拒，因為將香港的聲音傳出去實在對香港的前途太重要。

傳媒之中，英國廣播公司（BBC）最具雄圖大計，他們製作特輯，追蹤一系列人物的故事，記錄十年過渡直至最後一刻的風雲變幻。我也是其中一個追蹤對象，「民主派」的領袖人物李柱銘、劉慧卿，「親中派」首腦曾鈺成、政商兩棲者李鵬飛等人，更加是重要對象，採訪紀錄後來整理為龐大的歷史檔案。檔案過分龐大，當時「出街」（播出）的 BBC 電視特輯就選擇了以「末代港督」彭定康 "The Last Governor" 為軸心，而負責製作

12 John Le Carré, *The Honourable Schoolboy* 是其中一個著名的例子。

的英國著名傳媒人 Jonathan Dimbleby 也撰寫了同名的著作出版。[13]

渡頭看日落：末代港督彭定康

1992年7月來港履任香港總督的「末代港督」彭定康，是英國政壇的老手。多年前已有港英高層顧問以諮詢口吻跟我提及，近代港督由外交官出身的人擔任，最後一任，則應由一位政治家擔任。儘管彭定康落選於巴芙，意外得以出任港督，意料之外，原來也是策略之中。他跟在朝的保守黨領導關係密切，在港英政府對北京最後一役起了重大作用。

彭定康比他的上手——學者及外交官出身的衛奕信——聰明機智得多了。他獲委任前對香港認識有限，但甫上任已扭轉了中英在港角力的局勢。本來，簽署了《聯合聲明》，九七前英方對港行使主權治權，中方只能在1997年7月1日之後接管香港，但衛奕信既在政制發展上同意了「銜接」論（即九七前的政制發展須與九七年才生效的《基本法》銜接），又在建赤鱲角新機場上簽了備忘錄，為了要在7月1日之前建成啟用，事事變得需要中方同意，於是政制、行政、財務都被中方牽着鼻子走，令港府苦惱不已。彭定康上任即道，新機場九七之前未完工沒有甚麼大不了，我坐船走好了——馬上就破解了一道魔咒。

破解政制「銜接」魔咒就沒有這麼簡單，但彭定康仍着意打破傳統禁忌，要建立新模式，為香港管治帶來新氣象。他第一份施政報告，提出了大刀闊斧的改革建議，就沒有在立法局宣讀之前知會北京，反而說明港督有責任先得到港人支持才與

13 *The Last Governor Chris Patten & the Handover of Hong Kong* (UK: Little, Brown and Company, 1997).

北京商議。他上任履新已拒絕穿戴殖民地總督的冠服，上任後不突顯作為女皇個人代表的身份，反而強調他作為行政機關首長的地位，與立法局分庭抗禮。他將行政、立法完全分家，強調政府向立法局負責，要政府部門每年訂立並公佈「服務承諾」，開創港督定期出席立法局回答議員質詢，模擬英國下議院首相答問的制度。他藉這些場合，不但奠定問責傳統，還大展辯才，為政府宣傳，跟議員辯論，每每令一向拘謹於成規、木訥的公務員士氣大振。彭定康擅幽默詼諧，有議員問他，他得罪了那麼多人，卸任之後，會不會有任何建設命名紀念他，他想了一想，即道：「彭定康排污渠系統？」（"The Patten sewerage system?"）惹來哄堂大笑。

彭定康多次説過，他從民主議會來，無人不冀望他支持民主改革，但鑒於中英先前七封外交密函，他能做的空間有限。結果他劍走偏鋒，改革功能組別，創立了新九組，但這也要他出盡九牛二虎之力，才以一票之微，在立法局通過有關法例。「親中派」固然反對，民主派也認為他做得不夠徹底。

我性情古板，不喜歡政治家作風，但也不得不佩服彭定康對工作的投入態度，及認同他對行政、立法關係的看法。在他任內，起碼與立法局工作認真的民主派議員有健康的工作關係，尊重對方的憲制責任，坦誠溝通，互相制衡，縱有重大分歧，也是以禮相待。多麼難受，政府也要面對議員爭取支持，不會繞過議會行事，只能極力説服議員。彭定康策略和辯才了得，也有不少敗北的時候，令他耿耿於懷。他在自己的著作裏提及的例子是有關成立終審法院條例草案來自民主派的阻力。另一個例子是關於修訂《刑事罪行條例》，立法制訂符合人權限制的「顛覆」罪，博取過渡九七。初時民主派支持這個做法，但政府提交草案之後，我們審議之下發現弊多於利，終於推翻前議，令彭定康碰了一鼻子灰。這都是民主議會制度的正常現象。不同意見與立場，有勝有負，勝的不一定對，負的不一定錯，重要的是有真正的辯論，彭定康的政治家風範，在於他輸得起。

在千頭萬緒之中，立法局的工作仍然井井有條，公務員的優良傳統及工作模式是一個重要的因素。一早理出要完成的立法清單，照單辦事，負責看守立法進度的官員是行政署署長，直接向統籌所有政策部門的布政司報告，有任何阻滯，即由相關的部門官員處理。我經歷過兩位最出色的行政署署長，一位是尤曾嘉麗，一位是黃灝玄，兩人共通之點是表面隨和，但其實執行嚴格，真當得起「手揮五絃，目送飛鴻」，如此政務官人才，愈來愈少見了。布政司統籌整個政府架構，向港督負責，彭定康絕對信任他委任為布政司的陳方安生，一位在香港公務員體系長大的華人女子，整個龐大政府架構才能在過渡風雨中平穩運作。

彭定康的主張和作風決策，並非得到一致認同，英國外交部、本港社會都有不少要人認同中方的看法，認為他徹底地破壞了辛苦建立起來，中英就香港事務的良好關係。在中方眼裏，他當然就是十惡不赦的「千古罪人」了。彭定康自己並不為意，幽默對待。他在立法局最後一次出席答問會，最後一條問題是：假如過去五年你是英國首相，你會怎樣做？他答道，照看，我會委任自己做香港總督！（I think as things have turned out, I would have appointed myself Governor of Hong Kong!）即是，做港督太棒了！對香港任務予以最高重視。

但這只是苦中作樂。立法局分裂，行政當局情況也愈來愈複雜。行政局議員之中有未來行政長官董建華，保密制和集體負責制已變得有名無實，1996年12月，董建華正式受中央委任為候任行政長官，開始在深圳辦公，中方要求港府調撥高層政府官員輔助候任政府，是為「另起爐灶」，英文有個名詞稱之為“the second stove”，若照辦，則不但公然挑戰港府的權威，實際上還企圖分化公務員系統。在移交前的十多個月，彭定康的處境其實相當狼狽的。我認為候任行政長官要在深圳「另起爐灶」不成體統，他應在港督府及政府總部做見習生，了解全部政府工作，認識所有政府官員。

在國際間回響的鐘鳴

香港生存之道，在於她在國際有樞紐作用的重要地位，過去由英國人維護這個地位，九七之後如何維護這個地位，便要看香港人了。因此，我們便有責任奔走國際，一面讓國際社會認識我們的實況、九七後的安排、面對的處境、制度架構、我們的困難、挑戰，以及無比的決心去承擔「港人治港」的使命，一面以我們的自信，維持國際對香港的信心。以我來說，就是要參加在香港舉行的國際會議作講者，出席世界各地舉行的會議，特別是法律專業的會議，講述香港問題，安排國際訪問，發表專題演講，以及與外國政要會面。翻查當時的紀錄，我在1995年至1997年間，十次外訪，到過印度、布魯塞爾、英國、柏林、華盛頓等地，參加在香港舉行的國際會議至少五次，私人訪問更不計其數。

我的演講內容，很多時主要是評述九七後的憲制安排及原有制度延續有多大的保障，這往往涉及對《基本法》條文的分析，以及關鍵條文的法律效力，毫不隱瞞這些法律保障的限度。我不是宣傳《基本法》如何充分保障香港一切人權自由法治及社會繁榮，外國人絕對可以放心繼續來港做生意，也不是抱怨《基本法》如何不是、香港前途如何危險，外國人有責任要代我們向中共施壓，我是按理指出，在全面的保障之下埋下了極大的漏洞，有仗所有香港人及所有愛護香港的人時刻警惕，讓中國當局了解到國際人士關心之所在，不讓這些潛伏的危機爆發。香港人有決心捍衛香港，努力使香港繼續成功，我自己就是這樣的一個香港人，樂觀與悲觀對我毫無意義，因為這是我的家，我決定了留下來，就要盡力而為。

我其實不懂得怎樣做政治演説，發言內容又每多涉及法律條文，但我的聽眾卻十分專心投入，踴躍發問，顯示他們對香港前途真正關懷和擔憂。記得1996年10月我到美國耶魯大學作一系列演講和研討會，其中一次，我解釋我們對《基本法》第158條人大釋法的隱憂，因為除非中央當局自我約束，遵守保障一國兩制原有目標，不在法庭轉介以外作人大釋法，則《基本法》條文給我們的保障無論文字上多完備，實際上也可以一下子便蕩然無存。當時，一室凜然，顯然有些經歷過共產專制政權的人士非常明白我説的是甚麼。終於有人提問：你知道有這個可能，但你仍會留在香港麼？我答，是。那人熱淚盈眶，歎息道：你們多麼勇敢啊！

其實，我是十分感動的，但我沒有勇敢的感覺，只知道承擔了的使命就要設法達成。20年後，香港發生了很多事之後，我才真正了解這位聽眾的心情。2015年我再度訪耶魯，碰見當年出席其中一個講座的一位教授，她向我描述當年感受，她説，那時，我們如日上中天的精英，神采飛揚，卻義無反顧面對巨變，這是令她感受至深之處。所以，我那麼用心逐字斟酌發言稿，真正有用的還是現身説法。

1996年11月，我出席倫敦費邊社（Fabian Society）談香港前途的研討會，我提出討論的一個焦點是中共已宣佈要成立的「臨時立法會」。我對費邊社説，這是違反《中英聯合聲明》，同時亦是違憲違法，英國政府要抗議及採取行動。我的書面資料指出：

> 《中英聯合聲明》附件一第一章第三段說明「香港特別行政區立法機關由選舉產生」。然而根據籌委會的決定，中方卻會成立一個由400人組成的推選委員會選出的60人「臨時立法會」，這個過程無論如何不能說是「由選舉產生」。
>
> 這絕不是技術問題。英方推薦《聯合聲明》請香港人接受，基礎是主權移交之後，中國會實行「港人治港」，實踐方法是行政機關要向當地民選的立法機關負責。立法機關通過法律，保障香港的人權、自由及原有生活方式。違反這項承諾直接抵觸《中英聯合聲明》，動搖移交主權的根基。
>
> 更甚者，根據中方宣佈的決定，臨立會於1996年12月開始運作，這是違反《聯合聲明》第4條：「自本聯合聲明生效之日起至1997年6月30日止的過渡時期內，聯合王國政府負責香港的行政管理，以維護和保持香港的經濟繁榮和社會穩定；對此，中華人民共和國政府將給予合作。」臨立會的提前運作，令香港同時有兩個立法機關，製造混亂，打擊社會穩定，並隨時受到法律挑戰。

臨立會違法違憲（違反《基本法》）是大律師公會的清楚立場，亦是除中方人士之外的輿論共識，道理清晰明確，簡而言之，就是《基本法》訂明，只有按照第68條選出的立法會是特區立法機關、能行使立法權；臨立會顯然不符合要求，無權為特區立法，擬為特區立法，即是篡權。中共強稱彭定康「三違反」迫使中方取消「直通車」，籌委會有充分權力另行成立臨時委員會，其實是強詞奪理。籌委會的權限，在與通過《基本法》同時通過的《人大決定》裏說明：「根據本決定規定第一屆政府和立法會的具體產生辦法」，「本決定規定」，「第一屆立法會由60人組成，其中直選20人、選舉委員會選出10人，功能團體選出30人」。這根本就是原定方式，如果沒有「直通車」，那就須按此行事，完全沒有設立臨立會的空間。

「臨立會違法」是根本原則和大是大非，我告訴費邊社，為此，所有支持法治和民主的人，都不可能參與這個 *de facto* 的不合憲第一屆立法會。

這個信息，不但我公開宣示和解釋，大律師公會主席率團訪問北京，也當面向魯平提出。北京當局，為了迫人接受臨立會，將臨立會與選特首的推選委員會「綑綁」在一起，接受臨立會訂為參選推委會的先決條件。有原則的大律師公會，於是宣佈不會推薦任何成員參選推委會，只會對任何有意參選的個別大律師提供其成員身份的證明。

我們的立場，得到廣泛的認同，但問題是，他們能採取甚麼行動？會採取甚麼行動？1997年2月，我在倫敦與英國國會議員會面，跟外交大臣 Malcolm Rifkind 茶敘；3月，到華盛頓出席亞洲人權監察及 Lawyers Committee on Human Rights 的研討會發表演說；4月，再到華盛頓出席美國律師會國際法會議，並會見華府官員、國會議員、美國總統及副總統的高級顧問等人，以及記不清那麼多非政府組織及智囊團體。他們對臨立會不合法的理據無不認同，這是重大原則，而最核心的問題是：他們可以做甚麼？

移交前夕，6月29日，駐港美國領事館安排我和另外五位議員與當時美國國務卿 Madeleine Albright 會面。最重要的論點是法治、臨立會帶來的問題和恢復選舉立法機關的迫切性。Albright 也是法律界出身，她問我臨立會通過的法律有沒有法律效力；我答她，九七前通過的一定不會有法律效力，九七後褫奪人權的法例，即使以必要性的原則，也沒有效力。她的提問，反映了當時美國當局的思路。

揮別渡頭：待續無期

立法局最後的會議在6月23日上午9時開始，一連五天通宵達旦，沒有人有任何怨言，直落至28日早上8時，按照傳統，以告別動議結束，與平常告別動議不同的是，議題是「向港英政府道別，並祝願香港特別行政區延續繁榮穩定」。最後一名議員發言完畢，主席黃宏發將平日的「宣告會議結束，某時某日續會」稍改為 "adjourned sine die"——會議結束，待續無期。我不知道這句話他據何先例，我們在法庭聽慣，無限期押後，即是案件不再處理了。最後兩次會議一共通過了21項政府議案及13項議員法案，有幾項來不及完成立法程序，無疾而終。

最大爭議性的兩項法案，一是政府提的《警監會條例草案》，賦予港督委任社會人士組成的監察警察投訴課的委員會法定機構的地位。當時的委員會主席是法律界泰斗、行政會成員御用大律師張健利，他早前親自到立法局向議員解釋為何一個由獨立人士組成的監察委員會，對於維持市民對警務人員的信心重要無比，為保這個機制不因主權移交而改變甚至消失，最有效的方法就是立法保留。法案擬訂的警監會並非完善，因為它沒有獨立調查的功能，這是因為政府無法克服警方的強烈反對，但政府仍希望我們通過草案，因為雖不完善，但在獨立人士的手中，草案仍能發揮不容小覷的功用。張健利很有説服力，但議員仍希望在通過之前用修正案稍為加強警監會的獨立功能。涂謹申的修正案得到大多數票通過，不料保安司黎慶寧卻違反慣例，在毫無預告之下，在三讀之前撤回法案。這無疑反映了警方當時阻力之大，政府也不得不忌憚三分。但這一來，所有心血便付諸東流，要到八年後才由特區政府重新提交草案通過成立「警監會」，然而，特區政權之下的做法，已不是鼓勵獨立監察了。

另一項有爭議的法案是涂謹申提的議員法案《電子通訊條例草案》，這原先是政府發出用作諮詢公眾的白紙草案，其中一個重大作用是規管截取通訊，說白一點，就是執法機關如廉政公署偷聽電話的權限和所受的管制。這樣的議案，當然有人不願見通過，但是沒有法律規管，竊聽必然違憲違法，這如何是好？政府不願踏出這步，議員就按當時我們擁有的權力，打破僵局。草案果然獲得通過，港督也馬上簽署了，但條例訂明須由保安司擇日生效。這一等，就等了九年，直至廉署的違憲竊聽，連敗於三級法庭，終審法庭限日通過立法，這才在緊迫情況之下，經歷80小時辯論，於2006年8月通過了《截取通訊條例》。[14]

無論如何，我們已盡全力。6月28日早晨，我從立法局大樓出來，就直走向我的大律師辦事處，執筆寫我給選民的通訊匯報。我不能說無憾，唯一安慰是信守承諾，不負誓言。面對將來，我悍然道，我當選的任期是四年，現在還未任滿，由於臨立會不合法，在我的議席得到合法繼任人接替之前，我仍是議員，只不過沒有席位，但我會以沒有席位的議員 “member without a seat” 履行職責，直至有合法選舉為止。後來，我的法律界好朋友，為記念我這個短命任期，就將我任內的選民通訊、演詞、評論釘裝成兩大冊，題名 “My Seated Days”——「我在席的日子」，他們的厚愛心思，我感銘五內。

14 詳見第五章。

其餘都是繁文縟節，間有感人之處，但我非常不願感動，只願以平常心沉着應付這最不尋常的歷史事件。

渡頭揮別：從添馬到立法會樓台

「移交大典」是熱門報道焦點，百多位世界名人，包括威爾斯親王查理斯王子、現任和前任英國首相、前香港總督麥理浩等人都應邀到港，當然少不了各式各樣的告別酒會晚餐，我出席了港督府最後的酒會，重見麥理浩，仿同掉進歷史當中；最特別的是王子在皇家遊艇大不列顛號上設的晚宴及欣賞添馬艦皇家海軍碼頭上蘇格蘭軍士以風笛奏出 *The Last Post*。船身及內部陳設舊而不殘，一塵不染，皇家身份不在威勢排場，而在對儀式敬禮的親切自在。

英國於6月30日的下午在添馬艦的空地上舉行正式與香港道別的儀式，觀眾面對維多利亞海港，主要「佈景」就是停泊着的大不列顛號皇家遊艇，威爾斯親王代表英女皇蒞臨，所有在空地上的表演，遂成御前獻禮。當天天陰有雨，接近儀式時間，更開始滂沱大雨。所有嘉賓擎傘坐立，雨水直淌華衣。親王讀出他母親的致詞，才唸到：「我母親 ……」天邊突然雷電交加，竟然天助氣勢！歌舞、風笛合奏，皆在無遮攔空曠中大雨下若無其事舉行，這就是英國人的風格。

中英移交典禮在新落成的會展中心舉行，我手上的程序表如下：

- 雙方軍事儀仗隊進場 Entry of Guards of Honour
- 雙方主要代表進場 Entry of Officiating Parties
- 雙方軍事儀仗隊敬禮 Salute by Guards of Honour
- 威爾斯親王致詞 Speech by His Royal Highness The Prince of Wales
- 護旗隊進場 Entry of Flag Parties
- 奏英國國歌 British National Anthem
- 降英國國旗及香港旗 Lowering of Union and Hong Kong Flags
- 奏中國國歌 Chinese National Anthem
- 升中國國旗及香港特區旗 Raising of Chinese and Hong Kong Special Administrative Region Flags
- 護旗隊離場 Departure of Flag Parties
- 中華人民共和國主席江澤民致詞 Speech by President of the People's Republic of China, Mr. Jiang Zemin
- 雙方主要代表離場 Departure of Officiating Parties
- 雙方軍事儀仗隊離場 Departure of Guards of Honour

如此，主權就易手了。禮，是以莊嚴約束感情。

禮成，觀禮嘉賓離場，我們這些特殊嘉賓應邀移玉往宴會廳出席慶祝酒會。但我心有二用，因為民主派立法局議員約好了要回到立法局大樓，在樓台上向選民宣告暫別，我要留意着

行動中其他人的舉動，因為保安嚴密，我們一早預先另有安排。

幽暗中回到皇后像廣場與遮打花園中間的立法局大樓，分別才一日，大樓已易主，我們昨天是主人，今時成闖客，擅進大門，走上二樓，預先佈好陣勢的攝影記者為捕捉這歷史鏡頭，再三囑我們緩步而行。到露台，由李柱銘開始，逐一向街道上聚集的民眾致詞。我身材矮小，站在木板階級上下望遮打道，街燈下黑壓壓一片，對街香港會所，落地玻璃窗後人影幢幢。輪到我發言，當時情景，後來張健利在我的紀念合訂本上如此形容：[15]

15 張健利原文是英文，實在太有個性了，不抄錄在此就太過可惜。

History will record that when our Margaret Ng stood alongside Martin Lee and 18 other LegCo-exiles on the northern balcony of the LegCo Building in protest against the dismantling of Hong Kong's elected legislature the old order had just ended and the new was being ushered in. It was a little after 1.20 a.m. on 1 July 1997.

歷史會記載 1997 年 7 月 1 日約凌晨 1 時 20 分，舊體制剛去而新制剛立之際，吳靄儀與李柱銘及其他 18 名立法局放逐者立於立法局大樓北面露台，抗議民選議會被拆毀。

As Margaret looked out onto the several thousand people gathered outside at street-level in the intermittent rain it must have struck her, and not for the first time, how peace-loving and orderly the people of Hong Kong were and how utterly insulting and unjustified were the moves to "tighten" up public order and other legislation as a matter of urgency and in the name of national security. How sad it was that one of the first acts of the post-colonial administration was to impose rather than to remove restrictions on people's rights and freedoms! How ironic that the people would enjoy a narrower franchise in 1998 as the promised Masters of their Own House under Chinese Sovereignty than what was belatedly granted them in 1995 as subjects of Her Majesty the Queen by the ex-colonial regime!

外望街上數千冒着零散雨點聚集的羣眾，吳靄儀必然又一次感受到他們多守秩序和愛好和平，以「國家安全」為名緊急收緊公安法例針對他們，是多大的侮辱和不公平！脫除殖民地管治的政府，第一件事不是放寬而是收緊他們的權利和自由，多麼令人難過！當家作主之後，人民在 1998 年能享有的選舉權，反而不及 1995 年作為女皇陛下子民得到的遲來的賜予，那是多大的諷刺！

As Margaret spoke from the balcony she must have experienced a renewed sense of purpose and an added determination to stand by and do what she believed was right. She spoke in English. I can think of two possible reasons for her choice of language quite apart from the fact that the international media was present. English is the language generally understood by all members of her Legal Functional Constituency. Margaret never forgets her constituents. Secondly, English is the mother tongue of the Common Law. Margaret never forgets the spirit of the Common Law. As for the "common people" she knows full well that her message consisted in the simple fact that she was there. Her presence was the message. Margaret does not believe in words or deeds that obscure the message.

吳靄儀發言時，必然重新感受到她身負的使命，更堅定履行義所當為。她以英語發言，我想，除了現場有國際傳媒之外，有兩個原因。一是她所有的選民都聽得懂：吳靄儀時刻不忘記她的選民。二是英語是普通法的母語：她時刻不忘普通法的精神。至於「普通」市民，她深知她出現於此這個事實就是信息。她的在場的確是信息：吳靄儀不作掩蓋信息的言行。

As she turned to go down the stairs and out into the street as a "Member without a Seat" she must have seen, with even greater poignancy than ever before, the need to continue the good fight for democracy and the rule of law. She must have recalled, with some emotion, her Seated Days...

她轉身下樓，以「無席位議員」的身份走上街道之際，她必然更深刻感到繼續為民主及法治奮鬥的必要。她必然想起她在席的日子，有感於心 ……

知我者張健利。這一段話，令我雖下樓台而不能脱身，看守議會多16年。

THE ELECTION PLATFORM
OF
MARGARET NG

1998 Legislative Council Election
Legal Functional Constituency
Polling Date: 24th May, 1998

10/F New Henry House, 10 Ice House Street, Hong Kong
Phone: 2524 2156, 2525 7633 Fax: 2801 7134
E-mail: m_ng@hk.super.net.
Web Site: http://www.hk.super.net/~m_ng

回歸後，1998年吳靄儀再次在法律界功能組別當選，右圖為選舉主任宣佈吳靄儀當選，左圖為參選政綱。

回頭迢遞便數驛：臨立會之役

法律界相信，挑戰臨立會合法性的官司遲早會來，而我們的法律理據非常強而有力，世界期待我們的法庭會作出裁斷，轟動國際。但事情的發展卻完全出乎我們的意料之外。

1997年7月22日，我正在辦事處埋首工作，忽然接到消息，一宗刑事案件的被告人提出了法律觀點，稱說普通法沒有過渡、臨立會不合法，因此，《回歸條例》無法律效力，藉此推翻對被告人的檢控。這個法律問題已提交上訴庭聆聽，但到了聆訊之日，卻因得不到法律援助而沒有大律師代表出庭辯論這個憲法觀點！但那邊廂，代表特區政府的法律專員馮華健資深大律師已準備充足，摩拳擦掌，而法庭亦不打算再等。

聆訊如箭在弦，我和李志喜及大律師 Paul Harris（夏博義）緊急蹉商之後，結果不管有無成規，當日下午就披甲上陣，闖進法庭，要求准許我們就臨立會的合法性陳詞。主審的陳兆愷大法官問我們，你們是誰？李志喜答道，我們是三名大律師，因為臨立會問題茲事體大，懇請法庭容許我們以「法庭之友」身份陳詞。大法官認為於規矩不合，因法庭並無邀請我們作「法庭之友」，但終於容許我們在被告人同意之下，在這單一問題上以被告人代表律師身份出庭。

我們三人連夜準備，次日整日辯論，李志喜有條不紊陳述理據，充分表現出大律師的冷靜和英勇。最基本的原則是，普通法及1997年7月1日前的一切法律文書已經有效過渡，若法庭接受這點，根本就毋須、亦不適宜在此情況下處理臨立會是否合法的問題，但我們亦同時提出了設立臨立會並無法理基礎，及臨立會的組成明顯違反《基本法》條文與精神等理據。令我們錯愕的是，法庭接受了政府的觀點，裁定人大的決定作為主權的行為，具有法律效力，不論是否符合《基本法》，香港法庭也受其約束，不得過問；九七前香港法庭不得過問英國法令，九七後同樣不得過問人大決定。[16]

法庭這個決定，震驚法律界及國際關心香港法治的人士，紛紛向我們表示不明白法庭因何有此裁決。法庭的裁決，對我們是個沉重的打擊，最大問題還不是確定臨立會合法性的結果，而是法庭所持的理由不但有根本性的錯誤，而且若得不到推翻，就會有嚴重的長遠後果。正如法律學者陳文敏在《香港法律學刊》發表的文章指出：

> ……上訴法庭的裁決對香港特別行政區的法律制度的完整作出了災難性的打擊。首先，《基本法》第18條訂明，在香港實行的法律為《基本法》、香港原有的法律、香港立法機關制定的法律，以及在附件三列出的其他全國性法律。現在，這已不再是香港法律來源的全部了。並無定義的「主權」理念，成了特區新添的一項法律來源。人大以主權之名，得隨時行使對香港的立法權。[17]

是以法庭的裁決的正確性與權威，一開始就備受質疑。為此，當年8月4日，我冒着不知能否回家之險，出門到在三藩市舉行的全美國律師會會議，在會議上評論這項法庭裁決，對法庭的理據提出質疑，希望減低這次錯誤裁決的傷害。我在發言稿中還指出，法庭的裁決沒有解答，如果臨立會不是《基本法》之下的第一屆立法會，只是個「暫時性組織」，那麼它是不是個立法機關？如果它有權限，那麼權力來自何方？限制為何？香港法庭有沒有權力裁斷？如果法庭認為臨立會權限來自籌委會

16 HKSAR v Ma Wai Kwan, David & Others [1997] HKLRD 100.

17 見 Johannes Chan "The jurisdiction and legality of the Provisional Legislative Council" p.381, *Hong Kong Law Journal*, Vol.27 Part 3。對我來說，最大的教訓，是我們遠遠低估了香港法庭對憲政辯論缺乏認識，在以後的日子裏，我永遠提高警惕。

1996年的議決，法庭是否有權審判該議決的法律效力及範圍？最大的問題，究竟甚麼是香港特區的法律？是否人大決議就是法律？同場演說的還有終審法院大法官烈顯倫和律政專員馮華健。馮專員帶着一眾律政官員當是他的隨從，架勢十足，贏了官司，意氣風發，若我不去唱反調，全世界就只聽到特區官方的一面之詞。

一年後，上訴庭在另一宗案件中公開表示當年的裁決，理據有錯誤之處，但仍維持裁決的結果。1999年，最終法院在《吳嘉玲》案正式更正上訴庭的錯誤，但仍以成立臨立會是在籌委會權力範圍之內的理由，維持原判。[18] 可是，明日黃花，臨立會已完成任務，解散多時，誰也不願提了。

18 見 Ng Ka Ling & Others v Director of Immigration (1999) 2 HKCFAR 4，頁 26–27。

終審法院
THE COURT OF FINAL APPEAL

第三章

力填平等路
從居港權到護港戰

1997–2002

那大樓三角楣上立着泰美斯女神雕像，她蒙着眼，右手舉着天平，左手持劍。聞說在大樓是最高法院的年代，象徵經她腳下大門進樓的囚犯會得到公平審判——蒙眼代表不問身份，天平代表不偏不倚，持劍代表捍衛公義的決心。我們都以為香港的法治會如雕像那樣經得起風雨侵蝕，但有沒有人想過，作為立法大樓，進她大門的人，也須有持劍護法的準備？在居港權和胡仙案中，我們看到蒙眼布被摘下，天平搖擺，原來堂皇的律法成為傷人的利器，作為立法人員，又豈可沉默？必須果斷舉劍捍衛雕像所象徵的一切，哪怕在過程中徒然落得傷痕纍纍，也得「力填平等路」（蔣智由〈盧騷〉），不然摘下的蒙眼布扔在天平哪一端都會令它傾側。我們的良知就是她最後的防線。

爭取居港權事件

1997年	7月1日	《基本法》生效，港人內地子女按照憲法即成香港永久居民。
	7月9日	臨時立法會一日內三讀通過港人內地子女的定義條文，令數以千計被奪居港權的子女父母申請司法覆核。
1999年	1月29日	《吳嘉玲》和《陳錦雅》案上訴得直，終審法院裁定居權證須向內地當局申請，和單程證連結一起的措施違反《基本法》。
1999年	2月26日	特區政府要求終審法院澄清1月29日的判決。終審法院發表「聲明」表示如果人大常委會解釋《基本法》時，特區法庭必須以此為依歸。
	5月6日	時任保安局局長葉劉淑儀在立法會內務會議上，指如執行終審法院裁決，十年內便有167萬人湧港，為社會各方面造成沉重負擔。
	5月19日	特區政府在立法會上動議，要求議員支持行政長官向國務院提請解釋《基本法》有關居港權條文。
	6月22日	國務院正式在人大常委會上提出釋法草案。
	6月26日	人大常委會頒佈對《基本法》第22及24條的《解釋》。
	6月30日	法律界632名律師和法律學者由高等法院遊行到終審法院作靜默抗議。
	7月12日	貝嘉蓮律師代表吳小彤及其他4,393人對「人大釋法」的內容提出司法覆核，暫緩入境處的遣返。
	12月3日	特區政府就《劉港榕》案上訴至終審法院，法庭裁定政府上訴得直，並指人大常委會就《基本法》的解釋不受任何約束。
2002年	1月10日	終審法院裁定《吳小彤》案中涉及的四千三百多人無一不受釋法約束。

「胡仙案」事件

1998年	3月	廉署拘控三名英文《虎報》職員與該報的集團主席胡仙女士串謀詐騙，誇大該報印數。惟胡仙本人卻不被起訴。
1999年	1月20日	上述三人罪名成立，判處入獄4–6個月不等。
	1月21日	吳靄儀去信律政司司長梁愛詩，邀請她出席立法會司法及法律事務委員會解釋事件。
	2月4日	梁司長到立法會就事件發表「聲明」，以「公眾利益」為兩個不檢控的理由之一。
	3月10日	吳靄儀於立法會向梁愛詩司長提出「不信任動議」。
	3月11日	「不信任動議」遭否決。

引言

特區成立20周年，幾位中大新聞系的女生為了要做紀念特輯，訪問我談爭取居港權的事。那是主權移交之後第一宗（也是最具震撼性的一宗）憲制官司。1997年，她們還是嬰孩，如今跟我這名當年有份打這場官司的法律代表對坐相看，她們最好奇的是，我為甚麼會為這羣人爭取居港權？

我以為，為人爭取在憲法之基本權利是理所當然的，為何會有此一問？但我忘了，中國大陸經濟起飛，2004年後放寬「自由行」政策，這一代年輕人所見，多是財大氣粗的「強國人」，蠻橫無禮的內地遊客擠滿街道，搶購奶粉，水貨客攻陷上水、粉嶺，「西環」治港，香港人淪為二等公民。的確，這十多年的變化太大了。1997年的狀況不是這樣的。剛相反，大陸窮，香港經濟發達，七、八十年代，很多內地人不惜冒險偷渡來港謀生，在抵壘政策下成為香港居民，胼手胝足工作，提供了大量香港需要的廉價勞工，卻是受社會歧視的一羣。港府為了遏制移民，對他們行使的政策極其不近人情，有正義感的律師，經常要為他們向法庭尋求公道，我也接過不少這些官司，但法律上他們的權利有限，政府的行為再違反情理，我們往往也是無功而還。

令我們氣憤的是，九七後《基本法》實施，他們的法律地位改變，但兩地政府，卻仍然企圖用政治手法令他們無法行使權利，不惜蔑視清晰的憲法條文。當時我們自然毫不猶豫，要為他們爭取法律之下的權利，而今日回想，其實盡心盡力，道理也是十分顯淺——維護公義人權是律師天職，同時更為維護香港的法治根基。這羣人是香港的一分子，他們的子女，不論在何地出生，也是香港人的子女，斷斷不能因他們不受社會歡迎便袖手旁觀。《基本法》既然明文規定這些子女是永久居民，享有居留權，這些權利就不能由一個政治組織憑其基於政治的考量而取消。[1] 如果我們今日這樣對待這一羣，他日我們還怎能堅持《基本法》條文須由香港法庭按照普通法原則理解和實施？我們不保護《基本法》，它又如何能保護我們在這一制之下的自由？

以我個人意見，香港的繁榮，是一代一代的移民、難民建立起來的，他們不是香港的包袱，縱然香港要為新移民付出某些代價，我們也不能做見利忘義的事；見利忘義，不是法治社會的基礎。

在這場波濤起伏的連年官司，我見證了無數在太平盛世妻離子散的人間苦難，以及政府的冷漠與無理無情，但我也結識了一羣熱心為人的傑出同業，為我立下了法律執業者的榜樣。我們苦樂與共，《吳嘉玲》案令我們興奮，人大釋法令我們悲憤，《劉港榕》案令我們低沉，《吳小彤》案令我們神傷；旁人不會在法庭的宗卷報告看得到，我們卻是終生難忘。

其實，香港法庭，特別是成立不到兩年的終審法院，在連場官司中承受了巨大壓力。我常對法庭表現老大不滿，因他們責任重大，但回首再看，也可以體會到其中的苦心，在釋法的驚濤駭浪之中掌穩司法機關這把舵，並在經歷重創之後仍致力

1 1996年8月10日，即《基本法》頒佈後六年多，由中央成立的香港特別行政區籌備委員會（簡稱「籌委會」），通過一項稱為《關於實施《中華人民共和國香港特別行政區《基本法》第24條第2款意見》的文件（簡稱《意見》），表示根據第24條的「立法原意」，要將第24條的條文解釋為港人在香港以外所生子女要符合第24條，必須在出生時其父或母已經具備香港永久居民的資格。籌委會在憲法上並無解釋法律的權力，這個所謂按照「立法原意」的解釋，其實是在已頒佈的《基本法》條款上增添了本來所無的條件，而其目的是防止大量內地人口來港。

為法庭重拾尊嚴，[2] 首席法官李國能實在值得我這偏激之人遲來的致意。

就是因為中央橫加政治干預，造成了一連串不公平社會現象，所帶來的災難和孽債，即使最後的居港權終院裁決完結之後依然延綿下去。許多家庭因承受不了得而復失、聚而復散的刺激而演化成人間悲劇。爭取居港權的家長受着政府的分化和威迫利誘，不少都因承受不住巨大的精神壓力而消沉不振。有冤無路訴，入境大樓縱火慘案，一場抗議，一個意外，兩人慘死，七人入獄，誰是受害人，誰是兇手？有時，我看到主持這些入境政策的官員步步高升，不禁心中問：他們心中可曾泛起過一絲內疚？

正義女神的蒙眼布鬆開了

我原先已打算1997年6月30日立法局結束後，便一面執業，一面留心時局，絕不會天天跑回舊地盯着臨立會開會。但

2 在《莊豐源》案，政府一方企圖向法庭施壓，指稱1999年人大解釋《基本法》第24(2)(3)條，已在前言中提及，第24條的「立法原意」一如1996年籌委會《意見》所述，所以法庭解釋第24(2)(1)條(在香港出生的中國籍公民)，也須遵照籌委會的《意見》。終院不接受政府說法，表明任何經人大常委會解釋的條款，香港法庭在解釋該條款時，必須遵照常委會對該條款的解釋，但常委會解釋的前言對任何其他條款並無約束力，未經人大釋解的條款，香港法庭必須按普通法原則解釋：見 Director of Immigration v Chong Fung Yuen (2001) 4 HKCFAR 211。

《基本法》第24(2)(1)條全文是：「在香港特別行政區成立以前或以後在香港出生的中國公民」，對其父或母的身份並沒有限制。莊豐源1997年9月29日在香港出生，父母都是中國公民，所以他的中國國籍成立，按第24(2)(1)條，他無疑是香港永久居民。終院於2001年7月20日判決此案。若干年後，自由行開放，內地孕婦來港產子數目激增，香港公眾怪罪終院，顛倒黑白，政府不置一辭。其實後果來自政策而非法律，但即第24(2)(1)條產生難以接受的後果，解決辦法也在修改《基本法》，不在人大釋法。

7月9日上午，我在我的大律師辦事處伏案工作，因不用上庭，所以衣着隨便，忽然聞得臨立會正開會，有意一日三讀通過法案，修改入境條例，令一直在港等候申請永久居民身份證的港人在內地所生子女，全部面臨即時遣返大陸的對待。[3] 如何處理港人內地子女居留權的問題已爭議了好一段日子，我們已預料特區政府會不顧一切，採取強硬手段，但用到一日三讀通過法例的做法，卻是難以想像。過往政府再迫切需要立法，立法局寧可加開會議，優先處理，也不允破壞法案在正式通過之前讓議員設立法案委員會審議的嚴謹程序。法案愈是對市民利益有重大影響，就愈須鄭重審議，不做橡皮圖章。這回臨立會的做法，可謂置程序公義不顧。於是我又扯着李志喜趕到臨立會公眾席上聽清楚，好第一時間商量對策。

此處要簡略解釋居港權是甚麼一回事。香港歷史上是移民城市，華人自內地來港謀生及居住，從來久遠，但回鄉娶妻生子（當時主要是男子來港），妻子兒女，不能自動來港團聚，而須申請入境處批准才能入境，同時還受到內地的出境限制，要取得「單程證」才能來港定居，甚至來港探親也要先領取「雙程證」。中國大陸一貫限制人口流動，但按照香港奉行的普通法及出入境條例，享有居留權的香港居民，則不受出入境限制，有權隨時出入，逗留或離開多久也有自由。1990年人大通過《基本法》，第24條訂明六類人是「香港永久居民」，享有在香港的居留權，頭三類關乎中國籍公民，即（1）在特區出生的中國籍公民；（2）在特區住滿七年的中國籍公民；（3）上述兩類人士在

3 《明報》，1997年7月9日，〈小人蛇來港須在內地申請〉、〈法律有爭拗，將惹無窮訴訟〉；《信報》1997年7月9日報道：「臨立會同意一日三讀小人蛇草案，法律界批評違反人權及《基本法》」；*South China Morning Post*，1997年7月9日，“Changes and Challenges, Legal warning on new abode rules”。

香港之外所生的子女。1997年7月1日《基本法》生效，這些港人內地子女按照憲法即成香港永久居民，不但隨時有權來港，已經在香港的，入境處更無權遣送離境。

這個情況港府早在人大通過《基本法》時就已知道。其實《基本法》第24條是實施1984年9月簽署的《中英聯合聲明》條文，理論上有十多年預告。不僅如此，日子有功，跨境家庭漸多，入境限制造成愈來愈多的「無證媽媽」(沒有香港身份證的港人內地子女的媽媽)，在內地輪候多年也得不到單程證與來港家人團聚的子女，與他們接觸密切的志願團體如社會組織社區協會（SOCO），多年來一直不斷提醒政府要訂立政策，讓這些子女早日有秩序來港，以免一到1997年7月1日，在全無政策安排之下爭先恐後湧至，最少也要盡早估算這些子女的人數，以便預計這些人口所需的社會服務。但港府一直拒絕作任何準備。

香港素來有法例清楚界定哪些人具「香港永久居民」身份及他們所享有的居留權，但這個定義是基於香港與英國的關係而界定的，到了7月1日，顯然就會因與《基本法》不符而失效，但港府卻遲遲不肯修訂法例，讓公眾有法可據，7月1日之後，「香港永久居民」這個身份會怎樣改變、取得、繼承或失去，一夜之間，誰是永久居民，誰享有居留權，不能被遣送離境，變得全無法例作依歸，這不但令無數居民徬徨不安，而且根本就違反法治之道。

我早在立法局就這個重要問題再三質疑當局，促請政府早日立法，但官員只是反覆回

應説港府在7月1日之前立法，會招致中方反對，而且即使政府提出法案，也不會得到立法局通過。他們又堅稱沒有必要在6月30日之前修訂法例，因為入境事務處仍可按《基本法》的條文審核，不服決定的人可以訴諸法庭，但官司需時，到時政府仍有時間立法！這個不負責的説法，令我十分生氣。

我在4月24日的港督答問大會上索性直接問彭定康，及早立法對港人有利，他怎能為怕招惹爭議而放棄義所當為？不幸，彭督的回答，跟他的官員實質一樣。但既然官方理由之一是恐怕法案不會得到立法局通過，我就動議辯論此事，讓議員正式表態。動議辯論在5月14日進行，投票結果是23票對22票，以一票之微通過。雖然有人譏諷我的「險勝」是因為親中派故意讓我勝，但也有不少人，包括法律界人士寫信給我表示支持。不管真勝假勝，即使假勝，那麼審議法案時再讓我假勝一次好了。我馬上寫信給保安司黎慶寧和港督，但他們仍是不為所動，令一場浩大的官司變得愈來愈無法逃避。

1996年底，中央任命董建華為候任特首之後，又任命梁愛詩為候任律政司司長。那時，梁愛詩跟法律界如我及張健利等關注公共事務的人士頗熟稔，我們都知悉她的左派背景，但尊重她的為人，每有事，我們也樂意盡心提意見。關於居港權問題，我們知悉她的想法是立法規定港人內地子女必須事先在內地申請得「居留權證明書」，簡稱「居權證」，加上由內地批出的單程證，然後再按照配額安排，才可入境香港，領取香港身份證。説穿了，其實跟沒有居留權差不多。能否來港居住，關鍵乃在於內地當局發不發單程證——有些子女等候十多年，連排隊的權利也沒有；如有居留權的子女，則一抵港就是永久居民，不用先住滿七年。當時，我和張健利都苦勸她不要這樣做，因為這個方法，實際上是以行政手段剝奪這些子女的憲法權利，法律上站不住腳，一旦有人在法庭上挑戰，特區政府必然敗訴。事實上，已有類似居權證的案件在英國法庭敗訴。

我們的意見是，沒有推行這套違憲安排的需要。政府要求有關子女先證明身份符合《基本法》對永久居民的定義無可厚非，就算要事先安排入境日期，只要等候的時間不過長，也不能算是剝奪這些憲法權利的手段，法庭不會視為違法。根據政府發表的數字，港人內地的子女約有六萬六千多名，[4] 以一天90個名額，短期內應可有秩序來港；但如果特區政府一意孤行，訴訟就勢難避免。

梁愛詩不接受我們的意見，她頑固起來根本不聽意見，但令我印象深刻的是她反問我們，除了她提的方法之外，還有甚麼辦法保證這些內地子女一定不能來港？如果有合法方法的話她會樂意考慮，但如果沒有，她就別無選擇，一定要執行這個「居權證」方法。這反映問題不是她頑固，而是她的服從。她的使命是保證內地當局能完全限制這些子女來港，即使在她尊重的法律界人士眼中這個做法不符合法律原則，也在所不計。我們看到這是個死胡同，因為由行政當局操控一個人自由行使其憲制賦予的權利，正是為法治社會所不容。以她的說法，一名港人內地子女有沒有居留權根本就沒有分別。如此立法，如何能說成是落實他們的憲制權利的法律？任何認識法理的人也能看出問題。總體而言，中方和候任的特區班子不是不知，只是不管，因為中央命令大於法。而在整個居港權風波裏，我們這些法律界的痴心人，固然是為香港人和他們的子女爭取家庭團聚，但更重要的是，我們要守護法治原則不受破壞，包括憲法權利不容褫奪這個基本原則。

4 立法會祕書處1999年5月4日供內務委員會參閱文件CB(2)1846/98-99號第10–20段，詳列了政府當局歷年數次提供給立法局／立法會的合資格子女數字。

梁愛詩一意孤行，九七前沒有明確法律保障，結果一如所料，7月1日之後第一個工作天，入境處就擠滿了攜內地所生子女來自首的人，這些子女部分人在7月1日之前已抵港，或非法入境，或合法入境而非法逾期逗留，部分人則在7月1日與7月10日之間來港。據報道，約一千四百人獲發俗稱「行街紙」的保釋證明書，既不承認他們的居民身份，但暫時亦不將他當作非法入境者處理。[5]

但7月9日之後情勢急轉直下，臨立會一日三讀通過的法例，不但實際上規定貼在單程證上的居權證為唯一證明港人內地子女身份的文件，還規定入境處處長可在法例以外限定申請居權證的方法，而不能出示有效居權證的子女，就以非法入境者辦理，遞解出境。如有上訴，也只能在內地提出。新法例還有追溯力，當作7月1日起就生效，又規定出生時父母俱不是香港永久居民者及非婚生者，均不屬「香港永久居民在外地所生子女」。

換句話説，由於未有居權證，所有已來港的內地子女一律視作非法入境，全部可遣返內地。法例通過之後，入境處即大舉發出遣送離境令，這些子女要保護自己，唯一途徑就是申請法律援助，向法庭申請司法覆核，挑戰離境令的合法性。當時親中派人士紛紛反對給予他們法援，情勢緊迫，時任大律師公會主席余若薇馬上發通告，表示褫奪一個人的權利而不讓他訴諸法庭，違反法治原則。她呼籲所有大律師自動報名表示願意免費代表申請人。公會在三天後的星期六舉行研討會，由何喜華、羅沃啟及戴啟思即場分別講解居港權問題背景、所涉人權

5 《信報》，1997年7月4日，〈市民攜數百偷渡兒童要求居留權，入境處稱按《基本法》辦事暫不遣返〉；《明報》，1997年7月5日，〈四百大小人蛇自投羅網〉。

吳靄儀和余若薇向傳媒介紹「社法中心」建議。

公約之下的權利，以及申請司法覆核的理據及程序。振臂一呼，一個早上，逾百大律師及律師報名。[6]義舉換來范徐麗泰的嘲諷，指既然法律界那麼踴躍義助，就更不須浪費公帑提供法援！其實法援主旨是讓缺乏經濟能力的人在法庭上也有辯護和爭取權利的機會，這是法治的基石。大律師公會這次義舉就是要確保受這次不符程序的立法所影響的人，不因未申請得法援而喪失權利。

幸而，法援處不乏重原則的人，到了7月16日，663宗法援申請中，已有68宗批出法援證書。[7]同日，入境處處長在憲

6 《新報》，1997年7月13日，〈律師羣起義助小人蛇〉。

7 《信報》，1997年7月17日，〈律師促放獲法援尚遭扣留兒童〉。

報上刊登通告，指明居權證須向內地當局申請。儘管誰是香港永久居民是香港特區的事務，但港人內地所生子女誰屬香港永久居民、如何獲得證明、何時得到證明、何時能來港、能否來港，完全由內地當局手握大權，全盤由內地當局決定。無須擁有高深法律知識，也可看出這是明顯架空《基本法》，明顯與《基本法》相違背。

一場糾纏十載、歷盡人間悲歡離合的官司就此展開，我剛返回執業生涯，得以以代表律師身份參與其中，眼見過程中香港法制的獨立司法權地位，在體現中國天朝心態之下備受侵害，我們必須拼力維護的不單是基本人權，還是兩制之下的香港法治及普通法制的存亡。

蒙眼布之滑落

居港權案涉及的法律爭論重大而複雜，受到切身影響的人數空前龐大，每日湧到法援署申請法援的人數以百計，而且不斷增加，如果每名申請人都就自己的問題個別提出訴訟，那麼法庭很快就會不勝負荷；而不同的訴訟在不同的時間得到不同的裁決，更會引起混亂。面對這些實際問題，法律代表首要任務就是要商量出一個有系統的方法去處理眾多官司。於是法援署和已獲得法援的申請人及他們的代表律師想出了一套方法，並與代表政府一方的律政司取得默契，就是由代表港人內地子女的律師團隊，分析整套官司涉及哪些關鍵法律問題，然後按照申請人的情況分類，每個類別中挑選有代表性的個案，作為解答每項關鍵問題的「測試個案」。這樣，法庭只要在測試案件中作出裁決，該項裁決就可以應用於屬該類別的人士，不用個別自行打官司。當時，香港居民和他們的子女，也不必急於湧往法援署申請，大可靜待官司的結果，信賴政府部門遵照法庭的裁決行事。這套方法，得到律政司同意，經法庭發出指引准許。

錄取數千申請人的資料，確定其有根據證明，正確無誤，將他們分門別類，以求在每個類別中挑選出最合適的代表個案，是一項繁浩的工程，當年日以繼夜工作、提供專業服務的律師及他們的義務助手的盡責態度，令我至今難忘，最後我們選出以下的主要測試個案。

《吳嘉玲》案[8]**：**測試整套居權證的安排及法例的追溯力是否合法合憲。申請人吳嘉玲和吳旦旦是一對小姊妹，她們出生時父母至少有一位已獲得了香港永久居民的身份。姊妹倆1997年7月10日之前已經來港，所以如果法庭裁決，限定港人內地子女必須先在內地向當局申請居權證及單程證，才算能夠證明身份的一套措施違憲，吳家姊妹便獲得法庭宣告她們具香港永久居民身份，享有在香港居留的權利，入境處處長無權將她們遣返大陸。與他們同一類別的人憑藉這項裁決，同樣也會得到身份及權利的確立。

《張麗華》案[9]**：**主要測試香港永久居民的「子女」是否只是指婚生子女而不包括「非婚生子女」。張麗華1989年出生，父母在她出生時已是香港永久居民，但她媽媽誕下她以後的翌日逝世，她的父母沒有正式注冊結婚。假如法庭裁決指定「非婚生子女」不屬「子女」的條文違憲無效，張麗華就享有永久居民身份，而任何港人的內地子女也不會因父母並未正式結婚而失去永久居民身份了。

8 Ng Ka Ling & Ng Tan Tan and Others v Director of Immigration, HCAL 70/1997; CACV 216/1997; FACV 14/1998.

9 Cheung Lai Wah v Director of Immigration HCAL 68/1997; CACV 203/1997; FACV 16/1998.

《陳錦雅》及其他80人案[10]**：**主要測試法例中新加上在出生時父或母已具有永久居民身份的條件的規定是否合憲。代表這類別的其中一個申請人黎斯雅，1986年出生，爸爸1987年獲得永久居民身份，媽媽亦已在1993年成為永久居民，她1997年3月已經來港，事實上這類案件的申請人的情況大同小異，作為永久居民的父親或母親在香港居住的日子遠遠超過七年。

《談雅然》案[11]**：**中、港法律都承認正式領養的子女，法律上地位與親生兒無異。那麼《基本法》提述的「子女」，法律上應否解釋為包括正式領養的子女？代表這類別的小姑娘談雅然，差不多自出娘胎就為香港居民談氏夫婦領養，三歲便來港由養父母撫養，如同親生，直至開庭前夕都不知道自己不是親生兒。假如法庭裁定「子女」不包括領養兒，她便會首次與父母分離。

此外，臨立會的法律地位亦是貫穿所有案件的議題，由於有關法例是由臨立會通過，如果臨立會本身不合法，或無權立法，那麼作為爭端的法例條文也隨之而缺乏法律效力了。

幾宗測試案件大致在1997年秋起先後展開。代表港人子女的一方由張健利資深大律師及李志喜資深大律師領軍，團隊中還有戴啟思、郭瑞熙、我和Isabella Chu，轉聘我們的是幾個規模不大的事務律師行，包括彭思帝理（Barnes and Daly），Clarke and Cohen及貝嘉蓮律師行（Pam Baker & Co.），其中貝嘉蓮律師行位在旺角，可說最深入民間。政府的一方，則由人強馬壯的律政司統籌，由馬道立資深大律師領霍兆剛大律師。我們深知這是一場硬仗，因為對手是特區政府。

---

10 Chan Kam Nga & 80 Others v Director of Immigration, HCAL 104/1997; CACV 40/1998; FACV 13/1998.

11 Tam Nga Yin, Xie Xiaoyi v Director of Immigration, HCAL 14/1998; CACV 301/1999; FACV 20/2000.

貝嘉蓮位於旺角的律師行

我們的一方引用了普世奉行憲法及普通法原則，特別是關於解釋憲法的原則，以及普通法之下「居留權」的涵義，特別是享有居留權者享有出入境及無限度逗留的自由，道理顯淺，簡單地說，就是《基本法》條文以清晰文字賦予的權利，不能以條文所無的法規加以限制或削減，反而應讓市民得充分享受所賦的權利。這是全世界的基本共識。

政府的一方的主要理據，是《基本法》第24條賦予的居留權，要加入須受第22條限制，該條講述「中國其他地區的人進入特區需辦理批准手續」，人數由兩地協商，所以居權證符合《基本法》規定。

政府的說法，無疑極為牽強，但更深的矛盾是，我們應以普世法律原則理解《基本法》賦予的權利，還是以《基本法》特有的原則去理解？如果是前者，那麼特區的原有法律制度就會得到充分的保障；如果是後者，那麼保障就變得不明確了。所以從官司的一開始，我們就須捍衛特區在「一國兩制」之下的司法獨立自主。正如張健利事後在大律師公會的一個講座上透露，他從一開始的策略，就是如何避免人大釋法的需要。張健利是位了不起的大律師，他的遠見和才智非常人可及，但強權一次又一次地摧毀公理。

居留權案件的高潮，無疑是終審法院1999年1月29日判決《吳嘉玲》案[12]和《陳錦雅》案[13]上訴得直。終院裁定居權證本身並非違憲，但必要向內地當局申請、及批核及與單程證連結在一起，卻是違反《基本法》制定由香港自行處理香港事務的原則；追溯力違法無效；「子女」包括非婚生子女；「父或母是香港永久居民」不含「該子女出生時父或母已是永久居民」的涵義。雖然終院維持臨立會合法的原判，但趁機會糾正了下級法庭的一些錯誤看法。那時，臨立會已解散了超過一年，就沒有人過於注意了。

最令人感動的是那些港人父母與內地子女飽受煎熬，終於得到團聚的狂喜，但也正是那種狂喜之後的被推下深淵的得而復失，令我們感到極大憤怒。

政府一方，似乎完全沒預料到會敗訴，但當時仍能本着維護法治的原則，終院宣判之日，政務司司長陳方安生代表政府，第一時間表示尊重終院的裁決，相信特區政府有能力執行法庭裁決。而身在歐洲的特首董建華，也發表了類似的回應。這樣的表態穩定了公眾的信心，對司法獨立得到彰顯的安慰，蓋過了對移民潮的憂慮。香港作為國際大都會可說勝了一仗。

但高興不到幾天，災難性的攻擊來臨。內地法律專家先擂響戰鼓，指責終院大膽將特區法院淩駕於全國人大權力之上。

---

12 判決書見 [1999] 1 HKLRD 315。

13 判決書見 [1999] 1 HKLRD 304。

這些專家根本沒有把居留權、居權證、港人內地子女湧港等等問題放在眼內，他們不能容忍的其實是在我們平常不過的法理邏輯。首席法官李國能在判詞引言部分，勾劃出《基本法》賦予特區法庭的法律解釋權，並稱作為特區的憲法，只有符合《基本法》的法令才在特區有法律效力，是以特區法庭，有權檢視人大的某項行為是否符合《基本法》，若是，就在特區有法律效力；若否，就沒有。對我們來說，這只是邏輯。殖民地制度之下，英國樞密院頒下的命令對香港有約束力，然而香港法庭，有權（事實上有責）檢視該命令，以確定其是否有效的樞密院令。殖民地政府並沒有像《基本法》那樣的成文憲法，故此不會產生檢視該樞密院令是否符合香港憲法這個問題。但有與沒有，只是法律問題，毫無政治情緒成分，可是，在中共封建頭腦之內，「過問」已是以下犯上，已是僭越、欺君、殺頭的大罪！

內地「四大護法」定了調，港區嘍囉接着呼應，指名道姓侮辱李國能，在港英制度下長大的鄔維庸也不放過機會侮辱一番，譏諷首席法官「小孩子不懂事，又想為本港司法獨立逞英雄」[14]，作為效忠新主子的獻禮。甚至有立法會議員，不學無術，竟以教訓口吻斥終院法官不懂法律，錯判禍港，立法機關竟公然對法庭如此無禮，令人憤怒之極。

龍顏大怒，怎樣收科？叫法庭收回？叫人大釋法？前者不可能：普通法制與終院條例之下並無這種做法，後者震撼整個法律界：解釋甚麼？還是下罪詔？若然如此，特區司法機關還有地位嗎？世人還能對特區法治有幻想嗎？

14 《明報》，1999年2月8日，〈鄔維庸：李國能小孩子逞英雄〉。

於是，律政司梁愛詩上京請旨，回來不久，就傳出了律政司司長向終院要求「澄清」已清楚之極的《吳嘉玲》判案書。訂定日期聆訊之後，梁愛詩親自打電話給李國能：訴訟一方私下接觸法庭，是犯禁之事。我在立法會就此質詢，她沒有否認對話，但堅持內容只是禮貌客套！特區首席法律人員如此回應，夫復何言？

1999年2月26日當天，炮台里的終審法院狹小的法庭擠滿了大律師，個個臉色凝重，因為這顯然是司法歷史大事。首先，馬道立代表律政司司長向法庭提出申請，他說《吳嘉玲》判詞並無不清楚之處，但因為「某些界別人士」感到關注，所以要求法庭澄清。他提出的「澄清」令人費解，似乎只是為澄清而澄清。本來接着應由訴訟的另一方——代表港人子女的張健利回應，但他根本沒有陳詞的基礎，因為他的當事人已經勝訴。那麼誰來向法庭提出不應「澄清」的理據呢？此時，大律師公會幹事會成員 Clive Grossman 郭兆銘資深大律師起立要求法庭准許他以「法庭之友」身份發言，但首席法官還未開腔，烈顯倫法官已耐不住出言駁斥，他毫不客氣地直言，你是誰？你代表的大律師公會，不過是一個小小功能組別裏的一個微小部分！可憐德高望重的郭兆銘只好坐下，我們都愕然，不准許就不准許好了，大法官何出此言？

此時距離午飯休息的時間尚有一截，但首席法官吩咐休庭，下午宣判。我們三五成羣去吃飯，紛紛猜測法庭會不會「澄清」，我們滿懷信心法庭會駁回申請，即使不為別的理由，也要念及法律上並無此程序。

不料，我們都錯了，回到法庭，不久升堂，首席法官即讀出判詞給予「聲明」。「聲明」非關原判詞任何一句，而是無來由地聲明原判詞並無質疑人大常委會根據第158條所具有解釋《基本法》的權力，如果人大常委會對《基本法》作出解釋時，特區法庭必須以此為依歸。[15] 的確，第二號判詞沒有改動原判詞，重要的是，才成立不到兩年的香港特區終審法院，向北京低頭。我回到辦事處忍不住掩面痛哭。鄔維庸的侮辱是無知狂徒自己的失禮，法庭是千金之體，如何能向強權折腰！

當時有人認為，如果終院不讓步，人大勢必釋法推翻裁決，禍害更大，為了避免釋法，折腰也是值得的，但很快就明白，這個想法原來太天真了。特區政府違背公開承諾，表面成立專責小組，研究執行終院裁決的方法，其實是密切部署推翻終院裁決的行動。至於勝訴的港人子女，沒有新程序公佈，他們就往入境處要求當局直接核實他們的身份，確認他們的居留權。但入境處拒絕核實，一面哄他們自動返回大陸靜候好音，一面威嚇不肯回去的人，要將他們強行遣返。[16] 這些人事實上符合永久居民資格全無疑問，未能在手續上正式核實，也不應對他們的事實身份及權利視而不見。入境處的強硬態度，引發了新一輪官司，《劉港榕及其他16人》案，要求法庭命令入境處按《吳嘉玲》裁決核實他們的身份。案件在1999年3月22至23日聆訊，3月30日，原訟庭楊振權法官頒發判案書，接受入境

15 "The Court's judgment on 29 January 1999 did not question the authority of the Standing Committee to make an interpretation under art.158 which would have to be followed by the courts of the Region. The Court accepts that it cannot question that authority. Nor did the Court's judgment question, and the Court accepts that it cannot question, the National People's Congress or the Standing Committee to do any act which is in accordance with the provisions of the Basic Law and the procedure therein." 見 [1999] 1 HKLRD 578.

16 《大公報》，1999年4月8日，〈二百滯留者昨獲「行街紙」，保安局強調先前下遣返令並無不合法〉。

處理據，申請人宣告敗訴。[17] 申請人即時上訴，排期五月底聆訊，但到此，政府已準備停當，展開反攻了。

蒙眼布擲到天平上

4月28日，在立法會的會議上，保安局局長葉劉淑儀突然宣佈，專責小組的調查已有初步統計數字：根據終審法院的裁決，享有居港權的內地人達1,675,000名，其中第一代的合資格人士有692,000人，第二代有983,000人，這些人會在十年內湧港，對香港造成不可承受的負擔。

第一代的692,000人之中，計有172,000人為注冊婚姻所生的子女，520,000人為非注冊婚姻所生的子女。第二代的983,000人之中，有338,000人為注冊婚姻所生的子女，645,000為非注冊婚姻所生的子女。兩代合計，非注冊婚姻子女達1,165,000人！

這些驚人數字與過往政府的統計數字有天淵之別。據立法會祕書處提供給議員的官方資料，1995年的估計是64,000人，1997年的數字是35,000人，1997年大致是這兩個數字，1998年為66,000人，1999年3月的數字，是「為數66,000名的合資格兒童當中，約有46,000已經來港」。為何一下子會激增加至1,675,000人？政府含混其詞。第二個疑點是，為何非婚生子女會有百多萬人之巨，竟是婚生子女的數以倍計？

這個「第一代」、「第二代」的說法也是語焉不詳。政府的假設是，第一代的近七十萬人在三年內來港，住滿七年後，他們在內地所生的大概九十二萬名子女，又全部符合資格來港，這些數字毫無根據，完全是信口開河，但是馬上成為翌日所有報章的頭條新聞。

17 Lau Kong Yung & 16 Others, HCAL 20 & 21/1999.

5月6日，保安局局長連同其他政府部門出席立法局內務會議，進一步發表根據167萬人十年內湧港的無稽數字炮製出來的一連串推算會對香港造成的負擔，包括為新增人口建公屋需地1,277公頃、基本設施另加土地6,000公頃、12年間要興建266所學校、新增的876,500新來港勞動人口需要增設20間就業輔導中心、失業率預計會增高10至12%、政府非經常性開支總額會達至7,100億元，每年額外開支最高達330億元等等，整體印象是執行終院裁決會令「香港陸沉」。

四年之後，「167萬人湧港」的謊言終於戮破。政府從1999年到2002年底，一共只發出了13萬個居權證，根本連每日配給港人內地子女的單程證入境名額也用不掉。「第一代」的692,000人，有五十多萬人不知所蹤。還有，當年龐大數字是由比婚生子女多三倍的大量的非婚生子女所構成，政府通過法例，強制所有非婚生子女接受基因測試，證明父母子女關係，然而三年後證明，完成測試的只有3,000人，即是13萬來港子女之中，只有極小部分是非婚生子女。揭發之後，議員在立法會大興問罪之師，保安局和統計處只能支吾以對，但奸計已得逞，揭破不揭破也不在乎了。

當時，統計學家對政府這盤數批評得體無完膚，但不管用，政府輕易令全民非理性恐慌，只有一個問題：怎麼辦？在「167萬人湧港」的前設下，政府提出三個「方案」：(1) 叫終審法院推翻自己的裁決；(2) 請求人大釋法，維持政府早前所持，被終院否定的立場；(3) 修改《基本法》有關條文。顯然，第一項無可能，所以只餘釋法還是修改《基本法》。

5月19日，政府在立法會會議上動議，要求議員支持行政長官向國務院報告，要求人大常委會解釋《基本法》條文，推翻終審法院的裁決，令所有香港人內地所生子女都要受到單程證的限制，按每日配額來港，制定只有在出生時父或母已是香港永久居民的子女才享有居留權，理由是這個解釋反映《基本法》的「立法原意」。

選釋法而捨修改《基本法》的理由是一來快捷，二來釋法的效果可以追溯到1997年7月1日《基本法》實施之日，但修改《基本法》，則新條文的生效日期會由修改之日起計。法律界最憂慮的事終於要發生了。

動議引起了激烈辯論，建制派一面倒支持，不住強調167萬人湧港的可怕，人大常委會的解釋權無可置疑，以及釋法可以即時遏止移民潮的好處，沒有理會到對法治的影響和對國際信心的打擊。民主派議員則抨擊政府數字的無稽和人大釋法對特區法治造成的損害，但顯然政府的一方佔盡上風。看到這個情況，同是法律界中人的李柱銘和我，痛心之極，他用上了罕見的強烈語言斥責律政司司長梁愛詩為虎作倀，他說，今日的動議，好比一把利刃插進法治的心臟。她或以一隻小手掩蓋着良知，竟聲言這是為了維護法治和司法獨立，她的句句保證，實在是侮辱了有頭腦的法官和法律界人士。他透露，政府尋求釋法，令深受尊敬的高等法院法官 Gerald Godfrey 萌生辭職之心。[18]

我只求公眾想清楚道理。我說，《基本法》是特區一切法律的準繩，奪去了法庭解釋《基本法》的權威地位，法庭還剩下甚麼權威地位可言呢？如果這就是我們現實的處境，我們還有法治可言嗎？

法律界發起聯署運動反對釋法，釋法名為解釋法律，實為改變法律，如果政府需要改變法律，就要老老實實按照合法程序修改《基本法》。

18　見《立法會議事錄》，1999年5月19日現場版，頁97–98。

然而，講道理講得多清楚也不管用。李柱銘動議押後辯論失敗，民主派議員離場抗議，政府議案以35票對2票通過。還是劉慧卿在5月26日另一場相關辯論一語中的。她說，外面的市民可能不大明白這是說甚麼，市民已被政府嚇怕了，他們只要聽到最重要的是要讓百多萬人來港，於是誰幹一點事情制止他們來，便一定是對了。[19]

在唆擺民意上，政府的確遠比我們高明。我堅持在立法會上講理，用最直接簡單的語言向公眾講清楚涉及的法理，因為我相信公眾，相信我自己的責任，相信法治不需要高深的理論，相信法例要用人人能懂的方式寫成。我相信《基本法》並不艱深，艱深的是懷着政治綱領的曲解，但有意曲解、寧願接受曲解的人，根本不會聽我的道理。我做議員的日子，常懷念上法庭，因為在法庭上的爭辯講的是理 —— 我以為。

這邊廂，政府拿到了立法會支持，就即時飛馬上京報請人大釋法，掀起了廣泛國際關注，國際法律組織及人權組織紛紛發表聲明及致董建華的公開信，美國參議院外交事務委員會商議召開聽證會了解其事，那邊廂，官司繼續打。6月11日，《劉港榕》案的申請人上訴得直，[20]此時，距離釋法只有15天。

6月22日，國務院正式在人大常委會上提出釋法草案交常委會審議，釋法已成定局。一切的忠告與抗議，這麼多有心人的努力沒有絲毫作用。法律界震怒，決定在6月30日發起法律界黑衣沉默抗議遊行；黑衣，是我們平素的工作服裝，沉默，因為我們話已說盡，我發信號召法律同業說，這次遊行路程雖

19 見《立法會議事錄》，1999年5月26日現場版，頁87。

20 CACV 108, 109/1999.

短，但意義重大，我們要以莊嚴而堅決的行動向全世界表明我們堅定不移支持法庭維護法治。

6月26日，人大常委會頒佈對22條和24條的解釋，內容一如所料，同日，行政長官宣佈「寬免政策」:「凡1997年7月1日至1999年1月29日來港聲稱享有居留權的人士，可獲得按照終院裁決制定的方式證明他們擁有居留權。」政府估計會有3,700人受惠。以對數千人的恩恤換掉所有人的憲法權利，已是皇恩大赦！政府一手撩起的移民恐慌成功消除，保安局局長居功至偉，但代價卻是打擊法治，及拆散無數家庭，為他們造成巨大的苦難。

6月30日，632名律師、大律師、法律學者、法律學生及見習生參加了遊行，深沉的靜默和肅穆比任何口號更響亮。我們一行人由高等法院門前，經香港公園，夾道是支持我們的市民，緩緩遊行至炮台里的終審法院大樓，在緊閉的大門前集合，默站兩分鐘，然後緩緩散去。我們遊行和守護在終院門前無聲抗議的圖片，在翌日——7月1日的香港及國際報章佔了顯著的篇幅，永遠留在歷史的檔案上。[21]

遊行結束的當晚，我飛往華盛頓，應亞洲人權監察早前的邀請，出席美國參議院外交事務委員會的聽證會。我已寫了很詳盡的意見書，講述事件對香港法治的重大意義及法律界的關注。我淩晨到達華盛頓，在安排好的酒店梳洗停當，接受了幾個訪問，下午出席聽證會，當晚便飛返香港，無意久留。我說的話，已記錄在案。特區政府只派人旁聽，但站在他們立場

21 1999年7月1日的本港各大報章，包括《明報》、《信報》、《星島日報》、*South China Morning Post*，*Hong Kong Standard* 及 *The New York Times International*（Mark Landler 署名）都有大篇幅及圖片顯著報道。

發言的是著名第一代入中國的外國律師柯恩（Jerome Cohen）。他毫不客氣批評終審法院，譏諷其過分，企圖給予自己過大權力，自招惡果。特區政府當然十分滿意。

搖擺的天平：《劉港榕》案與《吳小彤》案

政府成功獲得人大釋法支撐，馬上大規模執行遣送離境令，一些港人父母深受打擊，不忍骨肉分離，不肯交出子女，入境處於是大舉展開搜捕，甚至破門入屋，強行拘捕及帶走兒童，真是牽衣頓足攔道哭。一時恐慌擴散，於是見義勇為的律師，特別是貝嘉蓮，又為他們挺身而出。這次情況更加惡劣，被遣返迫近眉睫，如果不能及時入稟司法覆核及使用人身保護令，就無法令下留人，但釋法之後，法援署署長認為訴訟毫無勝算，一律拒絕法援。

求助的人數不斷增加，單是貝嘉蓮接到的個案已達四千三百多個，但她毫不退縮，她組成了半義務的律師助手及法律學生團隊，借了教會一個大禮堂，設立了登記桌，逐一登記及會面核實，電腦存檔，工程浩大，非一般人可以想像。1999年7月12日，吳小彤及其他4,393人對入境處處長的申請正式存檔法庭，申請人數目如此龐大的司法覆核，想必是空前絕後。

除了貝嘉蓮之外，還有彭思帝理，向他們求助的個案也達四十宗之多，由於這一切工作在在需要開支，這幾名窮律師根本不能長期代墊，所以第一就要為千餘二千名已遭法援拒絕的人上訴法援署署長的決定。這個任務落在我身上。

法援署認為他們沒有理據是大錯特錯的。最基本的問題是這些人應否受人大釋法影響。《基本法》158（3）條明明說，在人大釋法之前的判決不受釋法影響。當時一致同意，為了節省法庭的時間及納稅人的金錢，採用了測試案件 的方式，所以他們才不自行打官司，期待測試案件有了結果就應用在同類別的人身上，現在怎能說《吳嘉玲》案勝訴，不受釋法影響的只是吳嘉玲本人和測試案件的代表人？這不是不公義的食言嗎？「誰人不受人大釋法影響」這個重大問題，顯然是必須在法庭上爭辯的。

其次，即使不論 158(3) 條，這些申請人不是至少有合理期望，終審法院判決了的結果是對他們有效的麼？再退一萬步，他們不是有合理期望，特首在人大釋法同日宣告的寬免政策，可以受益嗎？特首的寬免政策範圍包括甚麼人、效力是甚麼，不是需法庭裁斷麼？拒絕法援，不就使他們無法享有為自己爭取重大利益的法律保障麼？

這次法援上訴也是史無前例，因為上訴人有至少二千人，光是安排場地讓他們旁聽已煞費思量，律師和法庭只好不斷呼籲上訴人毋須親身到法庭。幸好，排期兩天的聆訊只聽了一天，法援署署長就同意收回成命，批准法援了。

《吳小彤》案用申請人多為由，尋求法庭指示按雙方商討分類，花了不少時間。不管誰贏誰輸，過程中慢慢由原訟庭上訴至上訴庭，再到終審法院，最快都要兩、三年時間。《吳小彤》案還未在原訟庭開審，10月25日，《劉港榕》案已上訴到終院了。[22]

當時，我深深感到《劉港榕》案的終院上訴，是香港特區法治最徹底的投降。

我們有責任維護法庭，但法庭沒有責任維護我們。釋法之後，《劉港榕》案上訴至終審法院，核心成了人大釋法的法律效力：人大常委會是否不受任何限制，有權自行解釋《基本法》？政府認為人大有權自行釋法，而所作《解釋》對特區有法律效力及

22 FACV 10, 11/199.

約束力，按「立法原意」的解釋，其效力追溯至1997年7月1日。換句話說，特區政府的做法從第一天已完全合法，錯的是法庭，港人該等內地子女不享有居留權，入境處處長有權遣返大陸。

代表劉港榕等人的我們則爭辯，人大的解釋權的運用應按《基本法》原則，受到自我約束，既然在158(3)條下設立了解釋的範圍和機制，授權終審法院在該機制之下請人大釋法，人大就須不在這個機制以外行使解釋權。同時，並非所有解釋均具追溯力，因為解釋縱然能改變法律，卻不能改寫歷史，已經享有的權利不能被剝奪。我們亦指出，即使人大釋法的效力如政府所說，入境處處長仍是有法例賦予的酌情權准許這些子女留港，強行遣返是違反公平合理原則。[23]

我們的立論大膽，然而陳詞有據，但在現實時勢之下，結論已在牆上，法庭已不耐煩細聽，令我們當時處境難堪，但這從來都不是退縮的理由。1999年12月3日，法庭宣判政府上訴得直，宣告人大常委會根據158(1)條對《基本法》的解釋是全面及無限制的，既不受158(2)及(3)條所約束或限制，亦不限於解釋免除條款(即關於中央管理的事務或中央與特區關係的條款)。人大《解釋》的後果就如政府所言。[24]

換句話說，人大常委會隨時隨地可對《基本法》任何條款作出任何解釋，而所作的解釋約束所有特區法院，解釋的效力可以追溯至《基本法》生效之日。這是終審法院的裁決。我們還有甚麼空間？我們做法律工作，研究法理的人繼續下去還有甚麼意義？

---

23 眾傳媒無一報道這些法理上的重要理據，於是由我原本記錄，後來收錄在佳日思、陳文敏、傅華伶合編的《居港權引發的憲法爭論》，香港：香港大學出版社，2000，頁219-228。

24 見 [1999] 3 HKLRD 788；(1999) 2 HKCFAR 300。

但我們無權放棄，我們有責任盡力保護我們的當事人（這些完全茫然無告的港人子女）的權利。《劉港榕》案行到盡頭，《吳小彤》案就要展開了，要爭拗的兩點是：這五千多名申請人是否受人大釋法的影響？他們是否有政府有責任滿足的合理期望？

案件由2000年5月在原訟庭聆訊，再由10月中旬在上訴庭聆訊，到終院聆訊之時，已是2001年5月，所有人都筋疲力盡，終院階段我已無法參與其事。2002年1月10日，我出席一個立法會活動之際，忽聞終院頒佈了裁決：無人倖免，四千三百多人無一不受釋法約束，終院唯一能給予的「安慰獎」，就是裁決其中約有五百人，可能符合條件，在特首的「寬免政策」之下享有「合理期望」，可獲入境處處長恩准留港。

多年後，李志喜憶述，在終院力辯到後來，法庭問她還有甚麼陳詞，她已無言以對，惟有拿起一封其中一位申請人的家長的書函照讀，大意說，他平生奉公守法，1997年7月1日，攜女兒到入境處要求按《基本法》給予居留權，入境處拒絕；他依然向法庭提出訴訟；法援署及政府呼籲申請人不必人人親身入稟，待選出的測試案件有了結果，承諾按法庭裁決處理，他於是耐心等候。終於等到《吳嘉玲》案終院裁決，他於是攜女兒

SHOW OF HANDS: Abode protesters display paper handcuffs in their demonstration against police and immigration officials raiding homes. David Wong

Abode rally scaled down after police reject plans

Stella Lee

Right-of-abode protesters were forced to scale down a sit-in outside Immigration Tower in Wan Chai yesterday after police objected to plans to hold a rally involving several hundred people.

The objection came after the Immigration Department last month applied for an injunction to bar abode seekers from entering the tower, after scores of claimants pushed their way into the heavily guarded building.

The abode seekers' parents' group said they told police on Wednesday they wanted to stage a sit-in involving several hundred people outside the tower yesterday, but the police objected because seven days' notice had not been given as required by law.

A police spokesman said objections were also raised because the timing of the proposed sit-in, from 3pm to 5pm, would cause a serious obstruction.

He said police had not objected to the same group's request to stage a rally outside Immigration Tower tomorrow night.

Vice-chairman of the parents' group Ngan Siu-lai said they decided to scale down yesterday's sit-in by keeping the number involved below 50, the limit beyond which police permission would be needed.

About 30 parents were present yesterday to protest against the first raids by police and immigration officers on abode seekers' homes on Wednesday, in which six claimants were arrested.

The father of one claimant was also detained for allegedly aiding and abetting his 20-year-old son in efforts to overstay – the first parent arrested for such an offence during the right-of-abode saga. More than 100 officers took part in the raids.

Wearing paper handcuffs and holding the keys to their homes to ridicule the raids, the parents demanded the Immigration Department stop the arrests.

"Many abode children are very scared. They have to monitor the recording of the closed-circuit television cameras installed in the buildings of their homes to see if there are police or immigration officers coming to arrest them," Ms Ngan said.

She said the Government had tightened control on demonstrations and believed that Thursday's arrests of three activists were aimed at crushing support for abode seekers.

Ms Ngan said she received a warning letter from police late last month, saying she had disrupted public order during four protests over the past two months by using a loud-hailer to ask demonstrators to adopt behaviour which later caused obstruction to others.

Secretary for Security Regina Ip Lau Suk-yee yesterday urged abode seekers to return to the mainland and rejected demands to meet their group representatives, saying there was no point.

She said the department would continue to make house arrests if necessary and added 36 claimants had returned to the mainland voluntarily after the operation, bringing the total number removed to 213.

2002年5月11日《南華早報》第3版刊載了一羣香港父母集會抗議入境處職員強行入屋帶走他們未獲居港權的子女。

到入境處要求辦理手續；入境處告知一日未有正式程序核實，孩子一日都不是永久居民，都是非法逗留，着他返回內地等候。他依照指示將女兒送返內地。諷刺的是，人大釋法，女兒永久失去居留權，在內地不知幾時能出來，但當時拒絕聽從入境處勸喻，非法留港者，卻因着「寬免政策」反而得享居留權。他向法庭申訴：為何法律會一時一樣，教人無所適從？為何會令違法者得益，守法者反而被法律傷害？

居留權之役，我們爭取的不止是一羣人的居留權，更是香港人按照《基本法》自由得受法治保護的權利。我們不只是為這羣內地子女爭取，我們是為自己，為我們後來的香港人。人大釋法下居權案的慘敗，好比在香港法治號這巨輪，打穿了一個大洞。

傾側的天平——胡仙案的爭議

1999年真是多事之秋，才為居港權及憂慮人大釋法忙，立法會又爆出另一宗轟動社會的事件，那就是律政司司長梁愛詩不起訴胡仙，事後終於公開解釋理由，但她的理由，卻觸發了社會更強烈的質疑，終引致我在3月10日的立法會會議[25]上提出對律政司司長的不信任動議。這是特區成立以來，第一次對特區官員（而且是屬最高層的官員）提不信任動議。我的動議，震撼特區政府。左派喉舌攻擊我是為了政治目的，但在我來說，那是基於原則問題，不能視而不見，必須義無反顧捍衛的原則。

「法律之前，人人平等」，是深入香港民心的法治根本信念。律政司手握大權，能決定告不告任何人，主權移交之後，檢控大權的行使會不會發生變化，香港人當然極其敏感。當律

25　由於3月10日的議程頗長，「不信任」動議辯論實際上要到3月11日清晨才開始。

政司司長的決定引起了社會整體不安，議會就有責任過問，並採取行動。提不信任動議，是議會的一個莊嚴的行動，確立公民社會通過立法機關信守法治的先例與原則，同時劃下律政司司長應達到的期望的底線。我對梁愛詩本人素來尊重，但這場辯論超越個人，超越私交，無關政治立場，而是關乎香港長久以來維護、珍惜、賴以生存的法治。我從沒奢望在香港的政治環境，梁愛詩本人和她的支持者所代表的左派，會從這個觀點看這件事。在他們的眼中，我的動議是一場政治迫害，而我本人也必須為此行為付出代價。在事件中，幾乎全港都認為律政司司長梁愛詩對法治認識淺薄得難以接受，但左派及中共中央對她的忠誠同樣是堅信不移。兩個立場，反映了對法治兩套不同的價值觀；這場辯論的結果，很早就為移交後的法治定調。

事情的源起在於1998年3月，經過廉政公署的調查，三名英文《虎報》職員被控與擁有該報的集團主席胡仙女士串謀詐騙，誇大該報的印數，但胡仙本人卻未被起訴，引起了廣泛的公眾關注。胡仙是全國政協，又與當時的特首董建華是世交，控罪指明四人串謀，但只有職員被控，而老闆獨免，這個決定，震撼了調查事件的廉政公署，引起強烈不滿，而是否涉及政治特權，是否基於階級權勢考慮，「法律面前，人人平等」是否不再，直接撼動香港人及國際輿論對香港的法治的信心。當時，親政府的臨立會司法事務委員會也要求律政司司長梁愛詩解釋事件，梁愛詩答應在案件審結之後發表聲明回應關注。

1999年1月底案件審結；1月20日，區域法院裁決三人罪名成立，判處入獄四至六個月不等，並罰堂費。裁決重新引起社會對不起訴胡仙的決定的強烈質疑。多份報章的社評都要求律政司司長履行諾言公開解釋。當時立法會已恢復由選舉產生，我亦已當選為立法會司法及法律事務委員會的主席，我於1月21日致函梁愛詩司長，邀請她出席公開解釋，但她認為尚未是適當時機，拒絕出席。同日，前任行政局及立法局議員李鵬飛，寫信要求行政會議召集人鍾士元公開解釋，他在傳媒訪問中說：「這個世上有公正、公平及公義，送這三個人含淚去坐監，但他們如何有個人利益？他們為何要篤數呢？這樣，怎樣算是公義？」[26]李鵬飛所說，反映了普遍公眾的疑惑。

1月22日，立法會內會通過決定，由內會主席梁智鴻促請律政司司長解釋。1月26日，我再度致函跟進。1月28日，司長終於同意在2月4日的司法事務委員會會議上發表聲明。

2月4日，司長在刑事檢控專員江樂士陪同之下出席司法及法律服務事務委員會會議，發表了長達29段的中、英文聲明。她在聲明中解釋，她決定在《虎報》案中不起訴胡仙，理由有二，一是基於證據不足，沒有合理勝算；二是從公眾利益的考慮。她在聲明中這樣說：

26 《明報》，1999年1月22日報道，〈李鵬飛昨日去信鍾士元，促梁愛詩交代胡仙事件〉。

從公眾利益着眼，我也認為不應該檢控胡仙。星島集團當時面對財政困難，正跟銀行商討重組債務，如果胡仙被檢控，必然對重組計劃造成極大阻礙。如果集團垮台，其屬下的報章（包括香港僅有的兩家英文報章之一）會被迫停刊。我想在此作一補充：在1996年底、1997年和1998年，本港已經有好幾份報章刊物先後停刊。本港一個重要傳媒集團倒閉，除了僱員失業外，還會給海外傳達一個極壞信息。

衡量過眼前的證據，比較過檢控的後果和胡仙在這件事的角色，並考慮過檢控帶來的後果，與所指罪行的嚴重性比較兩者是否相稱等事宜，我認為不論從證據角度抑或公眾利益角度來看，都不應該檢控胡仙。[27]

總結而言，梁愛詩認為自己的決定，完全符合刑事檢控政策和《基本法》，沒有做錯。

我在席上聽到她的聲明，心直沉下去，因為這個作為不檢控考慮因素的「公眾利益」，聞所未聞，適用於涉嫌的大集團僱主，不適用於涉嫌的僱員，如何能令人信服不是對窮人有一套法律，對富人則有另一套？在這麼基本的原則上，律政司司長竟可以錯，而且還堅持沒有錯，市民對法治如何能不失去信心？立法會在這重大關節上，焉能坐視？

司長的解釋令議員嘩然，紛紛質疑她的說法，身為法律界人士的自由黨議員夏佳理質疑，既然已認定證據不足，為何還須考慮公眾利益因素？此舉反而令人質疑她原先證據不足的判斷是否正確，以及是否因為這個理由不充分，才要搬出公眾利

27 見《律政司司長就決定不檢控胡仙女士向報界的聲明》，第23－24段。

益？更多議員對於司長的「公眾利益」的定義，感到困擾和不安：是否受疑人是大老闆、上層社會及財政有問題，政府就會考慮不檢控？這個定義，將來對其他案件決定檢控或不檢控任何人，會有甚麼影響？[28]

輿論：公義的共鳴

2月5日的報章紛紛大幅報道司長的解釋，[29]輿論傾倒性認同議員的質疑，法律學者和人權監察組織的看法，均對司長的「公眾利益」考慮不能接受，認為她的解釋會令市民對她行使決定權的能力失去信心。大律師公會主席湯家驊，批評司長對「公眾利益」定義聞所未聞之外，並指涉及一位與政府高層關係特殊的政治人物，司長沒理由不尋求獨立法律意見判斷應否檢控。[30]

各大報章不約而同發表社評評論此事，無人質疑梁愛詩的人格，但都認為她的錯誤嚴重，令人對她應否作為律政司司長大感懷疑。《明報》的社評立論敦厚，標題為「這位好人做了一件壞事」：

> 我們並不懷疑梁愛詩的誠信……然而，梁愛詩講的真話，暴露了她作決定時判斷出了問題，考慮了不應理會的星島集團可能倒閉的因素，此一披露，對特區政府可能

---

28 《明報》，1999年2月5日，〈梁愛詩自辯；議員羣起質疑「公眾利益」〉。

29 《明報》，〈梁愛詩自辯，不控胡仙理據，證據不足，恐星島倒閉〉等標題報道；《信報》，〈梁愛詩向立法會解釋不起訴胡仙原因，有關公眾利益闡釋引起議員紛紛質疑〉；*South China Morning Post*, "Anger as Justice Secretary cites saving papers in Aw decision"；Cliff Buddle, "Rich handed licence to break law."

30 《明報》，1999年2月5日，〈公會發信律政司，促諮詢獨立意見〉；同日，《蘋果日報》，〈大律師公會主席，指鼓勵知法犯法〉。

造成的損害，猶甚於原來不檢控的決定。如今，錯誤已鑄成，梁愛詩必須問自己一個問題，怎樣才可以補救？

《信報》的社評，批評司長考慮檢控對集團可能引致的後果「有違常識」，不合邏輯。[31]《南華早報》的社評則以"Question of Justice"為標題，指出最大的問題是梁愛詩是否適合擔任此職位：

> That a Secretary for Justice could put forward such faulty logic is deeply troubling and will inevitably raise doubts about Miss Leung's position… Far from dispelling the clouds banging over the legal system, Miss Leung's performance has only added to them.[32]

根據兩份報章的民意調查，受訪者一面倒不接受梁愛詩的解釋，對梁愛詩當律政司司長沒有信心。[33]

議會的回應：不信任動議

最大的問題是梁愛詩堅持自己的決定和解釋完全正確，符合檢控政策及原則，完全沒有做錯。在這個情況之下，立法會就不能不決定如何處理，決不能一面強烈質疑，同時卻又不採取任何行動。代表法律界的議員、司法事務委員會的主席，我更不能將責任推給別人。議會不能改變官員行使行政權力的決

31 《信報》，1999年2月5日社評，〈維護香港法治，慎之慎之！〉同日，《蘋果日報‧蘋論》，〈梁愛詩司長可以休矣！〉；《經濟日報》社評，〈混淆公眾利益，損害法治精神〉；《東方日報》社評，〈梁愛詩太沒有專業識見了〉。

32 *South China Morning Post*，1999年2月5日。

33 《蘋果日報》、《明報》1999年2月5日報道調查結果「是否接受梁愛詩的解釋：不接受—56.2%，接受—26%，無意見—17.6%」；「對梁愛詩律政司司長有冇信心：無—49.7%，有—26.8%，無意見—23.5%」。

定，但官員須為自己行使權力，向議會負責，議會得行使職能，劃下官員行事應守的原則與底線，逾越了底線而引致社會重大不安的時候，議會就要表態及採取行動。在這個情況之下最合乎憲制慣例的行為，就是不信任動議。因為有些事一旦發生，信任崩潰，就無法彌補，只能推倒重來，在新的基礎上重建信心。檢控權的行使就是一個重要例子。

正因檢控或不檢控的決定，律政司司長沒有責任向公眾解釋，他不解釋，無人（包括立法機關）能強迫他解釋。傳統智慧認為，解釋為何不檢控某人，往往不但不能釋疑，反而加劇爭議，對該人更不公平，可是，一旦不檢控的決定本身已引起了重大公眾質疑，對司法公正失去信心，不解釋的損害可能更大，律政司司長便陷入兩難，無法迴避。現在就是這個情況。梁愛詩司長選擇了解釋，但所作的解釋，作用適得其反，這個局面，根本不能繼續下去，必須公開了斷。不信任動議是這個嚴肅程序的機制。我就此事就教於其他議員，包括民主派議員及在此事上有強烈意見的自由黨議員夏佳理。夏佳理認同我的看法。梁耀忠議員原本打算動議要求梁愛詩司長辭職，但我認為，憲制上，信任與不信任是議會的權利，辭職與否，則是官員在衡量議會的意見之後自己所作的決定。梁耀忠接受了我的意見。我於是在2月5日書面正式通知祕書處，在立法會會議下一個辯論空檔，即3月10日，動議「本會不信任律政司司長」。同日，我親自寫信告訴梁愛詩，並解釋我這樣做的原因。

我跟律政專員區義國説明，我會集中於胡仙事件，[34]並會在事前將發言稿交給他，以便司長有充分預告預備答辯發言。我得悉夏佳理議員亦事先將發言稿送交司長。這是尊重程序，尊重對方的做法，目的在進行公開公平的莊嚴辯論，結果如何，歷史會有公論，一旦淪為政治謾罵，就只會是浪費時間，徒令議會蒙上污名。

其實在不信任動議上，自由黨與民主黨派議員之間有很清楚的共識。[35]民主黨主席何俊仁和自由黨主席田北俊都在公開論壇上表示支持動議。何俊仁認為，梁愛詩在胡仙案中對「公眾利益」的闡釋震驚法律界和學界，普遍引起公眾質疑法律之前是否人人平等；同時説明，他們不信任梁愛詩，並非質疑她個人的誠實與廉潔，而是在過往張子強事件[36]及這次事件中，

34 我在函件中知會區義國，我並會提及梁愛詩司長在《吳嘉玲》案中，提出向終院要求「澄清」之後，兩度私下致電首席法官李國能。

35 見《信報》，1999年2月8日，〈論立法會「不信任梁愛詩」動議〉（資料提供：香港電台《政黨論壇》）。

36 張子強事件的核心問題是律政司司長維護香港特別行政區司法管轄權的責任（即是香港法庭有權按照香港法例審理一切在香港發生的罪行的權力）。1998年底，涉嫌在香港綁架富商李嘉誠兒子的逃犯張子強等人，在大陸落網，大陸法庭進行審訊、定罪，並判處死刑。張子強的家人在香港要求律政司引渡張子強回港受審，起碼可以逃離一死，但律政司拒絕，認為大陸有司法管轄權。此事引起激烈爭議，並連結移交逃犯的問題，在立法會司法事務委員會屢次開會與律政司司長及保安局局長討論。律政司爭辯張子強案有部分在大陸進行，所以大陸與特區都有權審理，但另一宗案件（德福花園命案）則無可爭議，案情全部在香港發生，但疑犯李育輝，在內地落網後，就由大陸法庭審訊定罪，香港特區沒有要求交還香港法庭審訊，深受法律界批評。律政司司長託詞大陸與特區之間缺乏移交逃犯協定安排，承諾與內地當局磋商，但礙於香港保障人權原則和國際任務之下，香港必須得到內地當局承諾該名逃犯會得到符合人權公約的公平審訊和不會被處死刑，才能移交，談判不攏，無疾而終。但餘波未了，2015年，發生了銅鑼灣書店五名書商，不經正式渠道被押至大陸拘禁調查，其中李波，更是自香港押入大陸，「移交逃犯」和越境執法問題又成爭議焦點。

不得不質疑她的判斷能力及法律識見，質疑她是否適合擔任律政司司長。田北俊則說明，不信任動議應純粹從胡仙事件出發。就該事件而言，若以證據不足而不起訴胡仙，絕對可以接受，但她又以公眾利益再作解釋，指星島集團陷入財困，報館可能垮台引致失業等，則絕不認為涉及公眾利益，也不能令商界信服，所以這次不信任動議是針對她在公眾利益方面的言論，自由黨是支持的。

另方面，馬力代表民建聯、廖國輝代表香港協進聯盟則表明反對動議。馬力認為司長的處理並無不妥，向公眾解釋更是一大進步。廖國輝認為不起訴重點是在於「證據不足」，大家錯把重點放在「公眾利益」，他讚賞司長的坦白交代。

國際司法組織香港分會執委、大律師羅沛然則指出，司長沒有按照檢控次序作出決定。《檢控政策》第16條說明，確信證據足以支持合理機會達致定罪，即需考慮提出檢控是否符合公眾利益。即是，若沒有足夠證據，根本就要立即停步。司長的做法，不依檢控政策，需面對立法會和法律界的質疑。

我的動議，在政府高層引起了很大的震盪。儘管動議的結果並無法律上的約束力，通過了動議，不等於有關官員就要辭職，但若不辭職，政府就更難維持自己的公信力。是以在辯論前的一段日子裏，官員四出游說議員投反對票，特別是代表商界利益的自由黨，更成為游說火力集中的對象，甚至出動特首及他的顧問和助理，親自打電話給自由黨的支持者和捐款人。[37] 針對功能組別議員(包括專業界別的代表) 的一個策略，是辯稱檢控問題事涉司法及法律專業，勸喻他們置身事外，或以界別立場作為投票依歸。[38]

37 見李永達議員在不信任動議辯論發言的《立法會議事錄》紀錄。

38 見梁智鴻議員在不信任動議辯論發言的《立法會議事錄》紀錄。

以建制派在議會所佔票數，政府也不敢掉以輕心，務求否決議案，反過來說，我卻認為不信任動議是個人的良心與原則的決定，動議的人不應採取任何游説的策略，只應向公眾解釋走出這一步的意義與因由。[39] 我提出動議辯論後，左派報章自然對我攻擊不絕，我也沒有放在心上。

守候通宵展辯論——舌劍唇槍

1999年3月11日早上，議程終於到了不信任動議辯論。政府高層傾巢而出，政務司司長陳方安生親自領隊，刑事檢控專員江樂士陪同梁愛詩司長答辯，氣氛凝重。我這個動議要準備的都準備好了，發言稿亦已預早送達律政專員區義國手裏。

本來以輿論及公眾意見的清晰一面倒，特區政府，特別是司長本人，應尊重議會所反映的民意，鞠躬下台，方是體面的重建信心的做法，可是，從政府不擇手段的游説工作及當前的政治理念，大家已深知不會有此結果。然而，重溫這場辯論的紀錄，我堅信努力沒有白費，因為我們對歷史作出了清楚真實的交代。

我在提出動議的發言時解釋：[40]

39 我在1999年2月10日《明報》「從政論政」專欄發表文章〈我為甚麼動議不信任梁愛詩〉，解釋我的理由及回應一些質疑。

40 我的發言原文為英語，《立法會議事錄》1999年3月10日現場版紀錄如下：
Madam President, this debate is not just about the present Secretary for Justice. It is about what is to be considered the norm for the maintenance of the rule of law in the Special Administrative Region. It is about the standard and proper conduct this community has the right to expect of a Secretary for Justice. Apart from the Chief Justice, there is no public office more crucial to the rule of law. She is the top law officer. She is the legal advisor of the Government. If she gets the law wrong, often there will be no redress. She is not just a technician of the law. She is by duty and by right the custodian of the public interest. She is the gatekeeper of justice. She has huge prerogatives which are often exercised in confidence. Our system works only if the public can have implicit faith in her. What she has done has destroyed that faith.

這次辯論不只是關於現任的律政司司長。同時更是關於甚麼是維持特區法治的規範，關於社會有權要求一位律政司司長應有的標準及恰當行為。除了首席法官之外，沒有其他公職比律政司司長對法治更重要了。司長是最高的法律官員，又是政府的法律顧問。她在法律上若出錯，受損者往往無法得到補償。她不只是法律上的技術人員，她在權責上是公眾利益的監護人；她是公義的守門神。憲法賦予她極大的特權，而這些權力往往在保密的情況下行使。我們的制度的運作須賴公眾能對律政司司長絕對信任。她的作為已令這份信任徹底破壞。[41]

我提出動議的出發點及意義，得到其他多位議員的認同。跟我同樣最重視憲制意義的黃宏發議員認同要在當時的政治氣氛下提出不信任動議，需要有很大的勇氣和承擔。他指出，事件的癥結，在於司長作出的決定引起的問題及她處事的表現，此事令人擔心她今後是否再有類似的判斷和表現。他認為，司長是政治任命官員，「在政治任命中，最漂亮的做法往往是自動引退，之後是可以再來的……在表現嚴重失誤的情況下，自動引退可能是最好的做法。為了公眾利益，應該自行引退。」[42]他的意見出於對憲制傳統的了解和對司長本人的尊重，可惜他的理性發言，在那個政治氣氛之下都成了耳邊風。

內會主席梁智鴻的發言，表達了理解及認同提不信任動議並非任何人所願，但責任上不能迴避。特別提及政府官員企圖以這是法律問題，游說他作為醫生，應置身事外，但他完全不

41 《立法會正式會議紀錄》，1999年3月10日，中文版。

42 見黃宏發議員在不信任動議辯論發言的《立法會議事錄紀錄》。

能同意。他認為動議是全香港的事，而且事件既然涉及專業能力，那麼他所代表的醫療服務界更需表示立場。

反對動議的發言最「左」的，以傳統建制議員陳鑑林為代表。他用充滿煽動性的語言攻擊整個動議「隱藏着不少政治目的」:「總的來說，不外是不信任中國政府，他們寧願英國人繼續殖民統治，也不願看到港人治港。即使香港已回歸祖國，他們也使勁地挑這挑那，試圖動搖世人對中國政府的信心，以及貶低特區政府的管治威信……」

但像陳鑑林這樣極左的發言是比較少的。黃宜弘、楊耀忠、譚耀宗攻擊動議的人違反律政司履行職責不應受到壓力的原則及對梁不公平，因為港英時代已有律政司唐明治拒絕解釋為何不起訴某名上市公司董事的先例。[43] 他忘了今次的問題，不但出現在不起訴胡仙已構成信心危機，更出現於司長本人堅持要作出的解釋。

吳亮星議員的發言代表了另一類批評，似乎是不論有沒有基礎，提出動議已是損害香港利益，因為此舉「使外界投資者以為香港特區政府的律政主管人員出了甚麼大問題，甚至會對香港的法治基礎感到懷疑。如果通過這項議案，本人相信只會帶來負面影響」，他忘了法治對信心的負面影響來自司長的決定而不是不信任動議。陸恭蕙反駁他的指摘，指出沒有多少個亞洲國家能這樣文明地辯論這樣的一個動議，這正好顯示了香港的優勢所在。

聰明善辯的曾鈺成，也難以在胡仙事件上為司長辯護，他只能聲東擊西，說「起訴胡仙女士與否，一開始便是輿論審判，便是對胡仙女士和梁愛詩女士的輿論審判」。

43 見黃宜弘議員發言，《立法會議事錄》，1999年3月10日。

其實好些傳統建制派的議員如呂明華、陳智思，都採取了較温和的態度，雖然支持政府，反對動議，但也表示司長的確處事不當，政府應汲取教訓。

處境最尷尬的自是自由黨黨魁田北俊，因為自由黨先前已公開表示支持動議，而核心成員夏佳理的立場鮮明，但如今卻為了政治因素要改變立場棄權，的確難以自圓其說。但他起碼沒有強詞奪理加以掩飾，繼續提出質疑司長的做法的理據，而改變立場的唯一解釋只是他樂觀相信公眾仍不會失去信心。

一開始就重視整個事件對香港法治的嚴重性的夏佳理議員，當日由於自由黨在政府極力游説之下決定改變立場，改為棄權，他也無法支持動議而終於在發言之後咽哽離場。他的發言，是整場辯論最激情的發言，令人多年後也難忘，實是理性原則激辯的典範。其實值得整篇原文照錄，譯文不足以傳神，即使無法照錄全文，結尾的這段文字也是非錄不可：

> Despite the Secretary's emphatic statement that she is not setting a precedent, we have serious concerns as to how an absence of explanation by the Secretary in a similar case in future will not cast a long shadow over the criminal justice system.
>
> Madam President, today, there will be no winners, and I mean this because this is not about politics. This is about the rule of law that we have nurtured and cherished in Hong Kong for a long time. This is not just about a grave error of judgment on a decision not to prosecute.
>
> This is also about the Secretary placing herself in a position so that she felt compelled and indeed justified to depart from established policy. This is about the Secretary causing widespread concern, about whether all of us are equal before the law. This is about the Secretary not following the prosecution guidelines in arriving at her decision not to prosecute. This is about the

Secretary telling us today that she also considered public interest when in fact she told us on 4 February that she relied on it as a reason for non prosecution. This is about the Secretary repeatedly claiming public interest factors were academic. This is about the Secretary maintaining that she has done no wrong.

Madam President, because of my respect for the Liberal Party and the Basic Law, I am afraid I cannot continue with this debate, and I shall withdraw from this Chamber. Today, whatever the result of this motion, there are no winners. The loser is Hong Kong.[44]

縱使梁司長強調她並沒有開創先河，我們極之關注的是，將來如有類似案件而司長不作解釋時，又怎樣使我們的刑事司法制度不會蒙上極大的陰影呢？

主席，今天是沒有贏家的；我這樣説是因為這事和政治無關。這是關乎法治的事，關乎我們長期維護和擁護的法治，不單止是在決定檢控與否之中犯了重大判斷錯誤的事。

這亦關乎到梁司長把自己放在一個處境，使到自己被迫、甚至認為大有道理要背離已確立的政策。又是關乎到梁司長使人對「法律面前人人平等」的原則大表關注。關乎到梁司長作出不檢控決定時背離了檢控政策指引。關乎到梁司長今天告訴我們她亦有考慮到公眾利益，但在2月4日她其實告訴我們她以之為不檢控的理由。關乎梁司長屢次指公眾利益純是理論上的因素。是關乎梁司長堅持自己沒有做錯。

主席，由於我尊重自由黨和《基本法》，我很遺憾不能繼續參與這項辯論，我會退席。今天這議案無論有怎樣的結果，是沒有贏家的，而輸家就是香港。[45]

44 《立法會正式會議紀錄》，1999年3月11日，夏佳理（Ronald Arculli）議員發言。

45 官方中文文本，見《立法會議事錄》，1999年3月11日，頁4407。

梁愛詩回應動議的發言，大部分是重複在司法事務委員會的聲明，正式記錄在案，沒有絲毫改變，反映了我們之間存在的思想價值及政治文化的鴻溝。她始終認為自己是受害人，不明白我為何要「迫害」她。她否決一切對她的批評，堅持這些批評是「絕對錯的」，堅持沒有任何事實根據令立法會對她失去信任。她在發言中說：「使人感到悲哀的諷刺是，我之所以今天要面對這項議案，正正因為我嚴格恪守法治。」我相信她這句話是出自真心。她對法治的盲點和固執，有如她政治立場的絕對忠誠一樣，正是無法克服的問題核心所在。[46] 政務司司長作政府總結，字裏行間，顯然明白問題，職責所在，她維護司長之餘，亦求動議辯論結束之後能修復社會信心。可惜她結果也不能扭轉乾坤，司長會繼續留任，不終餘任而求去的是政務司司長。[47]

投票的結果已無懸疑，我在簡短答辯中感謝發言議員，並指出，事實勝於雄辯，一票未投，政府已經輸掉了：

> I want to thank those who have given me support, even though some may not be voting with me. Indeed, before a single vote is cast, the Administration has already lost. This is a simple motion over a clear issue. I have done no lobbying. The Administration's lobbying, quantum and method are a matter of public record. Why do they have to work so hard to convince Members to have confidence in the Secretary for Justice? Is not the answer obvious?
>
> Madam President, this debate goes beyond this Chamber and the voting results. The shock to confidence in the admini-

46　見1999年3月30日《經濟日報》邱誠武訪問。

47　2001年1月陳方安生宣佈辭職，2001年4月正式生效。

stration of justice is a fact. The legal profession's strong censure is a fact. These facts have to be faced even when the debate is over.

I hope, when this debate is over, the whole Administration will be as energetic and determined in rebuilding that confidence as they have been in lobbying against me, and will defend the highest standard in the rule of law with as much devotion as they have defended the Secretary for Justice.

Otherwise, the effect will soon be obvious in the deterioration of the rule of law. The international community will see it. They will note the change and realize that Hong Kong is not the place it was, and they would quietly withdraw from us.

How then would the Chief Executive explain his "victory" this morning? Perhaps, Madam President, as really a defeat? [48]

主席，這次辯論不會局限於本會議廳和止於投票結果。對司法的信心受到搖動是一個事實。法律界大力譴責亦是事實。這些事實是我們辯論完之後仍要面對的。

我希望在辯論結束之後，整個政府會好像游說別人不支持我時那樣努力和堅決地重建這個信心，並會像今天維護律政司司長那樣盡心地維護最高的法治水平。

否則，法治敗壞的影響很快便會浮現。國際社會亦會見得到。他們會看到香港的轉變，並明白到這已經不是以前的香港，而會不動聲息地捨我們而去。[49]

今日回顧，可謂不幸而言中。

48 《立法會會議正式紀錄》，1999年3月10日現場版。

49 《立法會會議正式紀錄》，1999年3月10日中文版。

戰罷論述

當天投票結果，59位議員出席（除夏佳理離場之外，全體出席），分區直選及選舉委員會出席的30人之中，15人贊成，13人反對，1人棄權；功能組別議員，29人出席，6人贊成，16人反對，7人棄權。按照立法會投票規定，分組點票，兩組都不過半數，動議遭否決。但是即使不計分組，贊成的合共只21人，反對合共29人，即使自由黨沒有改變初衷，棄權8票全投贊成，也是29對29票，不能通過。政府一直穩操勝券。

議會如此，翌日左派報章，當然大肆攻擊，《大公報》社評指稱，動議辯論，是「『愛國愛港』還是『抗中亂港』的交鋒、吳靄儀及民主派打着『捍衛法治』旗子，其實是政治手法，以政治來打壓司法」云云，餘者如《文匯報》、《商報》就不必一一細表了。

這些例行攻擊，掩不住民意調查的結果，顯示絕大多數市民認為立法會應該對梁愛詩提出不信任動議[50]，也蓋不住絕大多數社評、輿論認為政府的慘勝毫無光彩，不能復修公信力，梁愛詩即使不用辭職，也不應在任滿之後延任。劉銳紹認為「政府力保梁弄巧反拙」[51]，《南華早報》以「勝利的代價」為社論標題，總結整場辯論，強調制衡政府，是議會的功能，官員有錯，議會有責糾正，視議會的譴責為引致社會不穩定的原因，才是對外界最錯的信息。

50 1999年3月12日《蘋果日報》、《明報》、《東方日報》：香港政策研究所3月10日電話成功訪問694人「立法會應否對梁愛詩提不信任動議」：應該 — 51%，不應該 — 22%，無意見 — 27%。

51 《信報》，1999年3月12日。

可惜的是，忠言逆耳。我們費盡力量，政府也拒絕反省。梁愛詩不但沒有辭職，甚至沒有如一些人所望，以健康為理由拒絕連任，而是一直做下去。特區法治的敗壞，已寫在牆上。

懲罰

在特區承受自中央的思想理念之中，我就是罪人。如此斗膽，當然要加以痛懲。三個月後，1999年6月，人大釋法，法律界發起沉默遊行，我等反對人大釋法之徒，被斥為不懂中國憲法、不懂《基本法》。到了9月，與北京關係良好的胡漢清資深大律師，在北京舉辦中國憲法附《基本法》的研討會，為期一週，邀請香港法律界北上學習，我認為自己應該積極學習，於是報名繳費，申請簽證北上。香港傳媒一致相信北京不會准許我入境，獨我不相信，簽證都已發出了，沒有人通知我行不得，我逕赴機場，到了機場，要入閘了，機場人員才硬着頭皮告訴我不能讓我登機，因為對方入境處有通知不會讓我入境，大批記者守候，眾目睽睽，機場人員尷尬之極，無法回應我的查問，也無法否認。我於是返回辦事處修函道明始末，要當局書面答覆我所陳述的任何不正確之處，這就是紀錄。

當然，隨後按規矩須要求見行政長官，因為他有責任代表特區居民向中央查究。董建華再三託詞事忙不見，終於，事隔一月，在北京碰到英國大法官 Lord Irvine，經他提出，回港之後董才接見我，談了差不多一小時，對我被拒入境的真正原因始終避而不談，只說我自己應該「心知肚明」。我從此被打入不知是黑名單或灰名單，究竟是為懲誡我提不信任動議還是懲誡我高調反對釋法，還是別有因由，我也不甚了了，亦不放在心上。總之我是不受歡迎的人物，一點也不奇怪，甚至不是新鮮事兒。

附錄：法律俠士貝嘉蓮（1930–2002）

我參與歷史性的居港權訴訟，始於得到貝嘉蓮(Mrs. Pamela Baker)律師的邀請。在我心目中，她是香港法律史上必須誌記的英雄。「路見不平，拔刀相助」是她的寫照；她的「刀」是法律，她認為應該用法律幫助人。她為最貧苦無告、為社會不容的人挑戰制度從不猶豫；事實上她享受與不公義作戰。悠然走過官司風雨，回來一杯紅酒一枝香煙，幾名好友，坐看海景夕陽，聽意大利名曲樂韻，窮風流，餓快活，享受生命。她像有用不完的機智，永遠樂於助人。

貝嘉蓮原籍蘇格蘭，獲法律學位及執業資格。1982年受聘於法律援助處來港後，專為受欺凌的羣體操心。她成立及推動一系列保護受虐婦女的措施和組織，又以同樣抱打不平之心給越南船民法援，打官司挑戰政府，終於因而被禁處理船民案件。她不甘就範，1992年慨然辭掉鐵飯碗職位，在旺角地鋪開辦貝嘉蓮律師行，用積蓄補貼，低廉收費服務大眾。不但憑一己之長，還感召了一羣來自各地，有理想有熱誠的年輕法律工作者，不斷加入她的團隊。在當時普遍以高收費平衡昂貴開支的律師行業之中，她別樹一幟。

居港權不是我第一次受她委聘打官司。九十年代中，我執業不久，已先後跟她做過幾宗官司，代表越南船民及無證媽媽(沒有身份證的為照顧在港子女逾期逗留的港人內地妻子)，她嫻熟官司程序，人緣廣闊，簡直神通廣大。官司以外，對於法律服務、法治及1998年我重返議會，爭取普選，我們都有很多交流。2000年余若薇當選之後，和我合力推「社區法律服務中心」建議，向市民提供免費法律意見，其實源自貝嘉蓮1998年時的構思。2001年秋，《吳小彤》案上訴終院，貝嘉蓮已確診末期肺癌（她笑言：都應分啦！吸煙吸了成世！）陳詞草稿在病榻上看。9月，她已病重，她的子女來港接她回英國讓家人照料，我擔心長途飛行，加上機場候機折騰得太厲害，於是打電話給禮賓部，要求讓這位深受敬重的律師使用貴賓室及通道，禮賓司礙於規例有困難，介紹我找英航的機場經理，一位叫 Justin Jacques 的先生，那位先生一口答應，後來貝嘉蓮告訴我，她不但得享英航貴賓室，還升級頭等艙，讓她全程舒舒服服躺下來，還享用了 breakfast in bed！

我無法像她那麼豁達，想像着她病中大大小小折磨，怕她沒有了香港音信會寂寞，於是頻頻執筆寫信給她，寄給她種種有關香港的事物，香港野生花卉圖片，讓她隔山隔水感到我們的思念。其實她堅強自若，到最後一刻也只顧照顧別人。她用郵柬給我覆信，幽默而又善解人意。3月18日，她寫道：

> I will not be fit to come back to Hong Kong and this is very sad. It really is my home and I have been so lucky to have 20 years there, between the pages of a history book. If only we could have done a bit of rewriting! Such optimists we were. But of course had we not been, we'd never have started. Then I'd never have met all the amazing people in the letters you sent me.

> 我身體太弱，不能回港了，真是難過。香港真的是我家，我能住在這裏20年，處身歷史的卷頁中，太幸運了。如果我們能稍稍改寫它多好！我們真是樂觀成性，不然我們就不會牽頭做，而我也不會遇到你在信中提及那些了不起的人們了。

3月27日，她最後給我的親筆信寫道：

> I do feel Hong Kong is home for me, with all its shortcomings – It gave me such fantastic opportunities to use the law, as I feel it should be used – for people. Not always successfully, – but imagine if I'd been in Malaysia or Singapore! In prison & useless I'd say.
>
> Dear Margaret, thank you for your affection and faithfully friendship – I value that more than I can say. With my love, & all the best for the future.
>
> Pam

> 我確以香港為家，儘管它有諸般短處——它給了我那麼多奇妙的機會用法律——我相信應該這樣用法律——來服務人們。不是每次都成功，但試想，如果我是在馬來西亞或新加坡，一定早給關起來，甚麼也做不到！
>
> 親愛的 Margaret，感謝你的不渝的友情，我珍惜得難以形容。送上我的愛與未來的祝福。
>
> 貝嘉蓮

4月20日，她已不能執筆，仍着女兒覆我的信。4月24日，貝嘉蓮與世長辭。為寫這段文字，我重新檢視舊物，發現了一封我給她的信，封了口，但沒有貼上郵票。打開來看，是一張美麗的慰問咭。日子是4月25日——寫柬時不知，Pam 已不在人世了。

貝嘉蓮最後給吳靄儀的親筆信，筆力已很弱，但還不忘提及“CLSC”(那是吳和余若薇社法中心的簡稱，中心的成立是來自貝嘉蓮的意念)如何籌款。信末提及的“Kim”是吳的家貓，過身時十九歲半，算是善終了，但貝嘉蓮還不忘安慰人，可見她對生命的珍視。

Dear Margaret, A real letter - that's lovely.
it is nostalgic - when my daughter went to
South Africa nearly 30 years ago that
was how we kept in touch.
Thank you for the HK blossom. I have it on my
shelf, + recognise it, though I don't know its name.
Very pretty. I have read the CLSC, it sounds
good and survivable despite bureaucracy. Johnson
Han is an old friend, used to be with DLA. A good
guy. You can certainly try to get Tom's NGO to fund
one staff for one year, but of course SWD's dead hand
rests upon him! Worth trying. You could speak to
Rotarians, they might find a one off grant though
they prefer $50.000 - or did, maybe they've increased
that now. Sorry about writing - a bit wobbly -
I haven't written a piece about basic rights, no inspiration.
It's not surprising, there is plenty here to be indignant
about but not passionately! Don't grieve for my
discomfort, it is eminently controllable. Just pop
another morphine! I am more distressed by a
lack of wit, + loss of memory - of which I am very
conscious. The children pop in and out, they
accept my situation + realise it will be theirs,
one day. It would just be easier if we knew
how long it's going to be! Not too long, I hope.
I wish I felt well enough to come to Hong Kong, but it
isn't a goer. If you cannot work Hong Kong is no
place to be, so I am reading, + not doing much
else! Presently a Penguin "The Immortal
Dinner", of an occasion in 1817 when Wordsworth,
Lamb, Keats et al are bidden to dine by
Benjamin Robert Haydon, artist + great supporter
of Elgin of Marbles fame. It's interesting
+ informative - such lots of books! What a
joy. I hope Kim's last days are not too
prolonged nor distressing. 19½ is a good
innings for a cat. You have done your duty!
We had a blue Persian once who lived to be
22, + then got run over! Unkind -
I do feel Hong Kong is home for
me, with all its shortcomings. It gave
me such fantastic opportunities to use
the law, as I feel it should be used - for
people. Not always successfully, - but imagine if
I'd been in Malaysia or Singapore! In prison + useless I'd say.
Dear Margaret, thank you for your affection +
faithful friendship. I value that more than [illegible]

從居港權到護港戰

第四章

城春草木深
反對「23條」立法的抗爭

2002–2003

單看「城春草木深」一句，會以為只是描寫美好春光，但接回原詩上句「國破山河在」(杜甫〈春望〉)，看到的「草木」，背後便儼然蒙上「皆兵」的殺機了。在反對「23條」立法的抗爭中，我曾以「國破山河在」為題撰寫專欄文章，闡析抗爭理念。然而正如《雙城記》開首所云「最壞的時代，也是最好的時代」，每次回望議會內對法制的衝擊，眼前便會浮現立法會大樓外的點點燭火亮起捍衛公義的人性光輝。杜甫另一首寫春名篇〈春夜喜雨〉有云：「野徑雲俱黑，江船火獨明。曉看紅濕處，花重錦官城。」站在大樓的露台上下望，所謂「雙城」，一座是「草木深深」的「警備城」；另一座則是令人欣喜泫然的「錦官城」。

23條立法時間線

1985年	6月	《基本法》起草委員會在北京成立。
1988年	4月	《基本法》第23條第一稿。
1989年	2月	《基本法》第23條第二稿。
	6月	八九民運，六四屠城。
1990年	4月	第23條第三稿定稿，《基本法》頒佈。
1996年	6月	立法局通過《官方機密條例》。
	12月	北京委任臨時立法會在深圳運作。
1997年	6月27日	立法局永久休會。
	7月1日	香港特別行政區成立，《基本法》生效。
2001年	7月	董建華連任行政長官。
2002年	7月	立法會通過《反恐》條例，大律師公會發表23條立法意見書。
	9月24日	保安局發表《實施基本法第二十三條諮詢文件》。
	9月26日	立法會司法及保安事務委員會第一次就23條立法進行諮詢聯席會議。
	10月	國務院總理錢其琛訪港稱：擔憂23條立法的人「心中有鬼」。
		葉劉淑儀稱大多數市民支持23條立法。
	11月7日	司法、保安事務委員會聯席會議第一場公聽會。
	11月15日	「23條關注組」成立。
	12月11日	立法會辯論第23條立法建議。
	12月15日	六萬人遊行反對立法。
	12月22日	四萬人集會支持立法。
	12月24日	諮詢結束，共369,374人表達了意見。
2003年	1月28日	政府發佈《意見匯編》18大冊。
	2月14日	《國家安全（立法條文）條例草案》刊憲。

2月15日	吳靄儀展開七天英、美大學演講。
2月26日	草案呈交立法會開始啟動立法程序。
3月	沙士疫情在全港爆發。
3月6日	23條立法草案審議委員會第一次會議。
3月12日	世界衞生組織宣佈香港為疫埠。
3月30日	淘大花園E座宣佈隔離。
4月	23條關注組發表小冊子：《藍紙草案有甚麼不好》。
5月23日	世衞取消對香港的旅遊警告。
6月1日	吳靄儀與李柱銘等展開五天美國游説之行。
6月14日	國際會議「國安法——在自由與國家安全之間是否已取得平衡」一連兩天在港大法律學院舉行。
6月17日	學者向立法會提交《還民意一個公道》諮詢結果重整報告。
6月19日	《信報》預測十萬人會參加「七一大遊行」。
6月23日	世衞正式將香港疫埠除名。
6月25日	立法會辯論「七一大遊行」動議。
	政府向23條立法草案審議委員會提交修正案並通知7月9日恢復二讀。
6月29日	總理温家寶訪港。
7月1日	50萬人上街遊行抗議。
7月5日	董特首宣佈三大修正，如期立法。
7月6日	自由黨主席田北俊辭任行政會議。
7月7日	政府公佈押後立法程序。
7月9日	五萬人圍繞立法會集會。
7月16日	葉劉淑儀辭職下台。
8月	23條關注組發表小冊子：《23條立法——踏上正途》。
9月5日	政府正式宣佈撤回《國安》法草案。

引言：一場捍衛法治自由的戰事

提起「《基本法》第23條立法」之役，香港市民會不期然想起葉劉淑儀，當時負責推動立法的保安局局長。她的誇張打扮和傲慢態度惹人反感，「掃把頭」形象深入民間，成了23條惡法的化身，最後立法程序推倒，她黯然下台，香港人迎之以一片歡呼。

我不是那樣看。「葉劉」對我並不重要。在我眼中，她不過是一名熱中權位而社會良心薄弱的官員。事實上，23條立法對於她的上司特首董建華，重要性也只在這是中央派下來的一件必須做妥的任務。他沒打算用來對付甚麼人，法律備而不用，就可圓滿交差。

但對於法律界來說，不管官員的心地好壞，通過了的法律就是法律，法律是真實的，賦予政府權力，約束法庭，約束每個在這裏生活的人。每項條文細節，都可能對市民的生命財產自由有重大影響，這才是我們着重的地方。23條立法一役，不是關於葉劉，不是關於董先生，而是一場香港人在憲法下享有的人權法治，與中央政權透過立法箝制港人自由的對壘。我們不是要打倒一名特區官員，而是要保衛香港法律制度和法治。

2003年6月，此役臨近尾聲，我寫下這樣的感言：

強行在短短九個月從零到全部通過23條立法，保安局局長葉劉淑儀當記首位功勞。今日，反對23條立法的廣大市民恨透了這位女太保型的局長，可是，維珍娜（葉劉淑儀）不過是個事業心及競爭心異常強烈的政府官員，在這個特殊的時空之下縱情放肆；但畢竟她是在香港的制度下長大的，二十多年的政務官鍛煉，在她身上留下烙印。市民或者質疑她的原則，但她肯定有自己的規條，這些規條已成了她自尊心的一部分。

但是，維珍娜會退下來——甚至有傳聞說這一天很快來臨。她完成的歷史任務——23條立法——卻會長留香港的法典中。問責制之下，只要是在香港住滿15年的永久居民並在外國無居留權，特首提名、中央委任，就可以當保安局局長，就可以運用《國安法》之下的權力，就能掌管香港特區的國家安全政策方針和實施。這個人未必受管束維珍娜的規則所管制。

到時，誰還記得維珍娜？維珍娜的黑超、紅色戰衣、招牌髮型都是過眼雲煙，是天真孩子的玩意。但《國安法》的權力是真的，是殺人如草不聞聲的利器。行政手段降臨在香港人的身上，到時不會讓我們有機會向法庭哭訴去……命運已寫在壁上。[1]

抗爭之始：23條與「七宗罪」

曾經參與起草《基本法》的李柱銘告訴我，現時的《基本法》第23條有三個版本。1988年4月的第一版最可怕：

「香港特別行政區應以法律禁止任何破壞國家統一和顛覆中央人民政府的行為。」

1989年2月的第二版改為較具體的：

「香港特別行政區應自行立法禁止任何叛國、分裂國家、煽動叛亂及竊取國家機密的行為。」

1 《蘋果日報》，2003年6月25日，〈誰記得維珍娜？〉。

四個月後，中國民運爆發，六四屠城。翌年4月全國人大通過的版本，是加倍凌厲的第三版。「七宗罪」中，叛國、分裂國家、煽動叛亂、顛覆中央人民政府、竊取國家機密、與外國政治性組織聯繫等字字驚心，從此港人擔心不已。唯一告慰的是，「自行立法」四字仍在，如何界定罪名、何時立法，主動權在香港特區，要由立法會通過。1995年，法律界要我出任立法會議員，一大任務，就是不讓23條立法成為傷害香港的工具。

九七前，港府也曾考慮提早訂立「分裂國家」及「顛覆」這兩條香港法例上沒有的罪，企求九七前通過了不損人權的法例，23條立法基本上已滿足了，就不需在九七後立法。原意是好，民主派議員一度贊成，但終究不能成事，因為民主派議員最後還是覺得不安全，而親北京議員則以維護中國主權為名，反對港英政府偷步立法，結果法案這部分得不到通過。

九七後，我一直不敢放鬆。而事實上，中央政府早在23條立法正式登場之前已做了不少手腳。先是在1997年4月，候任特首董建華提出修改《公安條例》和《社團條例》，賦權警方可基於「國家安全」理由，禁止集會遊行，禁止與外國政治組織有聯繫的香港組織得到合法注冊，禁止外國組織在香港進行政治活動。後來，1997年10月，臨立會通過《立法會選舉條例》，加入條文，禁止外國及台灣政治組織參與選舉。誰在「偷步」立法，還不清楚嗎？

1998年恢復立法會選舉，我當選司法事務委員會主席之後，不時詢問當局有關23條立法的立場，我提議，正確的處理方法是將任務交給法律改革委員會。律政司每次都推說政府沒有計劃立法。但其實1999年至2002年間，我們經歷了一波又一波的暗湧。如果修改《公安》、《社團》條例是第一波，《立法會選舉條例》是第二波，那麼第三波便是以對付法輪功為藉口展開的「邪教法」爭議，那一役，特區政府不戰而退。第四波是2002年的「反恐法」，無論草擬、推銷、審議或硬上，都是落實第23條《國安法》熱身賽。

2002年8月之前，政府對23條立法守口如瓶，但大律師公會不放心，自行成立了包括公會主席梁家傑、前主席李志喜、湯家驊及憲法專家戴啟思的小組，研究23條立法問題，並於2002年7月發表了長達69段的報告，認為23條要禁止的七種行為已有法例禁止，雖然沒有明文訂立「顛覆」和「分裂國家」兩項罪名。公會建議，任何就23條訂立的法例，都須盡量以不多立23條內容外的法例為原則，是為「the minimalist rule」。

要來的終於要來。2002年8月間，政府開始透露風聲，梁愛詩等官員頻頻上京密議。她回港後，9月上旬便會見了我和余若薇。余若薇是1997–1999年兩屆大律師公會主席，在2000年12月補選中當選立法會議員。梁愛詩説得十分動聽，她大致上説，由於現時香港法例已涵蓋《基本法》第23條的部分內容，因此政府會對這些法例進行檢討及修訂，強調檢討的方向是要適應社會發展和人權要求，所以未必會收緊，甚至可能放寬。23條禁止的七種行為，只有「顛覆」和「分裂國家」需要新訂。她又表明政府會就立法建議諮詢公眾數月，將收集得的意見寫成報告，再提出具體條文交立法會，屆時立法會可再作諮詢。這個回應給人整個印象，就是會作寬鬆的立法建議，與早前大律師公會的公開意見書接近。

這當然令我們感到欣慰，但我們仍認為涉及這麼重大的法律修改，政府應該交由法律改革委員會詳細研究及提出整體建議為穩妥，但梁愛詩拒絕考慮，同時亦拒絕透露啟動諮詢的日期，令我們擔心其實她已經跟北京談妥，諮詢空間有限。

令人憂心的「七宗罪」

9月23日，我忽然收到通知，葉劉淑儀約見我們，因為保安局會在翌日公佈23條立法的諮詢文件，那是政府的慣常禮貌。我當然赴會，葉太的語氣更加輕描淡寫，把整個立法建議説成是非常體諒法律界的看法。我只覺 “too good to be true”。

次日，政府推出《實施基本法第二十三條諮詢文件》，作為期三月的公眾諮詢。我第一時間細閱，愈讀愈驚心。文件建議修改現行法例，除訂立「七宗罪」之外，還加上了一個「禁制機制」，賦權特區政府以危害國家安全為理由，取締任何香港團體，禁止其一切活動。建議的立法內容大有問題，而且定義廣泛，用詞艱澀，就是我這種有法律背景而又有重大理由要看懂文件的人也難掌握，何況普通市民，甚至一般媒體？不明白內容，又何以得知它對香港的影響？何以抗拒這樣的立法？

實施基本法第二十三條

諮詢文件

第七章　外國政治性組織　33

一、現行法例：撮要 33

二、考慮事項和建議 35

(甲)　禁制的機制 36

(乙)　上訴的機制 37

實施基本法第二十三條

(甲)　禁制的機制

7.15　顧及上述的因素，我們建議保安局局長應獲授權，若他合理地相信禁制某組織是維護國家安全、公共安全或公共秩序所必需，便可禁制該組織。與現行《社團條例》有關名詞的釋義一樣，“公共安全”及“公共秩序”的釋義，與根據《公民權利和政治權利國際公約》適用於香港的有關規定所作的釋義相同，而“國家安全”則指保衛國家的領土完整及獨立自主。就本文而言，由兩個或以上的人為某共同目的而作出經組織的行動，不論他們是否有正式的組織架構，亦應界定為一個組織。禁制一個組織的權力只可在以下情況行使—

(一)　該組織的目的或其中一個目的，是從事任何干犯叛國、分裂國家、煽動叛亂、顛覆、或竊取國家機密罪(諜報罪)的行為；或

(二)　該組織已經作出、或正企圖作出任何干犯叛國、分裂國家、煽動叛亂、顛覆、或竊取國家機密罪(諜報罪)的行為；或

(三)　該組織從屬於某個被中央機關根據國家法律，以該組織危害國家安全為理由，在內地取締的內地組織。

2002年9月24日政府推出《實施基本法第二十三條諮詢文件》，開始為期三個月的公眾諮詢。文件第七章加入了「禁制機制」，賦權特區政府以危害國家安全為理由，取締任何香港團體，禁止其一切活動。

我即時想到的是馬上編訂資料冊，影印多份，分發給記者朋友，一起討論23條立法建議的來龍去脈，及解答他們的法律問題，使他們對政府的建議得到充分了解。

9月24日當天，葉劉淑儀偕手下副局長湯顯明會見記者，介紹諮詢文件，正式展開了23條立法工作。她像接見我們那樣，採取了安撫態度，強調要訂立的罪行非常罕見，對普通市民幾乎沒有影響，叫大家放心。

但傳媒顯然對她的保證沒有信心。支聯會年年遊行抗議、燭光集會，高呼平反六四，「結束一黨專政」，保安局官員一句話，怎能保證他們不會陷入「顛覆中央政府」罪名？1994年，《明報》記者席揚採訪大陸財經消息，因披露了一些香港人視為正常的新聞，被指盜竊國家機密而定罪，判處12年監禁，《明報》上下傾力營救不得，到了1997年席揚才釋放回港，隨即遠居他地，《明報》仝人記憶猶新。事實上，所有經常追訪兩岸三地政局的本港媒體，都同屬「高危一族」。無怪《明報》9月25日以頭四版全版大幅報道，大字標題包括：「23條訂七宗罪，四高危族恐墮罪網」、「損中港關係機密禁披露」、「煽動叛亂可囚終身」、「中央態度恐影響執法」。社評標題「形寬實緊，制衡不足」，直言諮詢文件的立法建議，雖然在某些原有的罪行上加上了一些人權保障，但「其他多個重要領域則有收緊跡象，若干建議對人權自由有頗大的潛在威脅。整體而言，是嚴厲而非寬鬆，對權力的制衡很不足夠，和公眾期望有明顯差距。」

《明報》的報道，反映了香港媒體和公眾三大具體顧慮：一是擴闊了「非法披露機密」入罪的範圍而不設「公眾利益」抗辯；二是與在內地因「危害國家安全」為理由而被禁制的組織有連繫的香港組織會因此而在香港受到禁制；三是給予警方極大權力調查與23條有關的罪行，包括未獲得法庭頒予搜查令而進入私人住宅搜查。對於這三大憂慮，特區政府堅拒讓步，直至最後一刻，大勢已去才力挽狂瀾，那是後話。

同日的《星島日報》，則主要從政府角度，大幅報道葉太的保證：「23條不以言入罪」、「港府倡增警權查叛國，葉劉淑儀保證不濫用」等等，並以特稿形式，報道港府不會取締支聯會和法輪功。

從法律界的觀點，訂立任何法例，最起碼要達到的要求，是必須清楚明確，界定甚麼行為會抵觸法律，讓公眾能公開參考，作為管束自己的行為的根據，這是八百年來源自《大憲章》的法治根基。「自行立法」所給予的保障，就是要由香港特區，按照普通法的標準，訂立符合法治要求的法例。做不到這個起碼要求，政府就不能說是有「法」可「依」。我們就有責任向市民解釋，並且堅決反對這樣的立法建議。

諮詢文件的立法建議完全不符合上述的要求。就以刑至終身監禁的「分裂國家」罪為例，甚麼屬「發動戰爭」、「嚴重非法手段」，定義廣泛而含糊；「威脅使用武力……把中華人民共和國一部分從其主權分離出去」、「抗拒中央人民政府對中華人民共和國一部分行使主權」，法律意義不明，而且似乎輕易可以觸犯，尤其是某些中央機構，甚麼也說成是「行使主權」，那麼任何反對者作任何表示會用任何程度的「武力」反抗，都可能構成「分裂國家」罪。至於「顛覆」、「煽動叛亂」範圍更廣，「脅迫中央人民政府改變政策措施」是為「顛覆」，誰也不知道「脅迫……政府」是甚麼意思；在天安門廣場集體絕食抗議、要求民主，照說已能入罪；「管有煽動刊物罪」——任何有可能煽動他人犯叛國、顛覆、分裂國家罪的刊物，都屬「煽動刊物」，「處理」該等刊物——包括印刷、售賣、分發、展示——可囚七年，這還不是以言入罪？還說不會令反對聲音噤若寒蟬？

「七宗罪」的內容，[2] 一方面近乎天方夜譚（例如「發動戰爭」），另方面又似乎隨時可以加諸任何人的日常活動之上，一切視乎執法者對這些廣泛含糊的法例條文作甚麼理解。縱使在人權法的保障之下，被冤屈的人終會得到法庭裁定無罪，但拘捕、調查、檢控的過程已令人受盡折磨，造成不可彌補的不公義。輕易入罪，未必是政府立法的原意，但市民的權利，必須由條文本身而非官員的口頭解釋為保證，因此，我們要求，為消除公眾疑慮，政府有必要先發表確實條文的草擬本作公眾諮詢——即俗稱「白紙草案」，讓社會人士能按照具體條文，實事求是地認真討論。諮詢文件發表後隨即展開的公眾諮詢期間，愈來愈多人表達了同我們一樣的憂慮，要求政府發表「白紙草案」很快成了公眾及各界團體的共識。

白紙草案？藍紙草案？

港英時代以至特區初期，政府就立法建議進行諮詢，如果涉及重大社會利益或內容複雜，不時會先發表法例草案的擬稿，作為諮詢文件的一部分，以白色紙張印製，俗稱「白紙草案」。「白紙草案」經討論及修改後，政府會再擬定正式條例草案，並以藍色紙張印製，提交立法局/立法會審議，俗稱「藍紙草案」，除非立法局/立法會經正式會議程序通過修正案，否則內容不會改變。

資料顯示，1986年至1997年，港府共有15次發表「白紙草案」，包括1988年廢除死刑、1990年《人權宣言》及1996年城市規劃等草案；1999年至2000年，特區政府有三次發表「白紙草案」，證監法草案是其中一項。

2 詳見本章附錄一。

激烈的公眾諮詢

諮詢文件發表之後，我即以司法及法律事務委員會主席的身份，跟保安事務委員會主席劉江華商量，安排了連串聯席會議和公聽會。社會的反應十分熱烈，其實贊成與反對的人都待戰以久，有備而來。支持政府及親北京的組織早已部署好人海戰術，以地區、社團、聯會等各式各樣組織的名義，呈交上百份意見書，絕大部分內容大同小異，都是表態支持，重複政府的立場，表示特區有責任立法，現在是恰當時機，政府的建議不會削弱人權自由，但對於建議的具體內容就很少觸及，提出疑問或改善就更少見。

至於提出批評的人士就較言之有物。第一場公聽會，民主派陣營雖仍未組織得好，但當時任大律師公會主席的梁家傑資深大律師親自出席，逐項批評「七宗罪」的法律問題及不當之處，並對建制派議員的質問一一招架，義正詞嚴，大有「舌戰羣豪」之風，令以前不認識他的公眾刮目相看。緊隨的會議中，港大法律教授陳弘毅，雖然傾向支持政府立法，但提出的質疑，其實同樣重大，由是他也認同政府須發表白紙草案再作諮詢。他們的批評，大大增加了公眾的關注和了解。接着，民間團體、宗教領袖、人權組織、大專學者和學生、社運人士，紛紛發起街頭簽名和聯署聲明，務求政府體察到民意力量。報章上的討論更加熱烈，諮詢期發表的評論，數以百計。[3]

政府方面，本來滿有信心於翌年7月便可順利通過立法，但在反對聲音之下不得已加重力度，頻頻出動公眾活動的

3 數字及內容全部可在立法會官方網頁查閱。事務委員會有關23條立法討論：http://www.legco.gov.hk/yr02-03/english/ajls/general/ajls0203.htm#0203；法案委員會會議及文書見：http://www.legco.gov.hk/yr02-03/english/bc/bc55/general/bc55.htm#55。

葉太，態度由温和轉至強硬。10月24日，國務院總理錢其琛訪港，回答記者提問時，表示擔憂23條立法的人是自己「心中有鬼」。次日，葉太出席城市大學學生會的公開論壇，回應學生質疑時，高傲地聲言大多數市民支持立法，學生馬上噓聲四起，令她十分不悦。官員的強硬態度，加深了公眾懷疑整個諮詢是假的。又一次，回應有人提出先實行民主制度然後考慮立法才會令市民有信心之時，葉太反而譏諷民主制度，説希特拉是一人一票選出，但上台後卻屠殺了七百萬猶太人。這一説，更加激怒了國際傳媒，令他們也深信23條立法確有問題。

23條關注組成員冒雨在鬧市派發「七色小冊子」。

—23條日誌—

寓言

日間為23條立法諮詢文件閒會忙，晚上夜闌人靜，伏案繙譯老師的《本是同根生》，竟有這麼一段說古代的雅典：

他說，以現代的眼光來說，古代雅典是個很小的城鎮，有城牆圍繞，主要營生是農業、出口食油和陶瓷，以及貿易和航運。但它不久就發展成一個小型帝國，人口之中不少是奴隸和外國人；每戶人家有奴隸一至兩名，而外商聚居成為重要社會羣體。所有的自由成年雅典男子都有權在立法議會投票立法和通過政策，稱為「直接民主」，相對於投票選出議員、議員投票決定政策和立法的代表式民主。

但是（我的老師說），雅典其實根本就不是民主。「Democracy」（民主）的「Demos」原意是窮人、普通人；然而最窮的一羣——奴隸，卻沒有投票權；外商也沒有投票權，雖然他們一點不窮；婦女也是沒有投票權。

他說，設想在這樣的一個社會，辯論是最受歡迎的比賽活動；設想有幾個世界級選手在激辯中提出了「所有人類都是同胞」的意念。這必然會有如大地震，奴隸和外商，肯定馬上明白它的意義。消息傳到斯巴達，情況更迅速惡化。斯巴達人生活方式有如身在軍營，他們自視為貴族戰士；他們剝削農奴身份的農民。斯巴達人沒空辯論。他們馬上向雅典宣戰，全希臘的城邦分裂為兩個陣營，希臘於是山河浴血，元氣大傷，導致外敵入侵……

這個寓言告訴我們，在奴隸社會，呼籲所有人類都是同胞，就是顛覆。

2002年10月9日

（原載《蘋果日報》副刊專欄「日有所思」）

另一方面，表現老實的梁愛詩，老實人說老實話，更是語出驚人。傳媒質疑「披露未經授權機密」罪名，無異是放在記者頭上的一把刀，她回答時吐露真言：「其實刀已在你的頭上，不過你未察覺罷了。」她所指是1996年通過的《官方機密條例》已訂立不利資訊自由的限制，但這絕不能接受為進一步收緊自由的理由，反而證明需放寬原有的不合理限制。

要求白紙草案成為大多數人——包括兩個律師會——的共識，尤其是憂慮政府的建議過苛，但又不願全盤否決立法的人，更感到這是唯一解決辦法。但政府為了按原定計劃7月通過立法，不願意多加這個步驟，葉太更很不客氣地說，這只是別有用心的反對派故意拖延，普通市民，在酒樓企堂的、駕駛的士的、看不懂也沒興趣看法例條文。她看不起人的態度，又激起更大民憤。

葉太說得對的是，一般人真是很難看得通政府立法建議的文字，更難看得穿其中隱藏的陷阱。11月初，我和余若薇、李志喜等共十名法律界朋友，決定組成「23條關注組」[4]，撰寫小冊子，一冊一宗罪，用淺近的文字簡述政府的建議和我們看到的問題，向公眾派發，推廣公眾對法律的認識，並呼籲他們用小冊子裏提供的資料，向政府提意見。我們十個每人分寫一宗罪，而我和陸恭蕙（她雖然不是執業律師，但也是法律系畢業），則負責整個編輯、設計、印製的事務，每一冊都附上我撰寫的短文《基本法23條立法——為甚麼你要關心？》。十人分工合作，分擔費用，我們幸得一位很有設計天才的南亞裔香港居民Rana，為我們設計成精美悅目的小冊子，中英兼備。最好

4 「23條關注組」成員包括：資深大律師張健利、湯家驊、李志喜、余若薇及梁家傑，陳文敏教授及戴大為教授，Mark Daly律師、陸恭蕙女士及吳靄儀大律師。

笑的是我和陸恭蕙都是老寫手，注重文字簡潔，但那些資深大律師們卻注重精準，常常把我們刪掉的文字又塞回去，我們要苦勸一番才勉強省掉部分。無論如何，七色小冊子(我相信)的確發揮了作用，尤其是我們這些不習慣派傳單的人，要冒着寒風冷雨街頭派發，引發了不少途人的同情心，姑且拿來一看。記得有一次上一家飯店吃晚飯，夥計就十分歡迎我們，笑說他們就是葉劉看死不會看懂立法條文的企堂。又有一次坐的士，司機對我說，他不懂得法律，但他信任我們這批大律師，連我們都反對，政府一定有問題！令我啼笑皆非。

23條關注組印製的小冊子，一冊一罪。

意見書不斷湧至立法會，公眾辯論益發熾熱，從媒體、大專院校到街頭，又從街頭到議會，簽名運動、「一人一信」運動，撐政府的、反對立法的，旗鼓相當。政府官員也忙個不亦樂乎，不但葉劉，律政司的官員，特別是律政專員區義國，不斷出席法律界論壇，發表大量文章，還要周遊列國，游說政要，希望他們不會憂慮香港會失去自由。

運動的高潮是12月15日的抗議23條立法大遊行，有意想不到的六萬人上街。12月22日，左派機構不甘示弱，組織了堅持立法大集會，有四萬人參加。[5]

12月24日聖誕前夕，諮詢期屆滿，意見書仍是雪片般飛來。

5 12月23日《信報》報道，香港中文大學一項民意調查指若政府立法實施《基本法》第23條，會有一百萬人上街遊行。這個數字，當時似乎沒有得到注意。

—23條日誌—

國破山河在

立法會辯論23條立法，聽司徒華及何俊仁兩位民主黨議員發言，肅然起敬。華叔談的是過去中國內地政治運動對人民造成的災害，何俊仁談的是怎樣循推動人權的途徑尋求建立一個真正現代化的國家。帶出的信息，是為國必須以愛民為本，國家利益不能凌駕於人民之上。

使我想起少時愛李白的不羈，不耐煩杜甫的沉悶，但母親監督之下，竟然也背熟了兩首杜甫的五言詩。其一是《春望》：「國破山河在，城春草木深。感時花濺淚，恨別鳥驚心。烽火連三月，家書抵萬金。白頭搔更短，渾欲不勝簪。」

其二是《月夜》：「今夜鄜州月，閨中竟獨看。遙憐小兒女，未解憶長安。香霧雲鬟濕，清輝玉臂寒。何當倚虛幌，雙照淚痕乾。」

文字淺白，情意深厚。愛國詩人，為保國土不吝嗇一己生命，但時刻不忘的是人民的苦難、人民付出的沉重代價。杜甫、陸游、辛棄疾——我們自小熟悉的愛國詩人，反映的都是幾千年中國文化的人文精神，這也正是中國文學偉大之處。

我父母親年輕時逢戰亂，感受終身難忘，教女兒也選擇了這種詩詞。古代詩人沒有現代人權、自由的詞彙，然而詞意是一樣的：個人的生存權利、家庭團聚和追求幸福的權利。強調這種追求幸福的權利時，詩詞是不是「顛覆」？是不是「煽動」？這麼有力地描繪「爺孃妻子走相送」、「牽衣頓足攔道哭」，算不算倒國家的台？當夜辯論的不是誰愛國誰不愛國，而是愛國是忠於政府還是忠於人民。

2002年12月18日

無視真正民意的《匯編》

政府起初承諾了聆聽民意，在諮詢完結後，向立法會報告結果，但2003年1月28日，政府的公佈卻令人失望，只將收到的十多萬份意見書籠統分為「支持立法」、「反對立法」、「未能辨定」三大類，不作任何意見分析或歸納，也不提接受或不接受的理由，更不表示這些理由成立或不成立，一律來文照錄，釘裝成18大冊《意見匯編》，供人查閱，其中還錯漏百出，例如對政府每一項立法建議都提出了強烈批評的大律師公會意見書，竟被列為「未能辨定」；為求得出一個「絕大多數意見支持立法」的結論，不惜玩弄數字。[6] 如此諮詢，明顯侮辱了誠心誠意提出意見的市民及專業團體。

《匯編》的處理手法，引起了一羣學者的嚴重質疑，他們發表聲明譴責政府違反了民意調查統計方法的基本原則。23條關注組於是籌集資源，邀請這羣學者在完全不受干預的獨立情況下做出正確的報告。[7] 我們的資助，當然遠不夠支付他們的正常費用，但這羣學者決定不惜犧牲個人時間，將意見書按照專業方法重新分析，在2003年5月向立法會提交了題為《還民意一個公道》的報告書，[8] 得出與政府相反的結果。事實上民意非常分歧，以反對意見佔多，而反對者的意見，從質從量衡量，都明顯比支持者優勝。如果政府真的聆聽民意，其實就應止步三思，但政府心意早決，急於立法，已不顧一切，推出《匯編》的同時，就公佈很快便會向立法會提交正式草案，啟動立法程

6 見特區政府網頁：www.basiclaw23.gov.hk。

7 《匯編》研究組成員為：陳素娟（港大統計及精算系），蔡世增（港大專業進修學院），陳健民（中大社會系），趙維生（浸會社工系），馬嶽（科大社會科學部），郭婉鳳（研究統籌），鍾庭耀（義務祕書）及蘇鑰機（顧問）。

8 見香港大學民意網站：https://www.hkupop.hku.hk/chinese/columns/columns20.html。

—23條日誌—

藝人的氣節

青少年眼中去年十大新聞，以演藝界人物新聞佔最大比重，顯見演藝界影響力之大。但23條立法佔第三位，而藝人新聞並非純粹娛樂性質：劉嘉玲是勇敢面對過去；羅文是以熱愛生命奮鬥病魔；謝霆鋒事件重心是司法公正。年輕人並不淺薄。藝人天賦就是引人注目，以戲劇手法強烈突出人心世情，能更深地引起共鳴，在舞台上舞台下都有萬鈞之力。

假期中，讀報見演藝界對23條立法發表聲明，表達他們的深切關注。自由空氣一旦受到壓抑，《無間道》的題材還可以拍電影嗎？《金雞》仍不必擔心惹上麻煩嗎？文人藝人成為權勢的犧牲品，這種故事豈是陌生？其說通俗戲沒深度，自由社會的自由，不在於有稀世藝術價值的偉大作品能否免於禁毀，而是不管有沒有高深藝術意義，藝術創作都享有自由空間。

古今亂世之際，都有令人肅然起敬的藝人氣節的典範。無獨有偶，《桃花扇》劇看到柳敬亭的說書。明清社會，藝人地位低賤，職業無非是娛悅權貴，哪有作為？可是這位「柳麻子」別有見解。他說，權重勢大的人總是要藉歌舞鼓樂去炫耀排場，所以他們一羣樂工，一聽得僱用他們的大官原來是無恥的閹黨，馬上紛紛散去，好讓他冷冷清清，擺不出排場，掃興之極。

根據《桃花扇》說的就是青樓一名妓女也有氣節，倒是飽讀詩書的文人大官，道德界線含糊。昔日藝人的氣節，遺下可歌可泣的故事；今天的藝人重氣節的表現，卻能即時為無數年輕人作榜樣，這是值得欣慰的。

2003年1月7日

序，拒絕了各界對白紙草案的要求。預告立法內容，對諮詢文件的建議略有讓步，就算是聆聽了民意。

2月14日，《國家安全（立法條文）條例草案》正式刊憲；2月26日，草案提交立法會審議。政府無視強烈對立的民意未平，決定硬闖，並設下限期，預告在7月通過，埋下了50萬人上街抗議、葉劉淑儀下台、草案擱置，以至2005年董建華「腳痛」下台的伏筆。

審議這條法案的經歷獨特，令我畢生難忘。法案涉及大幅修改三項主要法例及無數相關條文，牽連廣泛，內容複雜，後果重大，但時間異常緊迫，期間本港還爆發了幾乎癱瘓全城的沙士疫症，[9]政府本應延期甚至暫時擱置立法程序，但董建華不但沒有這樣做，反而乘機加速。法案委員會3月6日舉行第一次會議，親中議員幾乎全數加入委員會，用人海戰術，選出了全無經驗、在這方面全無認識的葉國謙擔任主席，操縱議程，又頻密加開會議，不讓議員有時間審議官方提交的文件及向政府官員追查回應，催促議員完成審議。在短短三個月內，委員會共召開29次會議，審閱政府及立法會祕書處提交的文件117份，及公眾提交的意見書194份。[10]「保皇黨」議員不看文件，濫竽充數，只急於早日結束審議投票通過，完成任務。當時有消息稱，有直選議席，不能忽視民意的政黨如民建聯，擔心支持政府這項法案不利選情，所以堅持速戰速決，了結此事，讓

9 2003年2月底至3月初，「沙士」（非典型肺炎）疫症開始在香港爆發及迅速蔓延，死亡人數節節上升，恐懼感籠罩全城。3月12日，世界衛生組織宣佈香港為疫埠，至6月23日解除。

10 數字及內容全部可在立法會官方網頁查閱。事務委員會有關23條立法討論見：http://www.legco.gov.hk/yr02-03/english/ajls/general/ajls0203.htm#0203；法案委員會會議及文書見：http://www.legco.gov.hk/yr02-03/english/bc/bc55/general/bc55.htm#55。

—23條日誌—

孤軍作戰

審議23條立法，民主派抗議離場，剩了我不敢走掉，一個人一邊向政府官員提問，一邊對抗也不敢走掉的保皇黨家，竟然不知不覺度過了近四小時。後來，記者就笑問我「孤軍作戰」滋味如何。

孤軍作戰的滋味不好——這不是指民主派友好離場，我尊重他們抗議，我同意必須抗議，只不過我們的表達方式不同。我也不感到獨個兒，因為我提出的質疑，是很多比我高明的法律界專業人士的質疑。我只擔心自己有心無力，沒能把他們的見解有力地表達出來。

孤軍作戰是深感到這項《國家安全（立法條文）條例草案》水平實在太差，太不成熟，距離應有的立法要求太遠。假如這是白紙草案，還可設法改寫，但現時不但已是藍紙草案，還要在這種政府角力情況下霸道硬要通過，哪有改善的餘地？環顧四周，竟無一個為特區所立的法的素質着急的人，我縱使扯斷了短髮，殺紅了眼睛，又有甚麼生路？

愛國分子，原應着重顧全國家及特區的體面，不應容忍保障國家安全的法例是個三不像的怪物，將來讓人恥笑，但保皇黨視若無睹。律政司的行家原應最識分辨貨色，但竟然惟保安局馬首是瞻，變得言不由衷。草擬科更應是專業裏的專家，應本着專業精神，追求盡善盡美，聞過則喜，但交出這樣的作業，竟已躊躇滿志，做官的代價太沉重了。

孤軍作戰，深感悲哀，悲哀我能做的有限，香港失去的已經太多。

2003年4月28日

—23條日誌—

罵累了

蔡先生：

你的電郵收到了，令我十分感動。你那麼衷誠地對鍥而不捨，為法治努力的法律界人士表示敬意，但同時又為我們的努力一次又一次付諸流水深感不值，我實在感激你。有人明白我們的苦心，我們的努力就不會完全白費。

最令我感動的，是你形容小市民的沮喪。你說：「數月來的23條爭論，加上現在的SARS，我們每人也身心疲憊，對這政府所作所為和處事再三的失策，我們罵累了，現在我連氣憤的氣力也沒有……」於是，你勸我們：「算了吧，明知結局如何，何必再參與這場鬧劇的演出？」

老實說，我有時真的有一股衝動，站起來，走出會議廳，不再回頭。但是我的法律專業訓練不容許我這樣做；有時，即使在莊嚴的法庭上，我們也會遇到難堪的場面，但我們絕不能拂袖而行，令當事人沒有了代表。若再堅持下去就會對當事人不但無益反而有害，我們的守則容許我們在當事人同意之下退出；否則，我們就要不顧自己的心情利益，繼續盡力而為。

但有一點令我慚愧的是，最好的大律師是不動氣的，而我卻常常發怒，並且感到氣餒。我求教於我的老教授——他是我認識的最有智慧的人。我說，我不介意一次又一次的失敗，但是如何應付這身心的疲憊呢？他馬上回應，給我很大的安慰，其中一句是：不要後悔。

大律師與小市民同樣是人，人總會累的，累了休息一下，讓別人頂住一陣，互相諒解，不要後悔。我會在這小框框多寫些開心的事。

2003年5月5日

選民有時間在2003年11月底區議會選舉前淡忘。此說不無道理，但更實在的因素必然是特首董建華的過分自信，所以責任仍是在他身上。

英美之行：為法治奔走

我們早已預見，政府意在必行，議會內的反對聲音無論多麼有道理，也不會得到重視，我們處於少數，更無法阻止委員會主席結束審議，交立法會恢復二讀通過。因此，我們除了在法案委員會上力爭暴露草案的弊病之外，還須極力爭取社會輿論及國際間的注意及支持。

2002年底，李柱銘已經訪英與英國政府官員及國會議員痛陳23條立法利害；2003年2月15至20日，我到美國的耶魯、哥倫比亞及哈佛大學，及英國的劍橋和倫敦大學演講，冀當地的學界，特別是法律學者、師生和香港留學生關注和了解政府擬訂的立法內容，及對我們的人權法治的衝擊。重臨耶魯，適逢大風雪，主要講座正設在我1996年講述香港面臨主權轉易的挑戰的講堂。不言而喻，冒大風雪而來的當然都是有心人了，耶魯的香港及中國大陸留學生不算多，可幸相當活躍。多年後，竟在香港重逢，仍為香港努力，這是令我感到安慰之處。法律學者，關注香港的人權法治，自不待言，但學府不是烏托邦，當時中國正值步向開放，也有學者寄望能走入大陸，影響在法制方面的發展，因而寧願相信建立良好關係是更佳途徑。

相形之下，留英的香港學生一般對23條立法所知既少，亦不大關心，他們之中，有不少是高級公務員子女，用教育津貼海外留學，卻遠不如本地生甚至大陸生關注香港人權，令當地學生感到訝異，亦令我感慨良多。在劍橋的講座，有學生問我，香港有完善的司法獨立制度，是否不必擔心通過惡法？

亦有人問，雖然法案不妥，但如果政府已經決定，那麼反對有甚麼用？這些問題，反映了不少人的消極態度，我實在十分慶幸有機會改變這種思想，年輕人是香港前途的關鍵，這就是我選擇把時間花在這些曝光率不高的活動上的原因。

當日講座由我的劍橋法律導師主任 Dr. Christopher Forsyth 主持，在座的有行政法泰斗 Professor William Wade 及衡平法泰斗 Professor Gareth Jones，他們前來旁聽這名劍橋舊生的演講，並不是給我面子，而是認為這個發展值得法律學者留意。

當晚在耶穌學院晚飯，我有幸坐在 Professor Wade 旁邊，86歲老人家非常友善，提示我歐洲人權法庭新近有關於新聞自由及保密責任的判決。他認為，只要用心考慮，必能找到保護國家安全而無須損害人權的方針。我一直記着他的意見，可惜在強權至上的地區，智慧一直無用武之地。

吳靄儀有關23條的講座就在劍橋法律學院的 Squire Law Library 舉行。現代感強烈的玻璃建築彷彿在強調法律的「高透明度」對現代社會發展的重要。

6月初，李柱銘接受民主人權組織Freedom House邀請到訪美國游説當局，同行的有民主黨的涂謹申、人權監察羅沃啟、傳媒代表Jesse Wong、職工盟總幹事Elizabeth Tang和我。我照例對游説政要十分不熱衷，而且草案審議正值寸土必爭之際，亦不願離開，但眾人之中，以我最熟悉草案細節及法律問題，權衡輕重，還是決定隨行。我們的主要信息，是要求關注香港人權及一國兩制的國家，把握政府須考慮對草案作出甚麼修正的時機，提出他們的關注，令草案即使最終通過，現時最嚴重的損害也會先被剔除。

一如我所料，馬丁（李柱銘）的迫切游説遭到二、三線官員冷待，根本無意向上級呈報。其時美國忙着打伊拉克，白宮無暇顧及其他，只有對香港特別有感情的人員，及民主黨的參眾兩院議員禮待我們。到了6月4日，情況忽然有了轉機，德高望重，在共和黨有元老地位的參議員麥加恩（John McCain）要見馬丁。我們匆匆到訪，他倒履歡迎，給馬丁英雄式的對待，對亞洲人權倒退，昂山素姬又遭拘禁大表憤恨，問馬丁他可以怎樣幫香港忙，又問有甚麼人接見了我們，對於署理國務卿Armitage（亞米帝奇）無暇接見，大不以為然，説會親自打電話代我們約會。我們甫踏出他的辦公室，他的隨員便通知我們已經約妥。次日見Armitage，照例舌劍唇槍，他祭出外交部預備好的路線，説美國會發表聲明，若香港通過23條立法，美國會嚴密監察如何執行。這絕非我們所願，馬後炮有何用哉？又辯論一番，最後他似乎同意，但次日出來的聲明，根本就照舊。不管他是戲假還是情真，總之官員勝政客，因為外交的底牌永遠是利益，以外交部的短見，美國不值得為香港得罪北京。這點在出發前我已知道，原本隨團只是為了不讓馬丁一個受罪（結果馬丁一點不覺得受罪，覺得受罪的只是我），但事後反而覺得此行有必要，第一是海外有很多香港朋友為我們努力，我們不應令他們失望；第二是只有親力親為，現身説法才能感召到本來中立的人；第三，也就是最重要的一點，要令違背良心不利香港的人感到不好受。馬丁是好人，他不同意最後一點，我是惡人，我認為第一、二點是樂做之事，不必記着也會做，但第三點是責任，喜歡不喜歡做也要盡力而為！

相隔數月，英美之行的另一收穫是在倫敦和紐約認識了當地的律師和大律師公會主要人物，向他們詳細介紹了法案的內容，聽取他們的意見和經驗。當時正值反恐高潮，其實他們也面臨嚴重干擾傳統人權自由和司法公正的立法，他們的法律專業修養遠勝於我，對法治的信念不可動搖，他們都樂意隨時助香港一臂之力。

法律精英雲集　力陳立法之憂

6月10日，港大的學者團隊在立法會的司法和保安事務委員會一個聯席會議上，發表了《還給民意一個公道》調查報告，[11] 證明政府匆匆提草案立法並沒有民意基礎，嚴格學術分析需時，但在這個米快成炊的階段，仍十分有用。那個階段，主席葉國謙正在官員要求之下，盡快結束審議，以便政府能在7月將草案呈上立法會議程正式通過。我們則趁世衛已解除對香港的旅遊警示，廣邀各普通法制專家和學者到香港舉行研討會，同時也邀請律政司的官員出席發言，彼此辯論，讓香港人可以通過傳媒進一步認識爭議所在。當然我們也邀請了全體議員參加會議。

11　見注8。

會議在6月14至15日在港大法律學院舉行，主辦者為香港大律師公會、港大和城大法律系，議題為「國家安全及人權自由——法案是否已取得平衡？」，聚集了英、美、加拿大、東南亞各地專業學者發表意見，律政司律政專員區義國也親自出席，算是表示尊重同行。其中最廣受報道的，一是耶魯大學金融學系教授兼清華大學客座教授陳志武的發言，他指出香港經濟極其依賴法治和資訊自由，政府的23條立法摧毀這些條件，會令香港競爭力輸給上海、回落到新加坡、俄羅斯和內地改革開放中期的水平；二是90年代香港美國總商會主席、六四後在香港成立「對話基金」協助內地入獄異見人士的康原（John Kamm），他指出內地已經在取締「反革命」組織，取消反革命罪之後，改為以顛覆罪直接控告某組織成員，繼而取消其組織的注冊，惟無權以「危害國家安全」為理由禁制某個組織，本港23條立法的「禁制機制」，有可能反而促使內地立法加緊壓制人權，香港成為歷史罪人。[12]

波折與奇跡：擱置23條立法

這些有識之士的肺腑之言，本來十分值得議會和政府停一停，再想一想，但事實卻剛相反，草案委員會主席葉國謙，執意選定研討會之日舉行總結草案審議的步驟，趁民主派議員缺席，結束會議。卑鄙手法，違反議會基本規條。但到此，我們已經不感意外。隨之而來，是政府提出無關重要的修正案，也來不及開會討論，包括我和余若薇的議員修正案，根本上不了議程。6月25日，政府正式通知立法會草案在7月9日恢復二

12 會議的程序及發言稿全文見香港大學法律學院網頁，“Freedom and National Security — Has the Right Balance Been Struck?”：https://www.law.hku.hk/ccpl/Docs/June%202003%20Freedom%20and%20National%20Security.pdf。

讀。我深知，一切理性與堅持，都敵不過政府的專橫和議會的麻木大多數。我在6月20日給選民的通訊中已經說：除非有奇跡出現，否則條例草案會在7月9日的立法會會議通過。

但是，奇跡出現了。七一遊行改寫了歷史。7月5日，董建華召開記者會並登報公告三大讓步：取消警方可在沒有法庭搜令下入屋調查；設立「公眾利益」作為傳媒披露官方機密的抗辯；取消因從屬內地被禁制而被取締的禁制機制，但仍如期立法。7月7日早上，政府終於接受大勢已去，宣佈押後立法程序。香港人的自由暫時得到保存。但這個自由，是無千無萬的香港人及舉世關懷香港的人不計代價，努力換取的。我知道自由只是暫保，23條立法會俟機重來，我將檔案一份份編存藏好，到今日，為寫這段歷史重新取出，見以絲絲結繫當時所用草案，不禁百感交集，不能自已。

回想起來，香港人害怕23條立法，最大原因是中共歷史的陰影。胡菊人2003年1月的一篇文章問[13]：為何舉世都沒有民主國家的人民為國家安全立法而弄出這麼強大的反對行動，惟香港獨有？答案在於中共治國的慘痛歷史，無數無辜人民，在政治運動中被冠以反革命、顛覆、危害國家安全的罪名，慘受殘酷迫害。香港人害怕23條立法的目的，是訂立種種罪名，剝奪香港人已習慣享有的自由。

香港人從來沒有放下過恐懼，因為中國大陸從來沒有真正改變。特區政府為了堵塞法律界和人權分子以人權自由之名，反對立法建議，特別聘請英國人權法聲譽卓著的御用大律師彭力克（David Pannick QC）給法律意見，肯定諮詢文件的立法建議符合人權法的要求。然而，彭力克的意見書中屢次強調，

13 《明報》，2003年1月28日，〈港人對23條的反感〉。

—23條日誌—

立法會的夜晚

7月9日的晚上，立法會會議廳燈火通明，辯論未休。立法會大樓外，歷史性的群眾集會進入高潮，五萬人激昂的口號、響亮的歌聲傳入會議廳，令廳內的人心思漸漸飄到樓外去。

趁晚飯的時間，我悄悄地走上天台，下望人群。皇后像廣場已坐滿了人，居中對正立法會的一塊，法輪功信徒盤膝打坐靜默練功。遮打道已封閉，和平紀念碑與立法會之間是一片白衣人海，整齊地坐在地上，夜幕之下，熒光棒揮出萬點光芒。遮打花園是司儀台所在，隔着花木看不到人，其實也已坐滿。

我處身的立法會大樓天台一片幽暗沉寂，遙聞人聲，心中莫名感動，而感動之中也有一絲惆悵。此情此景，令我想起1997年6月30日與7月1日交替時刻剛過不久。我和二十多位不加入臨立會的民主派議員，回到這座大樓，除了護衛員之外杳無人煙，我們匆匆穿過走廊、通道，步出二樓露台，面向遮打道站在一起。我個子矮，他們推我站在前頭。

那時我也是下望擠滿遮打道的群眾，當時下雨，我心中百感交集。遙遙相對的是香港會所，燈光掩映，依稀有人群遠眺立法局這邊。

那是我平生第一次向群眾發言。當時我並不知道人叢中有日常相對的同事和朋友，我只知道我要向香港市民道別，同時承諾，只要立法會重新合法選舉，我必會再來。我向他們承諾竭盡所能，爭取在這一隅的中國土地建立民主、維護人權、自由、法治。今夜，群眾又再熱切前來，仍然要求民主。香港人還要等待多久才爭取到呢？

2003年7月16日

23條關注組成員戴着七色帽遊行，象徵對「七宗罪」的關注。

他的意見，是建基於特區政府將來引用所訂立的法例條文於任何個案的實況之際，都必先確保如此應用，是符合基本自由。[14] 但香港人恰恰是驚弓之鳥，害怕冠冕堂皇的文字，在掌權者手中會變成殺人的利器。文字愈含糊，上下其手的空間愈大，恐懼就愈大。更甚者，正因對特區及中央政府的信任程度是關鍵，在諮詢過程中，特區官員、中央大員和在港左派的態度及對反對聲音的手段，只加強了不信任，以至最終不可收拾。我不禁問，假若當年不是窮凶極惡的保安局官員走到最前，而是由溫文講理的律政人員主理，歷史會不會改寫？若然歷史改寫，當日通過了尊重人權自由的23條立法，今日的局面，會是較平和還是更凶險？要是今日23條立法又以專橫的姿態捲土重來，而昔時頑抗的力量已經消逝，香港有甚麼新力量能擋住風雨？

七色帽上貼着抗議口號的貼紙。

14　原文是：“I am satisfied that the contents of the proposals are consistent with human rights law. I emphasize that if and when the enacted provisions are applied, it will be essential to ensure that the application is consistent with fundamental freedoms on the facts of the individual case.”

—23條日誌—

收場

7月16日黃昏，短短數小時內，保安局局長葉劉淑儀及財政司司長梁錦松相繼宣佈辭職。

梁錦松2001年4月受董建華委任為財政司司長，意氣風發，穿中山裝在港大表演唸詩。不到三年，黃粱夢醒，竟無人為他歎息過一聲。

葉劉淑儀30載政務生涯，平生只有事業心，無限付出，但收穫也不算少。陳太一去，官場中就只見她鋒芒畢露，風頭之勁，一時無兩。到頭來只欠那麼一點點就能高潮謝幕，如今烏頭黑臉而去，到底有被她踢過一腳的舊上司情意懇切地為她說了好些唏噓傷感的話。

攻擊她好一段時日的傳媒，興致勃勃地又報道她收到的八個花籃、四盆蘭花，無數的激賞函件。擁護她的大有人在。新舊上司都感激她是好夥計，強悍能幹，不畏承擔，交足差事，老闆要甚麼就做到甚麼。下屬感激她是遮擋得住八方風雨的好上司，清楚果斷，身先士卒，斷不會扔下難題給別人，自己去風流快活。

但好夥計好上司不等於好官。我總期望公職人員勤政是為愛民，不是為了仕途得志。我個人不欣賞葉劉淑儀。我不能寬恕她在居留權上手腕狠辣，令無數家庭骨肉分離，在23條立法更毫不猶豫，將整個香港前途置於水深火熱之中。

我沒有陳日君主教的雅量。我聽到某人「惋惜」唸做「婉惜」，就執意叫人查字典，翻出「婉」是「順從、委曲」；「惋」，唸作「碗」，是惆悵，是抱憾。冥冥有天意，到底意難平。

2003年7月21日

—23條日誌—

失散的歷史

有一天，7月1日的照片都已發黃，而當日似火的驕陽也隨之而化為黯淡，在我的腦海那日的驚訝與失落仍會鮮麗如昨。

七一遊行原本不關我們的事，而我的工作是要在6月28日午夜「死線」前，把基本法23條關注組讓我和余若薇分別提出的修正案，按照立法程序的嚴謹格式擬訂好，做妥中英文文本，經法律顧問審核交還更正，然後正式呈交立法會秘書處。立法事大，即使根本沒有希望能通過的提案，也須一絲不苟，完全正確，因為若然通過，就是有約束力的法例。常人也得認真對待，何況法律界中人？假若出錯，則情何以堪？

大遊行是民間人權陣線等團體所籌組發動，可是關注組已公開表示支持，並呼籲民眾，當局既無法動之以理，惟有以行動施以最後壓力。盡一己之力，當在法律界發起組織，並歡迎友好同行，以資識別，於是訂製彩虹七色鴨舌帽現場派發，並特製貼紙，表明抗議粗暴立法。當時，疫症初過，天時暑熱，誰也不敢肯定會有十萬之眾上街。

而我早已下了決心，若當局強行通過法案，我就要惡法遺臭萬年，我要讓當局漠視的各界強烈反對的理由及如山的法律理據，永久存於立法會的正式議事紀錄之上，讓後世去評論。在我斗室的地上，一盒盒滿滿的文件已森然排列，我縱然不眠不休，也要抽取其精要，化為一篇又一篇的發言稿。我可以想見在空蕩蕩的會議廳上，將它們一字一句，讀入可以預見蛛網塵封的歷史檔案。

2003年7月22日

—23條日誌—

踏入歷史的長河

然後，歷史嫣然一笑，扭轉了乾坤。先是三三兩兩的聲音，在街頭、食店、商場，陌生人相視微笑：「七一維園見！」然後朋友、同事、家人愈來愈密商議相約：「你同誰去？」七一前夕，25萬人已不是不可能的數字。

於是關懷者與發起人奔走相告：「人數可能高出想像！注意秩序，與警方緊密聯繫！」《蘋果日報》天天刊出遊行指南，警惕參加者：若有人挑釁生事，切勿還口。到時維園中心部分的足球場已有團體租用了做慶祝回歸嘉年華，集合待發遊行人士會迫在一隅，而警方已宣佈：只點算從維園出發的參加人數。法律界預約在中央圖書館平台會合，可是預約在同一地點的團體愈來愈多。為免混亂，臨時加倍增派糾察隊。6月30日的黃昏，空氣充滿了繃緊的期待。

七一當天氣溫33度。午後一時，圖書館平台已擠滿了人。我們幾個人舉着了法律界的橫額，藉張文光的擴音器，呼喚法律界在高舉的余若薇那邊聚集。關注組的成員都齊集了，大律師公會主席到了，從未參加過遊行的律師會秘書長穆士賢竟然也到了。還有久違的臉孔：已調職他往的同業竟專程趕回來參加遊行；法律界的下一代有學生、孩子，都戴上了七色鴨舌帽，烈日下雙頰曬得通紅，耐心等候。

維園內的大隊出發了，我們仍須等待，直至警方和負責人達到協議，封閉了電車路，讓平台上的隊伍循此路出發加入大隊。持橫額的帶頭人於是拾級而下，黑壓壓的羣眾在我們的前面。

2003年7月23日

—23條日誌—

衆裏尋他千百度

人潮像水，我像游魚，努力穿插越前：我的團隊在哪裏？彩虹帽子在哪裏？渣甸街三岔路口，人擠人，張文光站在高台上呼籲大家忍耐。「張文光，你有看到法律界走過嗎？」但他沒有。廣闊的軒尼詩道滿是黑衣的遊行者；有人扛輓聯花圈，扮作送殯隊伍：「董建華下台！」電車上乘客揮手，在車窗展示標語。我越過這一隊。前面緩緩移動的是指揮車，傳聲筒喊出口號：「反對廿三！還政於民！」羣衆熱烈響應。我問道旁安靜視察的警員：「前面有多少人走過？」他們說，至少有好幾千人。行人天橋上站滿了羣衆跟遊行的人打氣：「給自己一點掌聲！」於是掌聲雷動。

我坐在灣仔路旁的欄河上，目光在人叢中搜索，但過盡千帆皆不是。行人道上，有店鋪把冷飲擺在門前售賣。有行人朝相反方向擠走，執意從維園出發。有人呼喚我的名字：「吳靄儀！你緣何坐在這裏？」我說我跟法律界失散了，等在此間。衆人大笑。有父母親攜孩子上前跟我拍照，有人拿貼紙過來叫我簽名。走過的人之中不時出現相熟的人和知名人士，但管他素昧平生，一下子都是同道中人。

金鐘在望，我奔上天橋，展目來路，一望無盡是滾滾人潮，我心感動：看！這麼優秀的人民！太古廣場的高級百貨商店沒有人流連，中環銀行區皇后大道上幾曾見過這麼聲勢浩大神采飛揚的訪客？誰能辜負他們而不汗顏？

時間才下午6時，我沒有轉上炮台徑，我的辦事處就在樓上。我轉身上樓，踏入清冷的空氣，汗污的白衣貼在身上。他們是歷史的榮耀，我甘為歷史的僕人。

2003年7月24日

今天回望：反對立法，我們做錯了嗎？

2016年8月30日，我應邀參加港大法律系一個回顧23條立法的座談會。舉辦者匯集多項資料及文獻，協助我們重溫，其中包括法律學者Carole Petersen敘述事情始末及主要爭議的報道。[15]這篇報道中肯簡潔，對議題有深刻了解，是我看過關於23條立法最好的敘述和評論。13年後，試從一個局外人的角度重看整件事，有助自己的反思。

概括而言，當年支持立法，無非是兩個理由：一是在《基本法》第23條之下，特區有立法的責任；二是全世界的國家都有保障國家安全的法例，不見得立法就會違反人權，而香港人的人權已受到《基本法》保障。至於為何在這些大原則之下香港

15 Carole Petersen, "Hong Kong's Spring of Discontent: The Rise and Fall of the National Security Bill in 2003" in Fu Hualing, Carole Petersen and Simon Young, *National Security and Fundamental Freedoms : Hong Kong's Article 23 Under Scrutiny* (HKU Press, 2005).

仍有這麼大的恐懼，支持者差不多一致歸咎不信任政府的「反對派」興風作浪。

的確，如果極力喚起市民注意是「興風作浪」，我們有份興風作浪；的確，如果我們不「興風作浪」，23條立法就大有機會順利通過。顯然，如果對政府建議的批評是正確的話，通過這樣的法例，是會令香港的人權自由更加危險，但也會有人問，這一場激烈反對有效嗎？即使有點用處，剔走了一些不妥的想法，但卻因而激化了中央和特區之間的矛盾，是否得不償失？如果我們改為以支持立法換取修改某些建議，會不會同樣奏效而避免付出代價？23條一天不實施，中央一天對特區不信任，2002–2003年提出立法，事後回顧，可能已是好的機會，之後客觀形勢惡化，尤其在雨傘運動、「港獨」冒起之後，更難想像特區政府能拿出一條更溫和的立法草案，亦難以想像中央會接受；而即使拿出溫和合理的草案，2016年換屆選舉之後的立法會，也難以想像不會更激烈地反對。那麼，當年反對，是不是反對錯了呢？

平情而論，政府提出諮詢文件之前，確實有聽取法律界意見。法律界最擔心政府以採納內地國家安全法的相關條文，立法通過成為香港法例，不是沿用普通法制的概念和立法方式，而律政司的建議，也是用修改現時已有的法例的方法來實施23條。大律師公會原先認為無須訂立新的「分裂國家」罪和「顛覆」罪，現有法例已足以做到，但政府不接納，仍認為訂立這些罪名較妥，這是出於政治考慮，本身無可厚非，適當與否，要看所立的法例的條文內容。律政官員在法律層面的用心，我們身為同業，自然看得出來，我甚至相信，任由他們草擬法例，應該不難做得更好。問題是律政司在23條立法上做不了主。梁愛詩自己也接納作主的是保安局，而保安局是從政治上考慮，聽命於中央。

在這件事上，法律要求與政治任務互相衝突，草擬出來的產品，不幸就成了一個「怪胎」：律政司堅持用普通法的草擬，修改原有的法例，相信遇到的一大困難，就是被原有條文的過時結構和措詞綁手綁腳。不放寬明顯不合現代人權法則的條文，一定會遭到反對，甚至被法庭否決；但過度放寬，又恐怕不合中央旨意。若要重頭草擬，讓條文順暢而又寬緊得宜，則不但雙方都不討好，而且根本不夠時間。草擬一條複雜的法例，須考慮周詳，反覆推敲，不是保安局要求的短短幾個月內可以按常規做到。不肯徇眾要求，先發表白紙草案作為諮詢的基礎，原因就是時間表，害怕夜長夢多。在整個諮詢過程中，負責草案的律政專員區義國無論多麼耐心解釋法理，也被葉劉淑儀專橫跋扈的負面政治信息蓋過。

民眾力量　不可忽視

我相信，即使我們能閉門商議，即使律政官員私下覺得我們的意見合理，若民間沒有重大的反對，他們也不會得到保安局同意接受意見。

「興」這個「風」，「作」這個「浪」，動員了多少人的多大精力，有興趣的話，其實有數可計，因為有兩個資料庫：一是立法會的文件檔案，可以翻查出席公聽會的人和團體的數目，和他們遞交了多少份書面意見；[16]一是學者專業分析的意見報告，顯示諮詢期內各種立場的簽名運動和一人一信，及呈交的意見書。兩者之外，還有不下三百七十多篇主要的公開發表及報刊上的聲明和評論。最後就是六萬羣眾上街。

這麼堪稱史無前例的動員，究竟換來了多少成果呢？沒有得到白紙草案，政府急不及待刊憲發佈《國家法》草案，連討論諮詢結果的步驟也省掉，但政府聲言已經聽取民意，會對原先的建議有所修改——這些可說是民意成果的修改，並沒有觸及核心，但亦不能說完全只屬裝飾門面。

為顯示政府的讓步有何不足，23條關注組發表了《藍紙草案有甚麼不好？》小冊子，其實我認為也不應小覷這次反對行動的最終效力。因為我們在接着下來，在審議草案的艱辛過程中，繼續一步一步，步步進迫，繼續邀請公眾陳述意見，每項條文都不放過，迫使政府提出修正案，修改草案。政府願意作的修正，直至最後，都不肯觸及核心，例如《明報》早在諮詢文件公佈之日已提出的三大憂慮，就完全沒有得到回應，直至2003年七一遊行之後，7月5日，行政長官才「降旨」修正，登報宣佈「三大讓步」，換取7月9日如期立法。這個最後讓步，正是解除最初的三大疑慮。

後來，因為田北俊辭去行政局職位，政府失去自由黨在立法會的六票，無法不押後立法程序。有些人認為，田北俊一人阻止了50萬人擋不住的23條立法，其實他只是「壓斷駱駝背的

16 見注10。

最後一根稻草」，沒有巨大的公眾力量，政府是不會讓步的，而田北俊的辭任，也不是突然而來的覺悟；政府7月5日的讓步，不是一次遊行突然得到，而是一擊又一擊，終於推倒高牆。[17]

有沒有最有利的方案？

可是，成功阻擋政府通過惡法，只是消極的成就。問題是，如果我們有選擇，與當局一起坐下來，商討合作，通過一條公眾可以信賴的法例，完善實施23條，一勞永逸，是否一個對香港更有利的做法？選擇反對，而只能全力反對，我們是否做錯了呢？

實情是，做得到，這的確會是最好，但可惜即使事後孔明，也很難看到怎可能做到。首先，一如上述，政府為了種種政治考慮，選擇以早已過時的殖民地法例為文本，在這個本子上作局部的增刪修改，根本一開始方向就錯了。刊憲的法案，就像一件為了節省布料而裁壞了的衣裳，是怎樣改也不能改成一件舒適得體的衣服的。即使特區成立以來，大局尚算穩定，但香港人對中央的信心仍十分脆弱，在香港經濟及文化關係密

17　一個有趣的例子是有關禁制組織條文的修正及最終取消。根據政府建議，在內地被明令取締的組織（英文文本是 “prohibited… as officially proclaimed by means of an open decree”），在香港的從屬組織也會被保安局局長取締。草案委員會指出，條文的英文文本不妥，因為內地當局的 “open decree” 不知是指甚麼法令，因為內地似乎沒有這個名稱。政府不得已在6月16日提出修正案，英文文本改為 “officially announced by means of an open proclamation”，中文文本不變。豈料早一天，在大律師公會及兩間大學的法律系合辦的研討會上，熟悉內地行政的前美國總商會主席康原（John Kamm）指出，大陸根本沒有機制「明令」禁制危害國家的組織，令政府十分狼狽。另方面，由於香港的組織多用公司注冊，取締這些組織是將其清盤，做法波及公司條例的法則，並無顧及股分持有人及債權人在現行法例之下受保障的權利。本港著名公司法專家 Winston Poon SC 大發雷霆，寫信斥責政府無知，政府迫得大幅修改，但愈改愈麻煩，我把有關文件交給代表商界的田北俊，問他政府有沒有諮詢過「業界」，他十分訝異，馬上炮轟政府。因此未到7月5日成命收回，有關條文已負創纍纍，結果撤銷也罷。

切的各國，對「一國兩制」仍抱着觀望態度。23條立法，除非以保障人權自由為先，真正體現「自行立法」，否則難望得到接受，但保安局局長過度自信，她主導的結果，自以為以國家安全為先，連串負面反應可以預料。

但以上的情形如何能避免？莫說特區政府為怕中央生疑，一早就不敢與法律界合作，就算真能互信合作，很快也會出現法律原則與政治綱領之間的基本衝突，最後拆夥收場。這是特區政府的悲哀，也是香港法律發展的不幸。

由是，若有一天特區政府重提23條立法，我也不會主張以上一回胎死腹中，修改又修改過的法案作為草稿，但上一回已爭取到的讓步，無論如何也不能走回頭。

一切還是值得

回想起來，當年傾力反對立法也不是完全消極的，因為在抗爭的過程中，我們體驗到香港的人權法治及一國兩制受到威脅，世界各方的法律同業、政府、議會、人權組織，都會熱切施以援手。23條立法的抗爭所凝聚的力量，及喚醒國際對香港關注，都是對香港未來的保障一個重要的得着。法案撤銷後，香港又回歸平靜，淡出國際舞台，但十一年之後，87枚催淚彈催生了雨傘運動，香港的危急與抗爭，又展現於世界眼前，而維護香港的力量又再湧現，這都是如果我們當年沒有極力反對23條立法，今天所不會看到的。

說到底，要是當年我們沒有堅持反對，政府成功通過《國家安全》條例草案，對後來的雨傘運動會有甚麼後果？無論細節如何，說得通還是濫用法律，那些純真的年輕人，就可能要面臨顛覆中央政府、分裂國家、煽動叛亂等重罪，及這些罪名的嚴重後果。更大可能，雨傘運動、佔領中環的「大殺傷力武器」構想根本不會發生，因為戴耀廷教授所建議和平靜坐佔領中環的「公民抗命」，所涉及的違法行為，只是「未有不反對通知書」而集會、阻街、公眾地方行為不檢一類輕微罪行，但假若通過了23條立法，召集數千上萬人集會，持續阻塞通道，意圖癱瘓香港的金融中心，旨在迫使中央改變或收回八三一政策方案，可能觸犯的就是顛覆、煽動叛亂的罪名，每一份發動人參加佔中運動的刊物，可能已是煽動性刊物，後果嚴重，沒有多少人能冒得起最高判處終身監禁的風險和代價，戴教授也沒可能呼籲青年人犯這等重罪。至於雨傘運動之中或之後，呼籲命運自決、鼓吹香港獨立，時刻招致分裂國家罪名。我們不能斷言法庭最終會如何裁決，但藉詞調查罪案，警方已可對抗爭者造成極大的損害，令絕大多數人噤若寒蟬。單是這一考慮，已足令我深信，當年值得出盡全力，阻擋立法。

附錄一：「七宗罪」一覽

我們審視23條立法，不但要堅持大原則，還須看清楚政府立法建議，因為「魔鬼在細節中」。「23條關注組」印發七色小冊子，一冊一宗罪，逐項簡述政府的立法建議，指出問題所在，呼籲公眾提高警覺。政府後來刊憲的條例草案只接納了極小部分的批評，保留了原來建議絕大部分的弊病，我們又再發行小冊子《藍紙草案有甚麼不好》，指出草案仍有大量不妥之處。現撮錄如下。

一、叛國罪

我們雖然同意應該立法禁止叛國行為，但政府的立法建議沒有清楚界定哪些是構成叛國的行為，市民無法得知甚麼時候會觸犯這宗大罪，例如：與外國人聯手發動戰爭即屬叛國，但「外國人」及「發動戰爭」定義廣闊，不限於向中國宣戰，不必涉及外國政府命令的軍裝武力。據此，支持外國機構要求對中國施加貿易封鎖，也可能在「發動戰爭」定義範圍；「強迫中國政府改變政策」、「恐嚇中國政府」的犯罪意圖過於空泛，整項罪名，漫無邊際，政府可任意施為。

此外，制定「隱匿叛國」罪懲處知道他人犯叛國罪而不舉報，但普通市民沒有舉報責任，強加刑責，原則上不能接受。同時，非中國籍公民沒有對中國效忠的本分，即使在中國大陸法律之下也不能犯叛國罪，香港立法，令其適用於非中國籍公民，實不合邏輯。

二、分裂國家

政府將「分裂國家」定義為：以發動戰爭、使用武力、威脅使用武力或其他嚴重非法手段，把中華人民共和國一部分從其主權分離出去；或抗拒中央人民政府對中國一部分行使主權的行為，但是條例對怎樣的行為才屬「抗拒」中央對香港（或台灣、西藏）行使主權，毫無準則，廣泛得可以包括1999年反對人大釋法或當下反對23條立法的抗爭行為，因此這不適合成為犯罪元素；怎樣才算將中國一部分（例如台灣）「分離出去」也難以想像，令人憂慮支持台獨、支持武力反抗武力統一台灣，都隨時構成協助、教唆「分裂國家」的罪名。

最重要的是，按政府建議，單純言論上威脅使用武力，即使實際上沒有可分裂國家的武力可供行使，已足夠構成罪名。政府所建議的「嚴重非法手段」包括：針對他人的嚴重暴力或對其產生的嚴重損害、對公眾的健康及安全造成嚴重危險、嚴重干擾電子系統或基要服務、設施或系統等等。甚麼損害、危險或干擾達到法律要求的「嚴重」程度，任由政府隨意判斷，令市民行使人權自由失去保障。

三、顛覆罪

政府說明訂立顛覆罪的目的，在於確保香港不會被利用為支援國內策動或針對內地的顛覆國家的活動基地。我們認為，以此目的訂立顛覆罪，令人感到恐慌，因為特區政府可以法例之名施加種種措施，限制發表評論、遊行示威、和平倡議中央改變政策制度等目前並不違法的行為。

「顛覆」罪的本質是以暴力推翻政府，應作清晰而狹窄的定義。然而政府立法建議的定義廣泛含糊，「脅迫中華人民共和國政府」、「推翻國家根本制度」等概念，香港法律前所未有，令人無法理解這項罪名。我們認為，要構成「顛覆」罪，必須證明法例禁止的作為，切實會對中央政府的穩定和安全構成即時危險，並須在立法條文中清楚訂明任何人行使憲制容許的方法，倡議改變中央或特區政府，都不得視為顛覆行為。

四、煽動叛亂

「煽動叛亂」罪直接限制言論自由，以言入罪，針對反對國家的言論，向來是鎮壓政治異己的工具，常見於殖民地法例。這個罪名現代社會不應保留，差不多所有普通法管轄區都已將它淘汰。

按照政府的建議，任何可能會煽動他人犯叛國、分裂國家或顛覆罪的刊物都是「煽動刊物」。任何人刊印、發佈、售賣、分發、展示或複製，輸入或輸出這些刊物，即屬觸犯「處理煽動刊物」罪，最高可判監禁7年。只是管有該等刊物，則屬「管有煽動刊物」罪。

我們認為，除了有關禁止煽動他人進行武裝叛亂的罪行外，所有煽動叛亂罪名，包括「管有」及「處理」煽動刊物，都應廢除。根據《約翰奈斯堡原則》，除非能證明發表有關言論意圖煽動他人即時製造暴亂，而該言論與該暴亂事件的發生有直接和即時的關係，否則有關言論不得受到處分。

五、竊取國家機密

1996年通過的《官方機密條例》已足夠保障國家機密有餘，但政府還要多加一項「未經授權和具損害性披露受保護資料」罪，及訂定「中央與特區之間關係」的資料為受保護資料；任何人（不限於公職人員），未經授權而具損害性地披露該等資料，即屬犯罪。

新增罪名直接打擊新聞及資訊自由。不但大大擴闊禁止披露資料的範圍，而且將保密責任擴闊至包括記者的普通市民，而不限於目前法例指明對特定類別資料有保密責任的公職人員。何謂「中央與特區關係」的資料，範圍太闊，沒有理由全須保密。同時條文亦沒有明文保障新聞自由，例如訂明從公開來源可得到的資料不受保護，揭露政府機關違法違憲行為的資料不受保護，及設立「公眾利益」抗辯。

六、禁制機制

政府建議賦權保安局局長取締從屬內地被中央機構根據內地法律，以危害國家安全為理由禁制的組織的香港組織。保安局局長還可以禁制與這些被禁制的組織有聯繫的香港組織。至於內地組織是否涉及危害國家安全，特區政府應依照中央決定，中央的決定為不可推翻的「最終證明」。若然不服保安局局長所施的禁制，有關事實方面，只可向行政長官委任的審裁處上訴；有關法律觀點，可向法庭上訴。

這是諮詢文件最危險的立法建議，禁制機制仿如一道橋樑，將內地法律及對「危害國家安全」的概念延伸至香港。禁制機制不是基於某個組織有非法目的或行為，而是基於「聯繫」，不符合法律原則。

這項建議超出23條範圍：第23條只提及規管外國政治性組織在香港的政治活動，及禁止香港政治組織與這些外國政治性組織建立聯繫。另外，這項建議給予保安局局長過大權力，同時削弱法庭保障市民自由的權力。整個建議應當撤銷。

七、調查權力

政府建議警方在調查有關23條罪行時，可以無須搜查令便可破門入屋搜查、取走證物、調查受疑人物的銀行戶口，及對被禁制的組織進行監控。我們認為這些明顯過大的警權，既無必要，亦引致公眾恐慌，失去私隱及人身自由的保障，完全不能接受。

《藍紙草案有甚麼不好》

政府刊憲的條例草案，保留了原來建議絕大部分的弊病，總括而言：

1. 草案中的禁制機制超出23條範圍，威脅結社及言論自由，損害市民訴諸法庭所得的公平程序；
2. 《官方機密條例》擴大刑責而不設「公眾利益」及「有關資料在公開渠道已可得到」的免責辯解，損害資訊自由；
3. 「煽動叛亂」罪危害言論自由；
4. 草案對叛國、顛覆、分裂國家等罪行及其元素的定義充滿含糊字眼，令法例易被濫用，市民難以得到保障；
5. 賦予總警司級或以上的警務人員授權下屬，毋須法庭頒予搜查令，便可破門入屋搜查和撿取財產，既不合理亦無必要。

附錄二：叛國罪的輪迴

特區政府以香港法例第200章的「叛逆」罪為藍本，草擬成23條立法的「叛國」罪條文，但叛逆罪其實是殖民地時代的法例，雖然納入1972年修訂的《刑事罪行條例》，但來歷更古，是照抄英倫1848年制訂的叛國罪行法例（Treason Felony Act）。英倫最古的刑事法例就是1351年通過的叛國法例（Treason Act），這條法例一直生效至今，1848年通過的法例，主要作用是將叛國罪歸類為 "felony" 的普通重罪，即有別於 "misdemeanour" 的罪行。"Felony" 這個類別，據説不是代表這類罪名特別嚴重，而是特別指刑至家產入官的一系列罪名。在此之前，「叛逆」"treason" 罪自成一類，與普通刑事罪行不同。1848年的法例取消了這個類別。1967年之後，"felony" 與 "misdeameanour" 分類也廢除，叛逆罪無論在審訊程序或刑判上，都與普通謀殺罪沒有分別。由是，論罪名的定義，英倫的叛逆或叛國罪（treason）實質上溯至14世紀，而香港1972年修例的叛逆罪照搬英倫維多利亞女皇時代的法例，又追溯到14世紀當初制定的法例。香港法例古舊若此，香港與英倫的法律淵源也深密若此。

一條君主制度之下的殖民地法例能否作為21世紀共和國特區的法律藍本，真是大有疑問。我們自問才疏學淺，於是要求英國同業就《國家安全》條例草案提供法律專業意見，當時時間緊迫，但英國大律師公會仍給了特區政府十分詳盡的意見書，逐一分析草案所擬的「七宗罪」，並提出建議。在叛國罪方面，公會首先陳述了叛國罪的背景與定義。公會認為英倫的叛國罪難以成為特區的藍本，一個基本原因，是英倫的叛國法，從文字上已經可見，着重的是君主的人身以及皇家血統，引申到受君主所委派代為執法的僕人。英國國會在1351年通過叛國法例，將過往紛紜判例清理，制定下述行為屬叛國，原文的用字照當時古義理解：

"… when a man doth compass or imagine the death of our lord the King or of our lady his Queen, or of their eldest son and heir; or if a man doth violate the King's companion, or the King's eldest daughter unmarried or the wife of the King's son and heir …"

"compass"、"imagine" 是古字用語，等如現代語 "contrive"，"intend"，即是有意策劃；圖謀弒君或殺害其皇后、其長子及繼承人，屬叛國；侵犯英皇的伴侶配偶、侵犯英皇的未嫁長女，或長子妃，屬叛國。(「侵犯」指發生性行為，若強姦，則強姦者犯叛國罪，若通姦，則兩人皆犯叛國罪。亨利八世就是以皇后安妮·布連與人通姦治罪叛國處死。)

此外，發動戰爭反叛英皇、協助、支援反英皇的敵軍，屬叛國；殺害英皇的司法大臣、司庫、或於執行職務之際的各級法官，等同對英皇叛逆，屬叛國。可見叛國罪其實是形形式式的違反對君主本人的效忠。

1795年訂立的叛國法例，制定圖謀「脅迫」君主人身 ("to devise constraint of the person of our sovereign")，屬叛國；推翻國家法律 (即英皇所定的法律)、政府及憲制，屬叛國。

1848年，英女皇不但是聯合王國的君主，還是大英帝國的女皇，叛國罪行法例反映了這個事實，但無改1351年法例的實質內容，尤其值得注意的是條文用字，隨着大英帝國擴散到包括香港的各個屬土。叛國罪定義為：

"… compass, imagine, invent, devise or intend to deprive or depose … the Queen … from <u>the style, honour, or royal name</u> of the imperial <u>crown of the United Kingdom</u>, or of any other of Her Majesty's <u>dominions and countries</u>, or to levy war against Her Majesty … in order by force or <u>constraint</u> to <u>compel</u> Her … to change Her … measures or counsels, or in order to put any force or constraint upon, or in order to intimidate or overawe both houses or either house of parliament, or to move or stir any foreigner with force to invade the United Kingdom."

這就是香港法例叛逆罪的出處，原文照抄，加線那些用字，在1972年早已不是流通的意義，1997年前急就章翻成中文文本，更加令人如墮五里霧中：

「……任何人有下述行為，即屬叛逆：(a) 殺死或傷害女皇陛下，或導致女皇陛下身體受傷害，或禁錮女皇陛下，或限制女皇陛下的活動……(注：這幾句譯得糟糕極了，根本譯錯)……(c) 向女皇陛下發動戰爭……(i) 意圖廢除女皇陛下作為聯合皇國或女皇陛下其他領土的君皇稱號，榮譽及皇室名稱；或 (ii) 旨在以武力或強制手段強迫女皇陛下改變其措施或意見，或旨在向國會或任何英國屬土的立法機關施加武力或強制力，或向其作出恐嚇或威嚇……」

在1972年的香港，「發動戰爭……強迫女皇陛下改變其措施或意見」，已是匪夷所思(而 "measures and counsels" 亦不是現代英語字面的意義)，不但要求女皇陛下改變措施或意見，委實毋須發動戰爭，而且女皇早就沒有實權，政策和措施，是政府的事，向政府施壓，怎會涉及發動戰爭？港英政府沒有動用過這項條文，香港似乎也沒有人提出討論，直至1990年後要面對23條立法。英國大律師公會的意見書指出，將以君主人身為焦點的叛逆法例改用到特區23條立法行不通，將英女皇換上「中央人民政府」更行不通，因為會令條文變得無法確定意義。23條立法的法案條文這樣說：

懷有 (i) 推翻中央人民政府；(ii) 恐嚇中央人民政府；或 (iii) 脅迫中央人民政府改變其政策或措施……的意圖而加入與中華人民共和國交戰的外來武裝部隊或作為其一分子，即屬叛國。

女皇畢竟是個自然人，強迫女皇改變她的措施可以想像得到；但「中央人民政府」不是自然人，甚至不是一個機構，而可能是包含了大大小小部門及職能的一個統稱，那麼如何能「恐嚇」或「脅迫」中央人民政府呢?公會指出，1848年法例提述的「恐嚇」上下議院，歷史上是可以想像到的，至少上議院或下議院是個看得到的羣體，有可確定的成員，「中央人民政府」卻是捉不到、摸不到的非實體。那麼，恐嚇、脅迫一名高級中央官員，是否已足夠構成恐嚇中央呢？（放在今時今日，恐嚇、脅迫代表中央政府的特首，是否等同脅迫中央？）這樣的「法例」太不清不楚，無法事先辨別，按照普通法或人權法的原則，都不能稱為「法律」。

但我們不能視之為一堆廢話而不理。1848年叛國罪行法例有超過150年沒有引用過，市民或可視為過時甚至名存實亡，但如果通過了23條立法的叛國罪，我們就不能不理了。

英國大律師公會相信，若英國當局拿1848法例去檢控人叛國罪，相信大有可能會受到挑戰，因為上述那些加線的字眼，全部都會因為定義太闊太模糊而過不了人權法一關。所以，公會認為，若英國要重修叛國法例以符合21世紀的要求，草擬出的法例一定與過去的法例有極大差異。

其實，公會的意見書對「七宗罪」都提出了精闢細緻而中肯的意見，還分享了英倫在實施相關法律的經驗，例如關於「分裂國家」，草擬條文的定義就有法學問題，同時亦沒有明確承認國際人權公約之下的自決權，而藉和平方式提出分離要求是合法行使這項權利。任何「分裂國家」罪，必須包含使用暴力，那麼罪行只須針對暴力便可。英國幾十年來面對IRA及其他組織以暴力爭取愛爾蘭獨立，目標可說是用恐怖主義手段迫使國會准許北愛爾蘭從聯合王國分離出去。英政府一貫是以各項針對暴力罪行檢控，例如謀殺、串謀及恐怖主義等罪行，從來無人認為有需要訂立「分裂國家」罪，因為增多一項罪名，不見得會帶來甚麼好處。

公會的寶貴意見和資料，並未得到政府重視，事實上除了我們幾個醉心法義的人之外，當時的議員也沒空研究，而且7月1日之後，已經傷痕纍纍的23條立法終告不治，更加無人有興趣研究死因，但這些意見不應遭到遺忘，而應存於檔案，以為後事之師。

整件事過後，還有一段插曲值得記載。當時英國大律師公會的意見書，在指出150年來1848年的法例沒有動用過之處，加了一個注腳，提及英國《衞報》有意挑戰該項法例有關藉刊登文章意圖廢除英皇帝位的條文，官司打到上議院，但意見書遞交之日仍未有判決。我重溫此段，就順手把這宗案例翻查出來，案件名 R（Rusbridger and another）v Attorney General，載於[2004] 1 AC 357頁。這宗判決，要帶點英式幽默才能領略到那些上議院法庭學識淵博的大法官的話中有話。

話說1848法例說明，以發行刊物圖謀廢除女皇皇位，屬叛國。《衞報》有意發表文章，鼓吹英國廢除君主制度，改立共和國政府，問教於律政司是否犯法，他會否檢控。律政司不置可否。2000年12月，《衞報》果然發表該等文章，然後再問律政司會否公開表態不檢控。律政司既不表態亦不檢控。《衞報》於是入稟申請司法宣告，宣告律政司拒絕表態是違法。申請人 Rusbridger 是總編輯，Toynbee 是主筆。原訟庭駁回，上訴庭批准，雙方上訴至上議院。上議院判律政司得直，《衞報》敗訴，但毋須付對方訟費。大老爺曰，同意上訴庭認為事涉公眾利益，應予准許提司法覆核；但同時拒絕將申請發還原訟庭審理，因為1848法例，在當下民主社會，顯然不能理解為以刑法禁制言論自由，若公眾不能自由討論應行哪種政治制度，那麼基本法治原則焉存？一言蔽之，不應浪費法庭時間，駁回！

但願香港有這樣的福氣。

音量
Volume
選台
Channel
吳靄儀
Floor
Chinese
出席
Present
贊成
Yes

第五章

采采榮木 於茲托根

民主於香港·土地與公民

2004–2010

「采采」，形容草木茂盛之狀態，讓人一見便知其根扎得深且遠。同樣單看香港繁榮的景象，外人便可知民心之為根應該扎得同樣深遠。近年香港人對民主的熱烈訴求便是市民對這個土生土長的彈丸之地所表現的歸屬感。當看到保衞菜園村反高鐵撥款的人士以26步一跪拜的苦行方式請願，我們便見到民心對土地和家園的依戀。如果這樣虔敬的呼求也給演繹為戕害繁榮安定的噪音，相信這城市的繁榮也難以持久。陶淵明詩〈榮木〉所記的乃是從「結根於茲」到「於茲托根」的心理過渡；倘香港要保持「采采」的局面，便得以民主吸引「結根」，讓民心隨安居而「托根」。

公民黨成立歷程

2003年		社會上響起反對23條立法的聲音，50萬人參與「七一大遊行」，之後「23條關注組」變身為「45條關注組」，爭取普選行政長官。
	11月	民主派於區議會選舉中大勝。
2004年	1月7日	董建華成立專責小組就政制改革諮詢公眾。
	4月6日	人大常委會突然自動「解釋」《基本法》附件一和附件二，將啟動政改的主動權收歸中央。
	4月26日	人大常委會宣佈《決定》，否決了特區在2007/2008年實施雙普選。
	4月27日	「45條關注組」以小冊子方式發表第3號意見書，指人大常委會的《決定》欠缺憲法基礎。
	9月12日	立法會選舉創下56%投票率的歷史新高，關注組的梁家傑、余若薇、湯家驊和吳靄儀「四大狀」均順利當選。
	9月30日	董建華邀請「四大狀」隨團到北京參觀建國55週年慶典。
	10月19日	政府發表政改建議，沒有回應社會上對07/08雙普選的訴求，只將選委人數增至1,600人，同時將提名門檻提高至200人。至於立法會選舉則是地區直選加五席，功能組別同時加五席，並由委任區議員互選產生。
2005年	3月12日	董建華突然辭任行政長官。
	6月21日	曾蔭權獲中央委任為特首。9月18日 吳靄儀隨立法會西九小組委員會考察團到西班牙畢爾包考察，之後提交報告，為「工務小組委員會」提供參考資料。
	10月7日	「45條關注組」出版《A45》報創刊號。
2006年	3月15日	一羣學者和法律界人士組成「公民黨」。
	8月2日	立法會開始辯論《竊聽》條例草案，一直辯論到8月6日凌晨2時。

2007年		民主派132人爭得選委資格，集中提名梁家傑參選特首，讓曾蔭權不能自動當選之餘，還迫得曾必須參加公開的電視辯論。
2010年		公民黨夥拍社民連推行「五區公投」，爭取「取消功能組別」。

反高鐵撥款事件

2008年	5月8日	公民黨議員反對黃定光動議落實於高鐵採用「一地兩檢」通關模式，並促使政府承認要先解決法律問題才可以進行「一地兩檢」。
	7月	立法會通過成立西九管理局的法例。
	9月	公民黨在立法會選舉中失利，引發黨內連串檢討。
2009年	12月	政府突然向立法會財委會提交文件，要求撥款669億元，興建由深圳接駁到西九26公里長的高速鐵路。
	12月18日	立法會財委會審議高鐵撥款，之前一天80後青年繞立法會大樓以每26步一跪拜的苦行模式請願，要求保留菜園村。
2010年	1月16日	立法會財委會通過高鐵撥款，令在大樓外抗議的羣眾憤怒。投贊成票的議員一度不敢步出大樓。

緒論：政黨與民主

戰後香港，很多人是自大陸逃難而來，我父母的一代，痛恨而害怕共產黨，談「黨」色變，啟蒙的老師，愛國而惡黨，我們從小就意識到政治、政黨這些話題是禁忌，殖民地教育，更樂得略過這一切。六七暴動，是我這一代初次直接面對共產黨的威脅，令我們意識到香港這個避難所的可貴，珍惜文化承傳，令我們更厭惡政治，對「黨」有戒心。

中英談判驟然改變一切。關注香港前途，人人有責。塵埃落定，主權移交，新的政治架構既有普選，就無可避免要藉政黨推行。有志參政的新一代香港人，紛紛考慮組織政黨、參加政黨，期望以政黨推動香港民主，建立特區的民主架構。1990年，多個爭取民主的團體首先結成聯盟，成立了「香港民主同盟」(港同盟)；1992年，親中政黨「民主建港聯盟」(民建聯)成立；1993年，代表工商、專業、中產利益的自由黨成立。此外還有多個規模較小的政黨或政團，各為爭奪議席招募黨員。

但是，30年後，追求民主的香港似乎期望落空，2014年，雨傘運動終結，新世代對當前政黨幻滅，不但譴責民主黨派走錯方向，浪費了幾十年光陰，更全盤否定政黨領導民主運動的模式，要民主運動重新出發。

在現時的形勢下，政黨是否已走到盡頭？過去了的30年，有沒有給予我們任何啟示？

回想上世紀中英談判的80年代，港府和北京都有意鼓勵香港人為參與建立未來的政治架構組織政黨，但港府和北京的期望和目標南轅北轍。北京和香港左派原先最希望香港以工商、專業為主的中產和精英分子自發組黨，統領特區，他們相信這些精英會走保守路線，但屢次嘗試都無法說服工商界精英組黨，反而在推動以基層為主要對象的民建聯取得成功。[1] 另一面，港府最急切要看到的是爭取民主選舉的政黨，避免九七後權力真空，以致特區實際為北京所操控。是以衞奕信和彭定康兩任港督，都給予民主黨很大鼓勵，這亦切合香港社會的普遍要求，令民主黨在九七前取得良好發展，奠下了穩固的基礎。1995年立法局選舉，民主黨取得最多議席，彭定康甚至邀請黨魁李柱銘入行政局，但礙於集體負責制之下的保密條件，李柱銘終沒答應。

九七後形勢扭轉，特區政府修改法例，改變了立法會選舉的遊戲規則，民主黨舉步維艱，民建聯則得天獨厚，迅速發展。

2003年反23條立法，令50萬人參與「七一大遊行」，2004年民主黨再接再厲，重振民主呼聲。回應市民期望，2006年3月，一羣學者和法律界人士組成了公民黨。公民黨與民主黨同一陣線，兩者之間的一大分別，是民主黨背負「民主回歸」的民族使命，公民黨則是由香港特區《基本法》作起點建立法治民主。因此在若干議題上，兩黨時有不同取向，其中最顯著的例子是2010年的「五區公投」及其後的政改方案取態。[2]

民主黨和公民黨另一共同點是堅守和平理性、守規矩的方式表達意見。在這方面有別於在2006年成立，主張激烈路線的社會民主連線（社民連）。2008年10月15日，社民連的議員黃毓民向宣讀施政報告的特首曾蔭權扔蕉（只是一隻玩具香蕉），揭開了議會內激烈抗爭的序幕。當時得到不少選民熱烈贊同，反映民心對現況有多不滿。

1 直至2004年，民建聯與港進聯合併，有意識地擺脱基層及左派工會形象。

2 見本章頁206–208。

但無論以民族大義為中心的民主回歸還是以香港法治為本位的憲制民主，以和平講理守規矩的方法還是以出軌言行的方法抗爭，事實上自1998年至2004年數屆，泛民都無法在落實普選上取得寸進。箇中原因，固然包括制度上的不公平和政府刻意打壓，但民主黨派本身的缺陷和議員的個人表現未如理想，也是不容置疑的重要因素。雨傘運動新世代的譴責雖然不完全中肯，忽略了前人的努力及取得的成果，回顧歷史，事例俱在，但不能否認的是泛民沒有達到使命。自1990年至2014年，民主派政黨至今發展有限，最大的民主黨至今人數不過千。只有得到中央培植的民建聯發展可觀；自2004年與港進聯合併，漸成功轉型為中產專業建制，擺脫了基層形象，至今（2017年）黨員達三萬多人。

雨傘運動之中，學生全盤否決政黨，部分是反映不信任精英領袖和政黨的世界潮流。他們的理念是，如果每個人都是平等自決，那麼就沒有人有權擔任領袖，沒有人有資格代別人作出決定，政黨和政府一樣是不可接受的威權，不但坐在會議廳的泛民要下台，即使學聯、學民的代表也不應霸佔佔領區的大台，站在台上代表佔領者發言，根本就應把大台拆掉。這個說法聽似很合邏輯，但用諸於實際行動上卻釀成災難性的失敗，運動也因而付出了沉重的代價。

顯然，傳統政黨，起碼政黨的傳統思維與運作方式必須改變，而同時，雨傘運動倡議的自決理念，從下而上決策的想法也要具體化。從2016年的立法會選舉可見，兩方面的變革仍未具雛形。傳統政黨只做到了交棒給年輕一代，及在黨綱中加強了本土元素，但遠遠未至脫胎換骨。雨傘運動批評議會已不能運作（dysfunctional），但傘兵仍然只有選擇參選一途，並且成立與政黨實質上並無分別的組織參政。在行動模式方面，部分新議員延續激烈抗爭的行為，只是變本加厲；部分議員選擇更認真投入審議工作，以期發揮更大力量維護市民的權利；兩者都未見突破。反觀政府和議會內的建制派，卻不斷加強各方面的打壓手段，藉人大釋法及司法程序取消反叛議員的議員資格；以更強硬粗暴的「剪布」攔截議會內的辯論。

那麼，雨傘運動有沒有帶來新的發展理念和路向？我深信是有的，雖然至今仍未得到完整的論述。[3] 尋找新路向，第一步要做的是了解和檢討過去在議會內推動民主運動的成就與缺失。

從關注組到公民黨

我缺乏黨性，厭惡權位，18年議會生涯之中，最懷念的是關注組的日子。我們都是唸法律的人，相信民主人權法治，彼此尊重，合作愉快。《基本法》23條關注組是應急的產物，在七一大遊行之後，爭取早日實施民主普選顯然是當務之急，因為只有民主制度能保障法治。我們於是變身為「45條關注組」，先推動《基本法》第45條承諾的行政長官普選。由於當時公眾對於相關的普選法律感到有些疑惑，例如《基本法》是否許可在2007年有普選，而澄清法律正是關注組的本行。所以關注組決定繼續以小冊子的形式發表法律意見。我們的設計師 Rana 特別為關注組設計了一個新的標誌，將「45」這個數目字，繪成左看像個戴着牛角戰盔張口吶喊的鬥士，右看又像彎腿振臂起舞的人形。我有一隻印着這個標誌的杯子，至今珍藏。

3 例如「傘落社區，深耕細作」、「從下而上決策」的概念，用新的「社區自決」眼光重新注視區議會等等，都很值得嘗試化為具體方法，在2015年七一遊行成立的《社區公民約章》就是以此為目標。

2003年11月14日，關注組發表了第1號意見書，以問答形式，首先解答了在法律上，最早在2007年開始的一屆就可以普選行政長官，毋須修改《基本法》或附件一，只須按照附件一第7條的程序，修改《行政長官選舉條例》，需時多久則要看社會能否達致共識。我們還建議，若要以最少的改動達到45條之下的普選，一個方法會是將選舉委員會變成提名委員會，獲得百分之五的合資格人士提名即為候選人，由全港市民投票選出。

《基本法》四十五條關注組
第3號意見書
ARTICLE 45
Concern Group
Opinion No. 3

關於二〇〇四年四月六日
全國人民代表大會常務委員會對
《基本法》附件一及附件二作出的
《解釋》及二〇〇四年四月十五日
行政長官向人大常委會
提出的報告的若干憲制問題

On the Interpretation of the Standing Committee of the National People's Congress on Annex I and Annex II of the Basic Law of 6 April 2004 and on the Chief Executive's Report to the Standing Committee of 15 April 2004

附錄：
《基本法》四十五條關注組回應人大常委會在
二〇〇四年四月二十六日宣布的《決定》的聲明

Postscript:
Statement of the Article 45 Concern Group on the "Decision" of the Standing Committee of 26 April 2004

二〇〇四年四月　April 2004

在2003年11月的區議會選舉中，民主派大勝，北京擔心民主派在隨後的立法會選舉會取得過半數議席，其實在現制的選舉辦法之下，這幾乎是沒有可能的。12月15日，北京「四大護法」蕭蔚雲等法律專家訪港，公開講座，意在給熾熱的民主訴求潑潑冷水，本地少不了附和者，獨關注組成員湯家驊本着大律師行業的精神，無懼挑戰，挑燈夜讀，惡補中國憲法，在論壇上有力地維護了實施香港民主普選的理據。

2004年1月7日，董建華宣佈成立專責小組就政制改革諮詢公眾，由政務司司長曾蔭權統領，故意以法律問題為名，拖慢政改。2月，關注組發表了第2號意見書《邁向共識》，直接回應了政府提出的立法程序的五個問題，其實這些法律問題我們已在第1號意見書解答了。這次，我們強調，社會已有共識，政制改革「循序漸進」，但必須有實際的「進」。我們提醒政府，修改特首及立法會產生辦法的程序，已清楚列明於附件一和附件二，沒有任何法律問題可大做文章。程序是為推行修改而不是為阻撓修改而設的，不可本末倒置。

令人遺憾的是，為了制止普選來得太早，人大常委會突然在4月6日自動「解釋」《基本法》附件一和附件二，增設新關卡，將啟動政改的主動權收歸中央，實質改變了《基本法》已頒佈的修改特首和立法會產生辦法的程序。在啟動兩個附件訂明的「三部曲」之前，先要特首要求人大常委會「確定」特區是否有需要修改產生特首或立法會的選舉辦法，要得到常委會「確定」有需要，特區才可啟動原來的三部曲程序。4月15日，特首順從新規定，呈交報告請示中央。其實這不但不符合《基本法》原文，而且完全不合情理，最有資格檢討特區的實際情況，決定有沒有需要改變選舉辦法的，顯然是特區而不是遠在北京的人大常委會，《解釋》的真正作用，其實是不管實際情況如何，中央說不許改就不許！

4月21日，關注組發表了第3號意見書，指出常委會的《解釋》的錯誤，我們來不及釘裝成小冊子，就先以文書形式發表，並直接呈交在深圳舉行會議的中央官員。

4月26日，人大常委會宣佈它的《決定》，一面在法律上承認特首產生辦法最早在2007年便可修改，但同時否決了特區在2007 / 2008實施普選。

4月27日，關注組發表聲明，指出常委會的《決定》越權及缺乏憲法根據，隨後我們將第3號意見書連同聲明，以小冊子形式，中英雙語刊行派發。

這部小冊子由張健利執筆英文起草，我撰寫中文文本，由關注組成員通過，今日重看，不但沒有過時，反而證明經得起歷史的考驗。我們指出《解釋》涵蓋的範圍已超出了《基本法》訂立的架構的規限，令其合憲性成疑。雖然在《中國憲法》第67條之下，人大常委會享有的解釋權包括解釋、補充甚至修改法律，但該項權力的運用必須真正符合《基本法》所訂立的憲制架構，常委會對《基本法》所行使的解釋權不包括補充或修改法律——因為修改《基本法》，權在全國人大。[4] 我們認為，增設特首請示、常委會「確定」的步驟，是補充立法，是修改了《基本法》。人大常委會「不應以《解釋》為工具，將《基本法》所無的束縛加諸香港特區，以剝奪《中英聯合聲明》承諾、《基本法》賦予、實為高度自治一部分的決定權，亦不應藉《解釋》，綿綿不絕衍生一套又一套以法律為名的政治束縛」。我們忠告當局，「把《基本法》當作一般中國法律看待，就是漠視藉《中國憲法》第31條所訂立的『一國兩制』的基本原則」。

關注組指出，4月26日的《決定》沒有憲法依據，甚至超出4月26日的《解釋》的範圍，是赤裸裸的運用權力，窒礙香港的民主發展，違背訂立《基本法》的承諾。關注組的小冊子是重要的檔案，4月22日，立法會辯論釋法，我就在發言中將關注組的意見書盡量讀入會議紀錄，永為官方檔案。2014年雨傘運動時，政府高官與學聯代表「對話」，港大學生梁麗幗指出人大常委會八三一《決定》指定2017政改方案越俎代庖，是違反《基本法》的行為。律政司司長袁國強反駁說2004年4月26日的《決

4 《基本法》第159條訂明：「本法的修改權屬於全國人民代表大會。」又訂明：「本法的任何修改，均不得同中華人民共和國對香港的基本方針政策相抵觸。」對港基本方針，載於《中英聯合聲明》，是聯合聲明的一部分。

定》已有先例，當時無人說是違憲。我翌日就將關注組的小冊子送交司長，叫他更正。當年我們隆重其事，廣為宣揚，紀錄在案，就是預料到有一天會有人企圖混淆視聽。

在4月27日的聲明之中，關注組表示遺憾和失望之餘，更呼籲香港市民在9月的立法會選舉，顯示追求民主的決心，投票選出真心推動民主的立法會議員。關注組的湯家驊和梁家傑應市民呼籲，慨然與我和余若薇一同參選。2004年9月12日的立法會選舉，果然創下了近56%投票率的歷史新高，共1,784,131人投了票，關注組四名候選人全部當選，傳媒合稱我們為「四大狀」。[5] 我們期望以一貫的專業精神和講理方法，監察政府，說服政府推動民主。

補回一筆，政府的專責小組在3月發表了一個報告，算是展開政改工作，但只具形式，泛談方案，根本沒有檢討現制和分析民意的內容。關注組在6月29日回應以《非專責小組報告》，指出若不先以檢討現行政制的缺失弊病作起點，空談方

5 「大狀」是大律師的俗稱。

案，必然搔不着癢處，只會浪費光陰。我們就仔細分析了現制的主要問題，及對政改的目標提出意見，要政府正視，如果行政當局不決心主動與立法會合作，期望立法會會取得積極成果是不切實際的。現行制度形成僵局，令政府及立法會陷於癱瘓，這個死結不解開就無法釋放出振興香港的能量。不幸忠言逆耳，政府根本無意真正改革。

立法會選舉之後，政府似乎有意修好，9月30日，董建華邀請我們四人參加他率領的「社會各界人士」觀禮團到北京參觀建國55週年慶典，禮貌十足，我們也報之以禮，但應酬、面子，不能替代意見的誠意交流。10月19日，政府如期發表政改建議，一如所料，提也不提07/08普選的社會要求，只是無聊地將選委人數增至1,600人，同時將提名門檻提高至200人；至於立法會選舉，則是地區直選加5席，同時功能界組別也照加5席，並由仍有129個委任的區議員互選產生，民主並無寸進，反而倒退。關注組仍不放棄，即使07/08普選無望，只要政府有決心，其實還有種種特區在自己權力範圍之內可以做到的改革，例如廢除功能組別的團體票等等。可惜，政府不打算聽。

我們相信，死結是在北京，董特首惟命是從。我們透過我們能接觸的各種渠道，尋求與中央官員直接溝通商談，繼「觀禮團」之後，又兩度再上京，但任我們怎樣努力，也改變不了情況分毫。立法會只有全盤接受或全盤否決政府方案兩個選擇。至此，關注組不得不重新檢討我們的處境和目標。

那時候，為了種種原因，泛民第一大黨民主黨已有一段日子陷入低潮，市民對新露面的關注組寄以厚望，2003年7月9日晚上集會，羣眾高呼梁家傑出選，他本來不願這麼早就從政，但終於也答應了，2004年七一大遊行，羣眾又呼籲關注組組黨，我們感到十分為難，我們知道羣眾想像的是異軍突起，一統江湖，但根本無人有這種本領，而且法律界和學者天生重視自己的自由獨立，關注組11人，7人是大律師，3人是學者，包括我在內，很不傾向組黨。一番商量，最後選擇了一個折衷辦法，就是辦報，增加公眾對政府施政和政治議題的認識，維持社會對爭取普選的注意，《A45》報就是這樣辦起來了，經費主要由湯家驊向商界想辦法，編務就由我這名有點傳媒背景的人權當總編輯，憑幾名兼職記者和義工，每月只能出版一期，但堅持印刷精美，內容有新聞價值。

A45

陳方安生
論曾蔭權接手的管治問題

要達到每期都廣為大眾傳媒轉載報道，我的策略是每期一專訪，由一位特約的資深傳媒人深入訪問一位別人訪問不到或意想不到的重要人物。2005年10月7日創刊號，就由在譽滿全行中退下的前《信報》記者施立儀，訪問已退隱並謝絕訪問的前政務司司長陳方安生。我出的題目是特區政府的施政。對記者的信任是關鍵，不是施立儀，陳方安生決不會答應接受訪問，也決不會在「曾蔭權接手的管治問題」這個敏感話題這麼暢所欲言。那篇訪問內容精彩，絕對能做公共行政教材，我們刊載，還附有英文撮錄，加上陳太最新近照，果然得到各大報章廣為轉載。我們為增添喜劇效果，還由「四大狀」戴上噏帽手套扮報販，率領義工，在中環街頭派報。同時，《A45》報還開設網站，公眾可在網上閱讀。此後，我按此方針，編了七期，[6]然後交棒給真正行家毛孟靜。

6 包括陳惜姿訪問許仕仁，陸恭蕙訪問彭定康，陳曉蕾訪問韓農領袖郭魯忠，黃毓民訪問馬英九。《A45》報一共14篇訪問，2007年輯錄成書《從陳方安生到梁家傑》，次文化堂出版。社長彭志銘致謝撰稿人及被訪者，「替仍未有民主自由的香港作歷史補白」。

我們還有一個計劃，就是創辦我們稱為 Public Service Institute 的培訓計劃，幫助有志出任公職的年輕人——無論從政或入政府——培養應有的識見視野，胸襟和操守，因為公職人員的個人質素直接影響施政和管治。我們原是抱着不問政見的原則，希望透過講座及實習，培育未來的公職人員。余若薇力邀之下，陳坤耀教授答應幫忙。

我們設想得很周全，但民情局勢又是另一回事。用現今語形容，我們就是「離地」。公眾不反對我們做這些工作，但他們要的是有分量的人組成政黨，一統民主派，為他們取得民主，甚至出任特首，主持香港大局。我們（至少我本人）沒有這麼大的雄心，只願特區施政重回正軌，有了民主制度，我們就可以告別政壇，重返書齋，專注執業。可是，「四大狀」處身立法會，同時也眼見一個無可避免的現實，就是在可見的將來，都不能冀望説服政府當局甚至大多數的議員主動發展民主或支持發展民主。要推動民主，必須倚賴長期發動公民社會力量。我們四人力量有限，而且遲早也要退下，那麼誰來接棒爭取下去呢？我們能不能撒手不理，一走了之呢？如果要長期凝聚力量，延續運動，除了政黨還有甚麼方法？公眾誠然對關注組期望過高，可是在此關鍵時刻，我們若斷然拒絕，必會打擊士氣。

於是，「四大狀」在湯家驊粉嶺的花園住宅裏，進行了一次深談：組黨，抑或不？初步探討，余若薇和梁家傑有保留，湯家驊和我則傾向組，而湯又比我積極樂觀。我的決心，常抱「偏向虎山行」的精神，與老湯的樂觀其實剛相反。最後，不知我還是湯有説服力，總之一致同意組黨。

於是就將想法跟關注組商量。關注組明白組黨難以避免，但部分成員表明不會參與，包括陳文敏、張達明和戴大為，而陸恭蕙則已是早年創立的民權黨的成員，所以亦不參與。後來公民黨成立，和關注組的關係有清楚共識，就是互不從屬，亦無連繫，在憲法問題上，公民黨會與關注組意見相同，在憲法問題以外關注組沒有集體立場和意見。

決定之後，我們幾人就着手組成工作小組進行籌備工作。這個過程花了好幾個月的時間，傳媒友好等得不耐煩，嫌我們扭捏，其實時間是應花的。我們心目中要組織的政黨，不是徵召追隨者奉我們為領袖，而是要突破「大狀黨」的單一思維習慣，組成兼顧多方面公共政策要求的、真正的政黨。為此，我們着意邀請才能、學識、經驗及觀點不同的學者和專業人士加入工作小組，互補不足，共同切磋，透過深入坦誠的討論，形成一套香港急切需要的新管治理念，建立推動這套管治理念的最佳組織架構。理所當然要給予參與者充分時間各抒己見和理性討論，找到共識。

我特別邀請了我佩服的政治學者關信基教授加入工作小組，費了一番唇舌，終於說服了他「君子也黨」；梁家傑則邀請了多年來推動環保的工程師黎廣德；另一位成員是二十多年民主運動中堅分子鄭宇碩教授，只有他最熟悉民主黨派的人脈和歷史。工作小組還有其他學者和專業界人士，雖然他們後來不再參與，但已是貢獻良多。我在工作小組主責準備文書，迫人開會，儲存檔案，小組是星光熠熠，我較像希臘神話裏的灶神 Hestia ，只管看住爐火。我戲稱整個籌組過程為「鑄黨」，回想起來，我自己樂在其中，可能別人未必認同！

組黨過程之中，當然少不了謠言、抹黑、波折，不能盡錄，但2006年3月19日，「公民黨」終於成立了，「雙頭馬車」，關信基為創黨主席，領導黨的整體發展；余若薇為黨魁，領導立法會黨團；鄭宇碩為祕書長，掌管黨務及聯絡工作；全是最適當的人選。我負責起草公民黨《宣言》(Manifesto)中英文文本，文學院陳清僑輔之，立足本土，非關缺乏中國情懷，只因香港特區才是我們的責任承擔，亦是我們擁有的高度自治的主體。2016年，為了加強「本土」元素，公民黨大幅修改黨綱，時代不同，文體有別，精神和立足點沒有改變。

2006年3月19日，公民黨正式成立，加盟的現屆立法會議員有張超雄和譚香文，令公民黨在議會中手握六票。初出生的公民黨引起了社會輿論多種反應。《亞洲週刊》譽公民黨為「新浪潮」，冀盼為香港政治踏出「第三條路」;《壹週刊》則認為公民黨宣揚計劃經濟，「共產黨也不如」; 此外，還有論者恐怕公民黨太過「中產」，忽略了「基層」; 另一些論者，則擔心

公民黨於2006年3月15日正式成立，同年3月26日的《明報》星期日生活版刊出了一則「搞鬼的招生廣告」。

公民黨太「激進」，偏離了「中產」的利益；可見公民黨的立場多麼與眾不同！其實大部分對公民黨的定位都是基於誤解。公民黨宣言沒有提出「平反六四」，不是因為了避免觸動中央敏感神經，只因專注我們要推行的以香港為中心的方針政策；倡議立法保障最低工資，是出於基本人權的核心價值，每個文明社會應給予工作的尊嚴，不是主張「財產再分配」；溫和理性是我們選擇的表達方式，不代表我們思想保守；在基本原則上的不妥協非關「激進」，只是有所不為；我們着意「跨階層」不是夜郎自大，而是認真的政黨，應以執政黨的角度考慮政綱，即使執政無期，而任何政府施政，都須顧及所有社會階層。既然「不落俗套」，難免產生混亂，因某些美麗的誤會而歡迎公民黨成立的人士，弄清楚真相之後也因此而對公民黨特別失望。一位與北京來往密切的朋友曾對我說，滿以為我們會較傾向支持政府的立場，不料我們反而比誰都批評得更狠！組黨期間各方鼓勵，令負責籌募資金的湯家驊信心十足，但隨着「激進」和「對抗中央」的形象不斷加諸公民黨身上，原先的熱心人也開始打退堂鼓，而市民大眾，不少視公民黨為「藍血」，以為「大狀」身家豐厚，不需向市民大眾籌款，這也是我們始料非及的。

但無論如何，公民黨在風風雨雨和哭笑不得的悲喜劇中，靠一羣志向堅定的義工和黨友的努力總算站穩住腳，在選舉做出了成績，在民主運動中作出貢獻。我們遠遠不是無往不利，事實上挫敗多多，我個人習慣了揚眉笑對風雨，俯首從錯誤中檢討信念。2008年，公民黨在立法會選舉中表現不理想，引發了連串反思和討論，當時，我寫了一封給黨友的信，信中解釋了公民黨的來歷、本質、信念和使命，正好在此作為總結。首先，公民黨來自抗爭，本質是專業的政治啟蒙：

從關注組到組黨的過程，代表着香港專業界的政治啟蒙，是專業負起發動羣眾的任務、走入羣眾的運動。零三年七一大遊行的一大特色，就是無數專業和中產階層走上街頭，走入羣眾。公民黨的籌組，是延續及加深專業界的政治啟蒙，並催生專業參政的新年代。公民黨的前景，取決於我們怎樣理解這個過程、怎樣推動這個過程、要求這個過程最終達到甚麼目標。

我認為，這個過程必須是專業因走入羣眾、服務羣眾而脱胎換骨，而同時羣眾也因專業的積極參與而轉型、包括心態和方法的改變。

專業的脱胎換骨是關鍵要素。在香港社會，港英時代，專業是中產的一大支柱，是芸芸眾生晉身之階，專業階級本身自然而然傾向保守，維護建制，甚至依附建制權力。專業階級一般與建制的利益吻合，是建制的天然夥伴，成功的專業人士是社會上的精英分子，享有社會地位，得到建制以種種方式認許，其中最優秀的代表會得到委任，走入建制的核心，透過建制服務社會。這個模式，與抗爭背道而馳。因此，「抗爭的精英」是個令人迷惘的矛盾，所以很多人認為公民黨應是「親政府」、溫和、走中間路線、對工商界友善、與中央關係良好等等。我們如果遵從這些期望，就等如放棄了原來的啟蒙，放棄了脱胎換骨的機會，放棄了啟蒙的目標。

同樣關鍵的要素是民間運動的轉型。在長期殖民地統治之下及更長期的封建制度專制統治之下，香港的羣眾運動(包括民主運動)在形式和心態上，基本上不離請願性質的政治運動(petition politics)。上街、請願，無論態度柔和或強硬，都不離承認所有權力和責任都歸於政府，民眾只能要求當權者設法解決問題。未經脱胎換骨的專業人士走入原有的請願政治文化，只能扮演政治明星的角色。這不是公民黨應扮演的角色。

現在是將請願性質的政治運動，進一步發展為參與性質的政治運動（participatory politics）的時候了。參與性質的運動，是充權的羣眾，以平等及地位持分者思維的羣眾運動，是參與性質民主（participatory democracy）的先聲。這個民主運動，不但是充權的，而且是負責而有承擔的。

惟有結合羣眾，抗爭才會有力量，才能長期延續，惟有脱胎換骨的專業，結合充權負責的羣眾，抗爭才會達致成功。

這就是公民黨要推動及完成的香港民主運動進化過程。

正因如此，雨傘運動有如我盼望已久的佳音。

有得揀，你至係老闆

公民黨又新又小，但卻勇於承擔大事。我認為創黨早期最值得誌記的，其一是2007年梁家傑競選特首，其二是2010年的「五區公投」。特首選戰的來龍去脈和精彩過程，我們已輯錄成書；我和陳伯添合編、博益出版的《有得揀，你至係老闆》，[7] 書名來自梁家傑的競選口號，正好表達了參選目的，是為了打破特首選舉從無競爭對手的局面，樹立特首選舉必須有真正公開競爭的原則。既然已有書詳細而生動地記錄全程，此處不必多贅了，但值得強調的是，在近乎不可能的情況下，我們仍要設法找到方法推動民主。董建華第一屆成績差劣，民望太低，

7 吳靄儀、陳伯添編著：《2007特首選戰140天：有得揀，你至係老闆》，2007年6月，香港：博益出版集團有限公司。博益其後結束營業，此書僅餘的冊數，更值得珍藏。

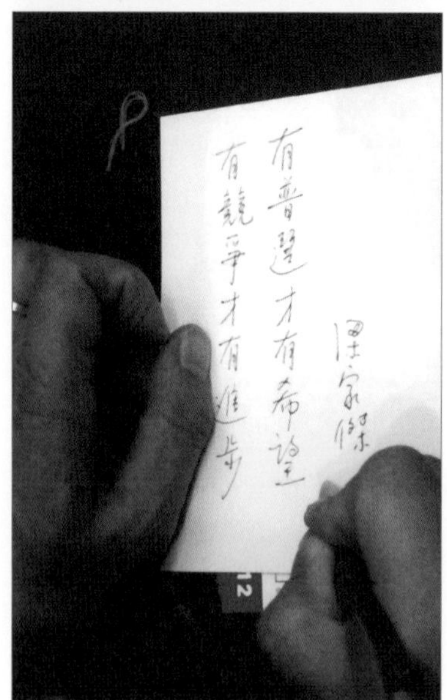

《有得揀，你至係老闆》的封底是梁家傑親筆寫的兩個句子。

中央為了確保他順利連任，下令選委大數目提名他，令餘下的選委人數不足夠提名多一任候選人；曾蔭權接任，民主黨的李永達得不到足夠選委提名，不能成為候選人，曾蔭權在無對手之下當選。如今競逐連任，民主派共識是不能不挑戰，於是推舉競選人手，民主黨不派人，一眾泛民支持由代表公民黨的梁家傑出選，而這次，民主黨派就出盡九牛二虎之力，從爭取選委議席起首，首次奪下了132名民主人士當選選委，足夠提名一名候選人，並集中票源，提名梁家傑，於是破題兒特首選舉有競爭[8]。

8 選委大戰，苦中作樂，工程界的選情，見《有得揀》頁44–51，熊子弦的生動描述「從 Dot Cod 出發」。雨傘運動之後，備戰2017特首選舉，反建制派在選委會選舉中，奪得近330席，令其後能提名曾俊華、胡國興兩名候選人，挑戰北京在棄梁振英之後默許的林鄭月娥。

香港社會：自由，但公平嗎？

Hong Kong Society – Free, but Fair?

香港人享有很大程度的自由，但香港社會有多公平?

有些人認為，隨着經濟改善，窮人的生活也會接著改善。但這是拒絕面對問題。

重大不平等的存在是社會上的不公義，顯露我們的社會出現了多方面的問題，必須由政府最高層尋找各方面互相配合的解決方法。缺乏決心，零零碎碎的做法，絕對於事無補。

我建議在政府的最高層成立專責小組，專責研究及提出全港性的政策措施和所需的立法，以協助弱勢及受到歧視的社羣。這些政策措施，應在立法會充分討論。

社會及經濟上的不平等，更與政治息息相關，因為有政治權力的不平等，令某些人能藉政治途徑不顧公益而保障私利。

長久下去，以政治特權保障既得利益的情況，必然影響社會的和諧及穩定。

Hong Kong people enjoy many freedoms, but how fair is our society?

Some people say the rich are getting richer and the lives of poor people are also improving and will improve further as the economy improves. This is putting the problem in a way only to dismiss it.

Substantial inequality is a social injustice and a symptom of many ills in our society. It can only be addressed by a coordinated approach at the highest level of government. Half-hearted, piecemeal improvement in social welfare programmes will get nowhere.

My proposal is that a special unit should be established at the highest levels of government to study and develop territory-wide policy and legal measures to help the disadvantaged and socially excluded.

Social and economic inequality are connected with the way our political system is run. Those who have greater political power can seek to protect certain interests over the public interest so as to preserve their privileges.

我們隨即成立了「競選辦」，以「角力」為徽章，以「我們想要的香港」為主題發表了一共七份政綱，在盛大傳媒報道之下，展開了走遍港九新界，以全民為對象的選戰，結果迫得明明已得到「欽點」的現任特首曾蔭權也要認真迎戰，全港競選。我們還擲下戰書，挑戰他作公開電視辯論，還要有市民參與的環節，當時是前所未見的，但他也不得不應戰！雙方對等，就辯論規則談判，我們堅持要給市民參與，又成功。那兩場辯論、「傑哥」的「地獄式訓練」已成為經典。我在《有得揀》一書寫道：「開始的時候，我們沒有任何人料到，2007年特首選舉會發展到這麼大的場面……」[9]

9 見《有得揀》，頁11。

但重要的是落區競選的工程，[10]令我們能在接觸市民之際，實實在在的令每個人質問：為甚麼我無權投票？最近，2017年特首競選精神，其實在2007年已埋下了伏筆，雖然今日大家已視作當然，就忘記了當日大衞大戰哥利亞的突破。

2007年特首選舉，大大提高了公民黨的知名度，但2010年的「五區公投」，卻造成了重大的創傷，然而，兩者都是義所當為，同是為了在不可能的情況下爭取突破困局，不應言悔。五區公投，是針對功能組別的。大家都知道功能議席的繼續存在，違反普選原則，是民選議會無法發揮制衡政府的職能的障礙，民主派不停要求政府取消功能組別議席，政府充耳不聞，當時政制事務局局長林瑞麟索性告訴我們，立法會有一半議席是功能組別，取消這些議席的建議，根本沒可能得到三分之二大多數通過。既然政府不願提，議會不肯理，唯一辦法，就是訴諸市民，公投決定。北京和特區當局，強烈反對公投，無中生有，說是違反《基本法》，但又說不出違反了哪一條。特區沒有公投法，只不過表示甚麼「公投」都不會有法律約束力，但不等於沒有政治力量，而且準確量化的民意表達，最大的民調也不可同日而語。如果港九新界五大選區，每區有一位議員辭職，其直接後果，就是政府必須在全港舉行補選，五位辭職議員當即出選，以「取消功能組別」為唯一議題，那麼每一票投給他們都是支持取消，如果全部高票當選，效果就等同公投。以補選要求全民表態，是民主社會議會的傳統方法，歷史上的例子很多，絕非甚麼「激進」行為。

---

10 2006年12月至2007年3月選舉期間，梁家傑競選辦共舉行了87場民間簽名運動，共獲得52,654個市民簽名。落區活動見《有得揀》第九章，〈曾可萍「五萬個簽名」〉，頁154–161。

可是，這次我們的計劃失敗了。主要原因有三個。第一是錯配。原定的計劃橫跨整個民主黨派光譜，民主黨、公民黨各派二人，社民連派一人辭職，後來民主黨決定退出，變成社民連派三人，公民黨不少支持者認為我們不應與行為不羈的社民連夥拍。第二是建制派的高明策略，原先民建聯磨拳擦掌，預備一舉擊敗五子，全奪議席，後來不知哪個聰明頭腦，想到了掛起免戰牌，下令建制派不得參選！沒有對手，沒有懸疑，險些沒有選舉！幸好幾位年輕人挺身而出競選，才令選舉如期舉行，但市民大眾對辭了職又再參選莫名其妙，不但沒有興趣投票，反而斥責我們浪費公帑。

然而，第三，終究是我們自己做得不夠好，我自己也要承擔責任，雖然成功令市民更普遍認得哪些是「零票當選」的議員和功能界別議席的荒謬，但最後明白及認同整個「五區補選，變相公投」的選民只佔少數。結果仍有五十多萬人投票，共為17% 低投票率，但我們已十分感激。這50萬人，代表了全港最堅定支持民主原則的民主運動中堅分子。

這一役，公民黨聲譽大挫，亦失去了不少自創黨已和我們在一起的朋友，但也令到我們年輕一輩的黨員士氣更高，更有信心，公民黨是敢於堅守原則的。對民主運動最重要的是打破了「公投」的禁忌。為杜絕民主派再用同一手段迫政府全港補選，政府企圖閃電立法廢除補選，結果引致二十多萬市民上街抗議，政府迫得收回原案，大幅修改，再提新法案。[11] 然而民意不可阻擋，2012年特首選舉、2014年反對假普選、數十萬市民參加了

11 2011年6月3日，政府提《立法會（修訂）條例草案》；7月1日遊行，218,000市民上街，主要口號為反對草案未經諮詢公眾就剝奪選民的補選投票權。

港大民意調查研究中心的民間投票，[12]特首梁振英公開指公投「違反《基本法》」，即有市民反駁：犯了哪條法？你來拘捕我吧！

民主運動就是這樣，一次失敗，往往種下了下次成功的種子。

破冰之旅　四訪大陸

2004年立法會選舉之後，北京當局「吹暖風」，容許民主派部分人士在有限活動範圍內到大陸訪問。我們深信交流是必要的，並不計較從形式開始。

9月30日，中共建國55週年慶典，董建華率團上京觀禮，關注組四大狀，連我在內，也以「社會各界人士」之中的「法律界人士」看待，獲得邀請隨團。「觀禮團」浩浩蕩蕩二百多人坐滿一架包機飛往北京，專人上機收集了我們所有人的旅遊證件，專車直接從停機坪接載我們到人民大會堂，全體與領導人合照，竟日參觀各項儀式慶典，國宴款待，恭聽温家寶總理演講，欣賞慶祝歌舞匯演之後，又原車自人民大會堂大門外接載我們回到原來下機的停機坪，上機之後逐一發還證件，原機返港，凌晨抵埗，「破冰之旅」，順利完成。或者可以批評，如此嚴防，算甚麼溝通？但我反覺得當局用心良苦，我們是領情的。

第二次上京，是同年10月下旬，香港大律師公會代表團訪京，余、湯、梁三位前任主席，身家清白，上京當然了無罣

12　2012年特首選舉，222,990選民在港大民意調查研究中心舉辦的民間投票中投票，其中白票佔54.6%，強烈對候選人不支持。針對政府2013年12月發表政制改革諮詢文件，民間團體紛紛發起爭取真普選、反對有篩選的假「普選」運動，和平佔中運動在2014年6月20至29日全民投票，有792,808名香港市民投票，其中87.8%反對政府方案。見和平佔中網頁，2014年6月30日新聞稿，6.20–29「全民投票」總結：近八十萬港人參與全民投票，拒絕假普選方案「袋住先」網頁 oclp.hk/index.php?route=occupy/activity-detail&activity-id=73。

礙，但連我這名歷久問題人物也許隨行，顯見愛屋及烏。這次雖然仍是浮光掠影，但總算看到現代北京一面。我上次到北京，已是二十多年前的事了，只覺京城大大商業化了，發展太快，反而失掉了優雅。

行程豐富，接待我們的機關包括了司法部、港澳辦、律師協會、人大常委會代表、最高人民法院代表和全國政協代表，整體安排，顯然是盡量滿足我們的要求。法工委喬曉陽主任在北京廳請我們吃晚飯，雙方繼續會上的傾談，我坐在時任副主任李飛旁邊，他十分禮貌地問我關於一些立法會正在討論的法律改革，顯見做了一番準備工夫，誠意交流，整頓飯平和友善，氣氛是很好的。

但所得信息，整體上卻是令人憂慮的。專業交流除外，我們最關注的民生和法治的前景，都看不到能有甚麼進展，反而令我更加相信，香港要發展民主，要看中國能否發展民主，而香港原有的法治，除非有重大力量保持，否則不久會變成充滿社會主義的依法治國。[13] 最記得當日普遍譽為「明日之星」的港澳辦副主任張曉明也有參加座談，團員趁機提出香港民主發展的議題，張主任回應第一句就提鴉片戰爭，我們十分錯愕，但不久恍然大悟，原來他意指中國受到西方列強欺侮，皆因中國人不團結，國家要團結才能強大，民主制度鼓勵紛爭分裂，不利國家，是外國人的陰謀。這是我第一次聽到這麼坦率地表白這個觀點，後來還要在不同的京官口中再聽多幾次。顯然，在民主發展上磋商，京港之間隔着一道深不可測的鴻溝。

此行還有一段哭笑不得的小插曲。由於我這名「問題人物」一向在大陸的「黑名單」上，同行的三大狀不怕我不能入大陸，

13 《明報》，2004年10月25日，「法政隨筆」專欄，〈北京信息〉。

只怕我不能出來，所以約定好了一齊過關，他們在前，若我出了事，他們就設法營救。當天過關，他們果然走在我面前，在那一邊等我，但見關員指着我的證件，問長問短，卻不放行，嚇得半死，原來那位關員，對我名字中的「靄」字港府拼音作"Ngoi"，很感興趣，前兩個星期，「觀禮團」的旅遊證件我的一份，原來是他經手處理，印象深刻，十分好奇，今番巧見其人，乘機問個清楚！友善交流，三大狀虛驚一場！

三天之後，輕易出關，不料正閒步看北京機場的商品店，卻有制服人員匆匆追前，查明名字，將我帶回海關未過關的一邊！這次真嚇壞了余若薇！關員也不怎樣粗暴，只是十分緊張，一直把我帶到一間小房間，看來是關員的休息室，幾位關員正寬衣閒聊，見我進來，連忙扣好鈕扣，有人還找了一把椅子叫我坐，原先帶我進來的人卻走了出去，我也不驚慌，來之前已豁出去了，索性隨遇而安，倒是原來在房間裏的人，多了個外人，打擾了休息時間。沒多久，有位女士進來，把我看了一回，叫我隨着另一關員出去，這位關員，帶領着我，走去走來，竟然一直出關，走到一臉焦慮的余若薇、梁家傑和湯家驊等着那邊！

原來，我這個人出入關要有特殊照會，關員驗明證件，還要打電話請示，確定無事，才可放行，那位關員放了人才省覺他忘了打電話，於是惟有「捉」我回來，再請示清楚！

如是者兩次匆匆去來。

第三次是2005年9月3日，那次應邀上京出席第22屆國際法律大會，除了我們四人，還有張健利等法律界人士。那時，政改諮詢已到最後階段，我們知道關鍵是北京的取態，所以一直要求在拍板之前有機會約會京官，直接游說，上京其實就是希望有這個機會出現，但一直沒有消息。倒是在開幕禮上聽到了最高人民法院院長蕭揚致詞，宣揚中國邁向法治社會的決心，他所說的法治，毫不含糊，不是社會主義的「依法治國」，而是我們熟悉的真正的維護人權的民主法治，他呼籲「為秩序和自由辛勤工作的法律職業者」奮鬥不懈，辭意懇切，聽眾席上的我們四人和張健利十分佩服，鼓掌起立致敬。後來，我幾經辛苦，找來了發言稿全文，擇其金石，在我的《明報》專欄刊登。[14] 有人說我們痴，蕭揚這番話已說過多遍，我不在乎，我很感謝他當天的重複，令我有幸聽到。

可是，會見京官依然沒有着落，我們已得踏上歸途。但就在往機場的路上，梁家傑接到電話，喬曉陽請兩個男的與他一敍。大概因是私人會面，兩女不宜吧？總之就有此一會，事後得知，在書房敍面，以朋友之禮相待，暢所欲言，但僅止於此。那是給我們面子，不代表接受我們的意見。事實上，決定也未必由他。結果事實證明我們徒勞無功。但我們仍是領情的。

2005年3月12日，董建華突然辭任行政長官，6月21日曾蔭權獲中央委任特首；他曾承諾促成民主派議員可進大陸，9月25日，他成功率領全體立法會議員訪粵，說明有機會與張德江委員會面，自由提出關注的問題。我當然也要隨團出發。當然沒有寄以厚望，當然也不能說其他人一無所獲，但整體而言，那是一場春江花月夜。我印象最深刻的不是政治上的唇槍舌劍，而是對只有機會眼尾瞄了兩瞄的廣州的深刻感觸，回來寫了〈歷史滄桑〉[15] 一文誌記，其中有這一段：

> 所以我看到亂烘烘的廣州，煙塵污垢之後儼然是一座名城，你看她的淵遠流長，官場、民間；買辦的時代和文化；鴉片戰爭的恥辱；共產黨的洗禮，然後是窮，然後今天又富

14 《明報》，2005年9月15日，「法政隨筆」專欄，〈爭取法治的聲音〉。

15 《明報》，2005年10月3日，「法政隨筆」專欄，〈歷史滄桑〉。

起來了，文化有的地方掏空了，我不知道；新的財勢崛起了，我不清楚。但我願意有人細細地琢磨廣州，讓她露出真正的風華。不是粗陋庸俗的擴建、翻新，而是掃去積泥，重新修補，托出幽幽的自來舊，也突出原來南蠻子的粗壯。

我當然也思念香港。九七的主權更換，金融風暴及沙士後的衰退，竟然令這個活在「借來的時間、借來的空間」的城市，加添了歷史的滄桑。我們也可能得到了「名城」的基本條件了——只要大家別那麼努力拆掉、抹去、否定、忘記歷史的足跡，別那麼識時務地推翻殖民地的歷史文化，香港的滄桑味道就會一點一滴地出來了。

諷刺的是，我們面臨的威脅是生命動力。曾幾何時，香港全是動力，全是今天，創造財富、花費財富、炫耀財富，在國際上創造奇跡，光芒四射。國際城市，甚至國際金融中心貿易中心，也不一定是一座名城。所以我的憂傷就是如何令香港恢復她強頑不馴的生命力和將來？廣州與香港，我們的命運握在誰的手裏？

香港人的祕密通訊自由

舊大樓見證了立法會最長的法案辯論，那就是簡稱《竊聽》條例草案[16]的辯論，由2006年8月2日的下午，辯論到8月6日星期日凌晨2時，總共58小時。政府提了189項修正案，我提了108項，涂謹申提了69項，其他議員提了10項，合共187項。但這絕不是甚麼人策動「拉布」戰，剛相反，我和涂謹申盡力要使辯論不出亂子，以免受到延誤，因為這條草案涉及重大

16 全名是《截取通訊及監察條例草案》(Interception of Communications and Surveillance Bill)。

公眾利益，既要賦予執法人員合法權力在偵查罪行有必要時進行祕密監聽，亦要訂立嚴密的規管制度防範非法監聽，侵犯市民祕密通訊和通訊自由的憲制權利，同時立法有時限，要趕及法庭命令設下的期限之前通過法例，如果8月9日之前仍未立法，特區政府的一切監聽便屬非法行為！

弄得這麼狼狽，其實政府咎由自取。遠於1997年，政府已知道所作的大量祕密監聽其實沒有法律根據，違反《基本法》第30條及《人權條例》第14條，必定經不起法律挑戰，但卻偏偏磋跎歲月，九七主權移交前夕，涂謹申於是以私人草案提《截取通訊條例草案》，得到立法局通過，但特區政府不肯實施，又不另行修訂法律，終於弄到2005年，梁國雄和古思堯正式提出司法覆核。2006年2月，原訟庭判政府敗訴，但因應政府要求，為免出現法律真空，將裁決暫緩6個月生效，給政府時間通過法例。[17] 政府一邊草擬法案一邊繼續上訴，一而再遭駁回，到終院裁決，已是7月2日！[18]

政府在3月3日草案匆匆刊憲，3月10日立法會隨即成立法案小組，總共只有5個月時間審議。涉及重大利益和基本人權的法案，政府根本沒做任何公眾諮詢，於是全部責任就落在議會身上。偏偏這急就章的草案毛病極多，不但不足以做到憲制要求，還嚴重侵蝕三權分立和司法獨立。政府堅持不肯改的，議員如涂謹申和我，惟有自己提修正案。草擬修正案是一

17 Leung Kwok Hung and Koo Sze Yiu v Chief Executive of Hong Kong Administrative Region（古思堯及梁國雄訴香港特別行政區行政長官）HCAL 107/2005。

18 (2006) 9 HKCFAR 441。

門專門技術，要在短短個多星期內妥當完成120項修正案，[19] 不是開玩笑的，幸好我除了平時的得力助手之外，那個夏天又添了一名來自耶魯的法裔美籍暑期見習生，聰明伶俐，即時投入趕工，及時完成。[20]

《基本法》第30條訂明，香港居民的通訊自由和祕密通訊受法律保護。除了因公共安全和追查罪案的需要，由有關機關依照法律程序對通訊進行檢查之外，任何部門和個人都不得侵犯，祕密監聽是十分敏感的問題，尤其是在香港，殖民地政治部陰影猶在，如果政府以偵查為名，進行政治監聽，市民的一切自由都會受到極大威脅。所以成立一套完善的規管制度，實有必須。法律不但要規範執法人員在甚麼情況之下，及經甚麼審批程序才能監聽市民的通訊，還要設立獨立的監察和投訴機制，防止和制裁任何人違法監聽。最需要考慮周詳的是，由於一切是在保密情況下進行，怎樣才能有效監聽，嚴禁濫權。

其實其他國家如英、美、加拿大等都有相似的問題，他們的做法可供借鑒，但為了種種理由，政府沒有盡力依隨。我們認為法案在好幾方面有重大缺陷。第一是法例只規管小部分涉及竊聽器材的祕密監聽，特定範圍以外的監聽不受規管，而且受監管的只是政府四大執法部門，其他機關或個人（例如中聯辦） 就可以為所欲為。第二是整套規管機制倚賴執法人員自動自覺向特定的「小組法官」單方面祕密申請授權，由「小組法官」在只聽一面之詞之下祕密批准，跟英、美做法大不相同。特首

19 我提交了120項修正案，其中12項得不到立法會主席范徐麗泰批准，不能提出。

20 條例草案修正案有嚴格格式及行文必須遵守，把關工作由立法會祕書處的祕書和法律事務部同事負責，提出那麼大量的修正案，其實大大增加了他們的負擔，他們的專業精神是立法工作順暢的重要支柱。

在現任法官之中任命三名現任法官為「小組法官」，但這些人士在履行這項職務時並不是以司法人員的身份行事，而是代行行政權力，完全違反三權分立的原則，也不符合法庭聽取雙方然後裁決的做法，[21] 其實只是行政借調司法人員背書執法人員進行祕密監聽。正如劉慧卿在辯論中所說，市民一聽到由法官處理便大告放心，不予深究，借法官的聲望掩護一套不完善的制度，騙取市民的信任，侵蝕司法的超然獨立，對我來說，是最不可寬恕之處。法官不是神聖超人，脫離了公開、兼聽的基本程序公義，法官根本無法維護法治人權！

第三個不足之處，是竊聽專員[22]（又是規定由現任法官出任）權力不足，無法確保所有應受規管的竊聽都在正當授權之下進行。草案設立的投訴機制，在市民幾乎全無知情權的狀況下，只是一紙虛文。

此外，草案還有不少瑕疵，我們不可能坐視不理，如果要認真看待，我擬提的120項修正案已是最低限度的要求。最令我憂心的是，最核心的問題——利用「小組法官」的做法，根本不能以修正案的方法處理。[23] 為了顧全大局，我們不能否決

21 例如英國的做法，由國家大臣負責授權行政機關，由他委任獨立的法律界人士組成的委員會負責調查和審核，該委員會認為有問題的，交法官裁決，所以法庭在祕密監聽的規管制度扮演重要的監察角色，由司法機關推介的退休上訴庭法官出任，但法官擔任的是最後把關，與行政機關並無單方面和祕密的直接關係。

22 正式名稱是「截取通訊及監察事務專員」（Commissioner on Interception of Communications and Surveillance）。

23 還有一個實際問題，就是實任法官人手緊絀，抽調了三位現任法官，根據官方當時資料，估計每位每月要處理16至20宗祕密監聽申請，立法之後可能大大增加，寶貴的審案時間就會大為削減，需由臨時增補的「暫委法官」代辦，對訴訟人士極不公道。

整條條例草案了事，但通過了這樣的法例，必然後患無窮，我於是想到了最後一着，就是提出「日落條款」—— 在法例中植入一項「到期失效」的條文，令授權機制的相關條文，到了「日落」時刻便自動失效，藉此迫使政府在「日落」之前，完成全面檢討，向立法會提交一條完備的《竊聽（修正）條例草案》。我提的「日落」時分是2008年8月8日。

我和涂謹申都準備充足，到了全體委員會逐條辯論及通過草案條文和修正案的時候，便發言逐項解釋修正的因由和法律效果，爭取其他議員的支持。由於我們的修正案很多，一項接一項，我和涂謹申都不敢隨便離開座位，結果竟日辯論至夜深，涂謹申僅能抽空狼吞虎嚥吃了個菠蘿包充飢，我則甚麼也不吃，只喝水，就像上法庭打案那樣。

説是辯論，其實絕大部分沒有就草案和修正案的利弊作任何辯論，涂憤怨地形容好像「跟一幅死牆對話」，是十分真確的，只是我早知即管如此，做議員也要對得住議會，對得住選民，就無暇動氣。我願意相信，保安局常務祕書應耀康已盡了很大努力反映我們的憂慮，但説不過執法部門，保安局局長李少光則須負責任，因為他根本沒有出力，對整條條例草案認識甚少，常常在辯論中露出馬腳。建制派議員，除了草案小組主席劉健儀之外，沒幾人花甚麼心思認識草案，自己判斷，甘做「保皇黨」。當局決定了不讓步之後，建制派議員樂得高掛免戰牌，不發言、不反駁，聚在前廳吃喝，看電視和玩遊戲機消磨時間，高聲嬉笑，杯盤狼藉，時候到了就進場投票反對。傳媒也顧不了弄清楚那麼多修正案説啥，集中報道議員在前廳吃蛋撻。

我們的修正案一一被否決之後，終於到了我的「日落條款」，那時恰好就是8月5日的7時15分，正是日落黃昏！到此，可能察覺到辯論也接近尾聲，議員們又陸續返回會議廳預備發言。我耐心總結條例草案的重大缺陷，及在試圖改善法案的修正案被否定之下，唯一能挽救大局的做法，就是訂立失效時限，迫使政府在時限之時補回公眾諮詢，全面檢討和立法修正。

此時，辯論熱鬧起來了，民主派議員（甚至一些建制派議員）紛紛發言表示對我和涂謹申的努力致敬，但建制派議員大多對我們冷嘲熱諷，甚至沒頭沒腦大罵我們一頓，說「反對派不外是幾道板斧」、「扮人權鬥士」、「抹黑反對派以外的人」、「塑造被壓迫的一羣」等等毫無根據的人身攻擊，說我們「拉布」，圖謀「拉」到過了時限令政府監聽全部違法。感謝張超雄，他在發言中引述了同工羅健熙的一篇文章〈哀哉！立法會〉，全文共提十多問，為我們「平反」。不能盡錄，也要記錄其中最精彩的十問：[24]

一、為何政府十年來不肯為相關法案簽署落實的責任，現在要由立法會承擔？

二、為何梁國雄提出司法覆核，由地區法院到上訴庭和終審法院都判他勝訴，最後市民還要認為他在「搞事」？

三、為何特首違憲頒佈行政命令後，毋須負上任何憲制上或政治上責任？甚至看不到他道歉或解釋？

四、為何政府違憲，致使立法會只得五個月時間審議草案，竟仍厚顏地催促立法會通過此法案？

五、為何本是為保障人權而提出的司法覆核勝訴後，現在政府會反其道而行，提出一條賦予執法人員無限權力的法案？

六、為何政府只管「行政方便」，而不理法例條文的嚴謹性？

24 《立法會議事錄》，2006年8月5日，頁949–950。

七、為何吳靄儀議員和涂謹申議員還有其他議員，他們辛辛苦苦，仔細地研究草案、提出修訂和質詢、在議事廳裡頭苦幹，想將法例完善，竟被人評為「為爭拗而爭拗」，而評論者更是堂堂自由黨主席田北俊？

八、為何反對泛民修訂的議員，絕大部分都沒有提出反對理據？

九、為何部分議員辯論時全程在議事廳外，一聽到鐘聲便可回去，毫不猶豫地投下神聖一票？

十、為何未能如期立法，政府把責任又推到立法會議員（特別是那些盡責地基於對法案的合理質疑而發問的議員）身上？而不是政府拖延立法的責任？不是政府違憲頒佈行政命令取代立法的責任？

民建聯的劉江華留下了名言記錄在案：「我們就是要站在這裏，寸步不移，一個修正案都不讓它通過，原因就是不能夠讓反對派破壞治安得逞。」[25]可笑的是，我其中一項修正案，是順手更正了英文文本的一個文法上的錯誤。難道更正文法也會破壞法治？不過，那項修正案也照樣被否決了。

辯論場面刺激，但結果已寫在牆上。我最後發言，告訴同事，雖然我們在過程中被無理污衊，難免感到委屈，但為市民的利益，作出一些忍讓也是值得的。我特別衷誠向主席致謝，感謝她四天來公正主持會議，維持了立法會程序的尊嚴。

時過子夜，我任務完成坐下。旁邊的余若薇示意我往上望，原來公眾席上坐滿了人，前排有好些公民黨黨友向我微笑招手，他們在電視上看直播，深夜前來跟我打氣，令我心中一陣溫暖和為香港感到自豪。

25 《立法會議事錄》，2006年8月5日，頁970。

截取通訊及監察條例草案　　由吳靄儀議員動議的修正案

條次		檢討範圍	建議修正
2	被否決	釋義	刪去第(2)款
2(1)	被否決	釋義	(a) 在 "截取成果"的定義中，刪去 "的訂明授權"
2(1)	被否決	釋義	(b) 刪去 "口頭申請"的定義
2(1)	被否決	釋義	(c) 在 "受保護成果"的定義中，在 "監察成果"之後加入 "及包括任何從該成果及任何載有該資訊的文件或紀錄的資訊"
2(1)	被否決	釋義	(d) 在 "嚴重罪行"的定義中－ (i) 在(a)段中，刪去在 "指" 之前的所布字句； (ii) 在(a)段中，刪去末處的 "或"； (iii) 刪去 (b)段。
2(1)	被否決	釋義	(e) 在 "監察成果"的定義中－ (i) 刪去 "的訂明授權"； (ii) 刪去 "並"； (iii) 在分號之前加入 "及從該等材料中取得的資訊，及任何載有該資訊的文件或紀錄。"
2(1)	被否決	釋義	(f) 在 "第一類監察"的定義中，刪去 "不屬第 2 類監察的任何秘密監察；"而代以 "任何秘密監察－ (a) 使用任何監察或追蹤器材進行的； (b) 涉及未經准許而進入任何處所；或； (c) 未經准許而干擾任何運輸工具或物體的內部， 的秘密監察；"
2(1)	被否決	釋義	(g) 在 "第 2 類監察"的定義中，刪去在 "在第(3)款的規限下，"之後的所有字句而代以 "指除第 1 類監察外的任何秘密監察；"
2(1)	被否決	釋義	(h) 加入－

在建制派議員「寸步不移」的護航下，吳靄儀的修正案全都被否決。

日落條款，於凌晨2時被否決。[26] 涂謹申代表泛民向主席表示，泛民議員不會提餘下的修正案，抗議離場。最終條例草案以32票贊成，0票反對之下，在凌晨2時30分通過。主席總結會期，多謝傳媒在過去數天非常辛苦地陪伴議員一起在這個會議廳內，她笑說：「我想他們可能要減肥了，因為吃得太多。」(眾笑) 四天辯論，除了《議事錄》完整逐字記錄在案之外，還可在香港電台製作的現場直播檔案隨時重溫。[27]

我們離場之後下樓，到了樓下，有工作人員叫我走往議員入口那邊，原來有幾位義工朋友煲了一大鍋營養湯為我們補充體力！那碗湯，簡直是天下美味！

我們一場辯論，是徒勞無功，浪費光陰嗎？多年後，我已退任，一天在金鐘地鐵站，有位市民跟我打招呼，說很懷念我

26 投票結果：功能團體議席的議員，27人出席，5人贊成，22人反對；分區直選議員，24人出席，13人贊成，10人反對。

27 見香港電台網頁 www.rthk.org.hk/special/legco.live。

過去在立法會的發言，我大感驚訝，原來港台的直播紀錄是有市民翻查重聽的。即使為了這一名市民，使他感到有人在議會裏盡力為他發聲，我們的努力已得到回報。

從畢爾包到西九

立法會考察團建議
西九文娛發展應向畢爾包學習

2005年的一樁賞心樂事，是隨立法會西九小組委員會的考察團往訪西班牙畢爾包(Bilbao)，作為西九龍文娛藝術區發展計劃的借鑒。那次，不但我們獲益良多，[28]而所見所聞，所思所想，又真正對立法會服務公眾非常有用。事實上，2005至2008年間立法會在西九方面的工作，是一個極好的行政立法互相制衡、互相配合的榜樣，其中盛大的公民社會參與起了關鍵作用。可惜，這些例子並不多見，而且愈來愈少，2012年後幾不復聞。

西九龍文娛藝術區的故事說來話長。西九填海，本是港督衞奕信「玫瑰園」計劃的一部分。[29]核心的爭議，是特首董建華決定在這塊土地上建一座高級表演場館，用以舉辦世界級的盛事，並採納了概念設計比賽冠軍Foster and Partners的天篷設

28 包括領教當時尚未在香港流行的西班牙名產橡實飼養黑毛豬火腿。

29 八九民運，六四屠城，令香港人沉溺在一片對前景的悲觀之中，為了振奮人心，港府宣佈了一系列政策措施，包括通過《香港人權法案條例》，而港督衞奕信就在他1990年的施政報告，勾畫出分佈港九新界的大型基建計劃，傳媒稱為他給香港人夢想的一座「玫瑰園」。

計，製造成舉世矚目的「地標」，但香港本土的文娛藝術工作者，長年缺乏所需的場地、空間和設施，以及長遠文化政策的支持，他們爭取政府在西九40公頃的土地上發展香港的文化藝術，並令香港市民享受到成果，西九發展，須有公眾參與。

2003年，政府決定以「公私合營」，「單一招標」的模式處理整個西九文娛藝術區的發展，即是說，會將40公頃的土地，以50年租約，批給中標的一個財團，由該財團在區內發展和管理一系列的文化藝術設施30年，除此之外，財團可以在該土地發展住宅和商業項目出租出售。

「單一招標」受到社會和立法會議員強烈批評，認為這不啻將面積如尖沙咀大小的一幅香港土地「割讓」給財團主宰，文娛藝術發展變質成為地產項目，「公私合營」，即是政府出地，財團出資，如此便避開立法會的審批和監管，市民大眾無權干預。

當時反對聲音最烈的還有以專業界為主力的環保團體，他們認為，西九發展應連繫貼鄰地區，活化而不是隔離這些老區，才是有利香港長遠可持續發展的做法。還有一說，就是很多發展商不滿西九讓一家獨霸，不讓他人分一杯羹，「得西九，得天下」，誰是最有能力投標的財團，呼之欲出。

2004年11月，政府宣佈有三份建議書入圍，諮詢公眾，為期三個月，但市民只能「三揀一」。發表意見的人士和團體大表不滿。2005年1月5日，立法會通過動議，要政府延長諮詢期，公開一切資料，撤回單一招標，訂立長遠文化政策為發展西九的基礎，以及成立一個由各界人士組成的法定西九管理局負責策劃、監管及執行整個計劃和建設。

1月21日，內會通過決議，成立了「西九龍文娛藝術區發展計劃小組委員會」，負責研究和跟進發展西九事宜。連我在內，一共22名跨界別、跨黨派議員參加，並推舉了梁家傑為主席。這個小組委員會認真和公道，由2005至2008年，分三期向內會提交報告，從每份報告的附錄可見當年前來發表意見的民間團體的質量之高。小組委員會報告的內容可在立法會官方網頁查閱，毋須贅述。這樣要說的，是考察畢爾包的故事。

研究西九的過程中，祕書處提供資料，西班牙畢爾包剛好有個意念相近的文化藝術區發展計劃，在一個叫「阿班多爾巴拿」（Abandoibarra）區內的35公頃土地上，建了間著名的古根漢博物館分館，及大型音樂廳等高級文化設施，但同時又以賣地發展商廈和住宅的收益，作前者的補貼，這不就是西九構思的精粹嗎？內會於是通過考察建議，由傑哥帶團，包括我、工程界議員何鍾泰、文康體育界霍震霆和建築界劉秀成教授五人，連同祕書處人員一起，由9月18日至24日往訪畢爾包，並寫報告及建議。立法會祕書處效率一流，江湖地位又高，出發前一切安排妥當，已聯絡好當地各方面的負責人接見我們。他們坦誠熱心，毫無保留地與我們分享經驗和提供資料，令我們由衷敬服。

我們周詳的行程計劃，原先沒有包括看河，但到埗發現原來關鍵都在河上。這個本來寂寂無名的小城，13世紀在河口東岸建都；19世紀，這裏成了煉鋼、造船等重工業的重鎮，城市越河到西岸發展，一分為二，東岸是大學大樓和高尚住宅區，西岸一帶為船塢、工業用地所據，鐵路路軌沿岸而築，附近住的多是勞工階層。20世紀70年代，工業大衰退，船廠、鋼廠相繼關閉，無數工人失業，工場廢置，沿河一帶變成一片灰沉，河水污染，生態絕跡。

「城市背向河了，人已走不到河邊。」接見我們的副市長說。80年代，畢爾包經濟沉至谷底，當時的政府，惟有背水一戰，立心重新策劃，推行大規模重建工程。要畢爾包站起來，首先就要把河釋放出來。

路軌移到城南，船廠舊地清理整平，翻新的35公頃平地，就是阿班多爾巴拿文化發展區了。1997年，超現代設計的古根漢博物館臨河傍着大橋蓋成了；1999年，在河岸的另一端，巨艦似的會議中心和音樂廳落成了。一道道名家設計的行人橋，輕盈秀麗地連接起兩岸，遊人又可以河堤漫步，城市又環抱着河了。海港北移，河水經過清理，又重新碧綠，魚兒回來了，畢爾包又活過來了。

（我在河邊眺望，想起快要變成一條河的維港，我們的城市，曾幾何時，宛若在水中央 …… 西九，不是要歌頌我們的維港嗎？）

新闢的文娛商住發展區，為稠密的城市設置了市肺；新的交通網絡打通了城市的「任督二脈」，市民舒展了活動的空間；大學添了寬敞的圖書館，有了行人橋連接，藝術區都成了校園；空置的舊廠房翻新，以特惠租金招徠有志創業的小公司，舊校舍改裝成藝術家的工作坊。

新的沒有排擠掉舊有的，有關當局將本來予原有文化藝術博物館發展的經費，轉移去建古根博物館分館。博物館現在又有新撥款擴建新翼了；新的音樂廳，現在是畢爾包交響樂團的大本營 —— 我們的香港管弦樂團，還在尋覓家園！

我於是想，西九龍的設計，有如世外桃源，高聳的商住大廈日夕面對維港景色，但卻會令背後的原住宅區更顯得環境惡劣，令其他原有文娛藝術設施相對降級。這是我們應接受的現實嗎？還是我們可以動動腦筋，要求西九設計起到睦鄰作用，改善整體環境，與其他文化設施互相呼應，不只為西九豪宅作私家花園？

2005年9月28日，考察團提交報告，觀察所得，納入2006年1月小組委員會的第二期報告之內，並為工務小組委員會作參考資料。2月21日，特區政府終於宣佈不再依照單一招標所訂程序，推倒重來，成立諮詢委員會，重頭聽取意見，重新建議。2007年9月，政府推出新建議，同意成立《西九文娛藝術區管理局，策劃興建一系列文化藝術設施，包括一所「M+」美術館。到此，立法會工作的焦點，就放在審議《西九管理局條例》草案，和供設立「M+」美術館之用的216億元撥款申請了。小組委員會聘請了專家，為我們獨立分析和評估政府撥款申請的理據和可行性。

成立西九管理局的法例，要到2008年7月才通過，審議過程中，政府接納了草案委員會不少意見，通過了的條例，處處可見當年立法會努力爭取，和官員誠懇聆聽的痕跡，特別是在法例中訂明管理局的目標，包括推動香港長期文化藝術的發展及保障文化藝術創作的自由，一切權力須為推進目標而行使；條例又明文列出委任管理局成員的準則、訂明管理局諮詢公眾的責任和方式等等。政府絕非千依百順，但我認為法例已取得實際可行的平衡。

諷刺的是，西九的將來還是空中樓閣之際，特區政府已着手拆卸充滿香港人的集體回憶的天星、皇后碼頭了。2006年11月11日，政府正式關閉有48年歷史的天星碼頭，預備拆卸；12月，數十名市民發起抗議行動企圖阻止，但政府無動於中。我在2007年1月份的《A45》報，以「香港土地，香港居民」為題發表短評，向政府及從政者指出，保護集體回憶、保育本土文化、發展本區特色，已是香港市民大眾認同和重視的核心價值，政府需了解這個現象背後的情懷，展望2007年，這個意識必然會繼續加強。但政府似乎視若無睹。那時，距離保衛皇后碼頭的絕食抗議只有8個月，距離反高鐵、保衛菜園村的壯烈抗爭不到兩年。

反高鐵撥款灑金夷除菜園村

議會最重要的一項任務是審批政府的財政預算及撥款建議。收入來自市民，支出自然須得代表市民的議會審核批准。美國獨立的導火線是税務權責：No taxation without representation —— 要徵税就要得人民代表同意。這項權利來源古遠，源自1215年《大憲章》，及英國結束連年內戰之後，1689年訂立的《人權法案》(Bill of Rights)：任何不經國會通過徵收的税項均屬違法。這是為英國憲制的基石。

香港的憲制，自殖民地以來，就須體現這項基本規條。《公共財務條例》，是香港法例的第2章，可見其基本性質。當然，殖民地時代，行政、立法兩局議員由港督任命，行政、立法實際上由港督包辦，但即使如此，也須慎重經過法定程序，每年政府所需的開支撥款以及徵收的税項和税率，須由立法局立法通過，年中對核准開支預算的修改建議，須交財務委員會在例會上審核通過。隨着政制逐步開放，審核的過程也變得細密和認真。立法局未有民選議員之前，財委會已是會議公開，但一般十分簡短，除了少數引起公眾關注的項目之外，例行通過。即使如此，近代殖民地的財政司還是極其認真奉行使用公帑的原則。1971至1981年的財政司夏鼎基 (Sir Philip Haddon-Cave) 一貫向其屬下官員 (如後來成了行政長官的曾蔭權) 訓示，盈餘是「公共盈餘」(public reserves) 不是「政府的盈餘」(government's reserves) —— 收入是公共收入 (public revenue) 不是政府收入。最近 (2017年3月)，補缺新任財政司司長陳茂波擬花二百萬元修葺官邸，夏鼎基的兒子接受傳媒訪問時憶述，小時官邸網球場殘破，兒子提出需要修理，夏鼎基即說，納税人的錢屬於公眾，一分一毫也不能用諸於私。

《基本法》確定了原有的制度，財委會的權力更加重要，特別是在監管政府的政策方面，因為任何涉及動用大筆公帑的政策計劃，都需要財委會通過撥款才能實行，只要有過半數的議員投票反對，項目便受阻。為了爭取議員的支持，政府便要提供完備的資料，解釋為何公帑用得其所。若資料不足，引人疑問，要補充資料，便費時失事。從另一個角度看，正因政府有責任回應，議員便有責任熟讀文件，了解數據，及時查究，否則把關不力，便是失職。

要做好財委會的工作並不容易，[30] 尤其是大型基本建設工程，往往涉及複雜的專門技術和財務安排的數據，「魔鬼在細節中」，一個疏忽，就忽略了問題的所在。政府原應有及時並忠實地向議會提供資料的責任，但特區政府往往不遵守原則，有時明知建議有問題，為了逃避質詢，就故意挨到很遲才提交資料文件，提交的資料又遠遠不足，然後藉詞趕急，施加政治壓力要財委會即時通過，否則就令公眾蒙受嚴重損失云云。2009年的高速鐵路撥款建議，就是這樣的例子。

在香港建造高速鐵路連接內地高鐵網絡，最初是董建華任特首時提出的。他要在西九龍的大片填海土地上，建一座大型歌劇院及高鐵總站，締造「24小時優質生活圈」，將香港變成內地新興富豪欣賞高級國際藝術演出的後花園，認為這種高級文化旅遊服務有助香港經濟發展，當時被人譏笑為將珍貴地皮用

30 財務委員會屬下有兩個小組委員會分擔審核工作，工務小組委員會，處理政府工程項目的開支；及人事編制小組委員會，處理增減政府職位編制涉及的財政開支。小組委員會討論過的項目，交財委會正式通過，如無異議，不必在財委會上再討論，一籃子通過，但議員有權要求將小組委員會議程上的任何項目分開在財委會上討論，並要求與該項目有關的官員出席回答問題。這個安排，一方面增加通過不具爭議（或爭議得到解決）的項目通過的效率，同時又不損害財委會的審核及決策權力。

作車站，但真相當然不是這麼簡單，自始至終，這都是個政治項目。董建華提出的只是一個構想；遲至2007年，政府都沒有交出過一套完整方案交立法會討論。到了2009年，事情突然變得緊急起來。12月，政府向財委會提交文件，要求撥款669億元，興建由深圳接駁到西九26公里長的一段高速鐵路。

669億是個龐大數目，以公里計，則是全世界最昂貴的高鐵做價。可是，這麼龐大的運輸項目，卻顯然沒有一套詳盡的計劃和具體資料，包括會怎樣影響鄰近的交通網絡、會有甚麼配套設施和預算涉及的開支等等。但對我來說，我最有保留的是一個一直關注的核心法律問題，那就是所謂「一地兩檢」。按照政府的說法，高鐵要發揮高速的效率，必要條件是在西九總站同地設立香港及大陸的邊境檢查手續。可是，這是法律不容許的。《基本法》明文規定，內地法律不在香港實施，內地人員不能來港執法。這個保障，是「一國兩制」的核心，也是香港及國際人士有信心在香港居住、工作和營商的重要原因，根本沒有容納「一地兩檢」的空間。香港不能效法外國邊檢的做法，因為那些例子全部涉及兩個主權國之間的協議，每個主權國都有權讓鄰國人員在自己的國土邊界執行依照他國法律的通關手續，但香港不是主權國，而是受到《基本法》約束，無權更改，而中央政府，除非修改《基本法》，否則也不能派員來港執行內地法律。

另外，高鐵也不能採用深圳灣口岸的安排。2007年，特區政府與深圳市政府協商，在位於大陸境內深圳灣土地劃地設立香港口岸，為西部通道辦理邊檢手續，內地當局堅持，在香港口岸範圍內，所有香港法律適用，不限於關乎邊檢所須。當時，我擔心中央是藉此試探日後用同一模式在西九施行「一地兩檢」，所以在辯論中已提醒這並不可作為對等例子。原因很簡單：大陸並無法律禁止在內地劃地由香港人員執行香港法律，但《基本法》不容許大陸在特區境內執行內地法律。[31] 2008年5月，我們再次向政府指出這個憲制上的問題，而政府亦承認要先解決法律問題才可以進行「一地兩檢」，[32] 可是，到了2009年底，政府向財委會要求撥款之日，解決方法仍是無蹤無影。「一地兩檢」不可行，高鐵效率不可能達到，那麼政府憑甚麼要立法會撥款669億元興建高速鐵路？

高鐵引起愈來愈大的公眾關注，主要是由於兩個團體的努力。一個是由專業人士組成，關注公共政策的「香港專業聯盟」（The Professional Commons），他們成員中有工程師、建築師、律師、通訊科技人員等。他們以專業知識，分析從各方面搜集的資料，並將特區政府的建議和世界各地比較，提出了很多具體問題，發表了很多內容充實的文章。他們原則上是支持以鐵路作為最環保的集體運輸系統，取代低效率而高污染的路面交通工具，但認為港深高速鐵路的設計和做法很有問題，需重新考慮。尤為重要的是，他們認為總站不應設在屬市中心的西九龍，建議應改為設在元朗的錦上路，才會更加合理，有利發展和節省成本，既不牽涉遷拆擾民，又配合原有的交通網絡，提升效率。但政府拒絕聽取這些專業人士的批評和建議。

---

31 見《立法會議事錄》，2007年4月25日，《深圳灣口岸港方口岸區條例草案》Shenzhen Bay Port Hong Kong Port Area Bill，二讀辯論 Margaret Ng 發言，頁81–86。我為擔心「一地兩檢」借用此例，特別參加了審議這項條例草案的委員會，並在辯論中指明，即使在深圳灣香港口岸適用所有香港法例的做法，本身也有法律問題。但當時很少議員對這些法律疑難感到興趣，只着眼於令內地與香港之間交通更便利省時是好事。

32 2008年5月8日，黃定光動議辯論，促請特區政府加強與內地合作，盡快落實在廣深港高速鐵路香港段及香港國際機場採用「一地兩檢」的通關模式。我和涂謹申、湯家驊等議員發言反對。我的發言內容見附錄。

另一個團體——其實不算得上是團體，而是一羣1980年後出生的年輕人，傳媒稱為「80後」。他們沒有正式組織，只是通過互聯網聯繫，交換消息和發起運動。他們主要還不是反對高鐵本身，而是強烈不滿政府以專橫跋扈的手法，強推高鐵項目而罔顧人文社會和市民要付出的代價，特別是不惜強行拆毀村民的家園。

事緣政府的計劃，涉及清拆石崗軍營東邊的一條住着八十多戶，五百多人口的農村。這條村是上世紀50年代，歷戰爭離亂，須尋覓棲身之所的各地華人，用自己的心血勞力一磚一瓦建成房舍，逐漸凝聚而成的社區羣體，以耕種畜牧過活，與世無爭。小村本來無名，但因政府指明清拆，就以「菜園村」為名。村民突然面臨家園被毀的命運，又將失去他們自食其力的簡樸生活方式，成了80後青年抗爭的象徵和焦點。他們主動協助村民向政府抗議，提出「不遷不拆」的口號。為了使社會更廣泛的注意及突顯菜園村村民抗議不單關乎幾百人的迫遷安置，而是政府推動的高鐵與貼近鄉土兩者所代表的不同生活方式與價值嚮往，80後青年採取了前所未見的「苦行」抗議方式，年輕人赤着腳，手掬穀粒種籽，沉默緩行，每26步一跪拜，俯首伸臂向前向天展示穀種，巡行港九各區，他們的純真虔敬，打動人心，令「菜園村」意念深入民間。

立法會議員本來對高鐵議題警覺不高，政府投資改善交通，議員一般都會認為有利公益，應當支持。菜園村村民和專業聯盟的行動展開之後，泛民議員才開始醒覺到事情並不簡單，有必要深入研究，起碼在弄清楚法律、工程設計、交通、經濟、民生種種問題之前，不可貿貿然通過撥款。所以到了2009年12月，政府向財委會提交撥款建議時，泛民已決心阻止撥款通過。

財委會的程序相當簡單，議程及文件事先派發，到了相關項目時主席就直接問議員要不要發問，若沒人發問，就馬上將文件付諸表決，過半數贊成便通過。如果有議員發問，就按鈕示意，多位議員要發問，就依照按鈕先後次序發問，通常不能追問太多次，如果追問下去而有別的議員在等候，就要再「排隊」待下一輪發問。泛民議員根本不夠半數，最後結果不容樂觀。但抗爭的羣眾氣勢如虹，在財委會當天，總動員到立法會大樓外守候，舉行活動，仍希望能打動一些建制派議員和專業界議員投良心一票，否決撥款。我沒有過問抗議行動，一心只要把「一地兩檢」追問到底。

財委會於12月18日下午召開，早一天，80後青年繞立法會大樓作最後的苦行，像是祈天，也像是向世人呼籲。會議的當天又是另一種氛圍。抗爭的年輕人和菜園村的老、中、青三代，在立法會大樓周遭擺滿小攤子，派發傳單，展示農作物，供應家鄉小食答謝途人，將菜園村的一片善意綠意帶到繁忙冷漠的市中心。組織團隊在大樓前的小廣場上架起了大屏幕和裝置了擴音器材，以備將樓內會議上每一位議員的發言，傳播到廣場上，讓坐滿了廣場的市民聽到看到，報以掌聲或噓聲。這一來，附近的商廈未免大受滋擾，但亦無人試圖干預。

大樓內，我們集中精神提問、追問，一個接着一個。那年的財委會主席是劉慧卿，她鐵面無私，秉公辦理，不管你是甚麼黨派，是官員還是議員，全不賣賬，無人敢説她偏袒哪一方。泛民有備而戰，例如陳淑莊，居然連夜熟讀了政府最後一刻才拿來的厚厚數冊關於西九鄰近舊區交通網絡的資料數據，看出漏洞，連珠炮發，迫得官員小心作答。

我們還有透過電郵，直達會議廳外的專家組支援，隨時回應查詢，幫助我們反駁官員的誤導，甚至建議應問的問題。

此外，有人一早在大樓三樓預訂了房間，整隊專家帶備原材料資料候教，我們找到空檔，就飛奔上樓「補習」。如此一來，我們愈戰愈勇，問題源源不絕，無人能以我們的問題重複而要求主席停止我們發言。會議延續了一節又一節，但終於也得結束，2009年結束，而撥款仍未能通過，菜園村仍安全。

暫緩當是勝利，我們步出大樓，羣眾熱烈歡呼，我心下戚然，其實事件不曾完結，只是押後到翌年1月16日續議。

再多問題，也有窮盡之時，非因政府對我們所有疑問都已提出滿意解答，而是當官員一再表示「沒有補充」，主席就不能讓議員問下去了，不滿答案，投票反對，是議員的權利。「一地兩檢」的問題就是這樣懸疑未決，然則建成高鐵，不能「一地兩檢」，得物何用？單從財務角度看，只是浪費龐大公帑；從法治的角度看就更驚心，到時政府必然持着已花了大筆投資，霸王硬上弓要執行「一地兩檢」，好讓一制直通兩地！

由於財委會規程容許議員即場提出與項目有關的動議，問題乾涸，議員便不住提出動議「拉布」。我極不喜歡拉布，因為既沒意義，亦有失尊嚴，但泛民不甘心放棄。不過，不甘心也得終結，高鐵撥款，歷時24小時辯論之後，終以31票贊成，21票反對通過。

圍繞立法會大樓的抗議羣眾失望之極，憤怒爆發，投了贊成票的建制派議員不敢走出大樓。羣眾隨即和平示威，遊行到禮賓府抗議，雖然發生了幾名青年與警員碰撞的事件，令人遺憾，但僥倖未造成嚴重後果。經此一役，「80後」成了民主運動的生力軍。政府贏了這一仗，勝之不武。武力清拆菜園村，留下了很長的尾巴，暴露特區政府根本無力解決問題。菜園村民像《出埃及記》的以色列人那樣，歷盡艱辛尋覓土地重建新村，老的死，新一代嬰孩出生，奮鬥繼續，而高鐵計劃一再延誤，一再超支；「一地兩檢」沒有合法解決，只有不斷重申外國邊檢與深圳灣口岸兩個早已道破的例子，在西九建總站的圖則曝光，可見會容納大量公安人員駐港全面執行內地法律，囚室數間，設備可供長時間囚禁，政治目的逐漸圖窮匕現，嚴重威脅「一國兩制」。

解鈴還須繫鈴人——菜園新村的路權問題

菜園村被迫遷拆，47戶原村民覓地重建新村，因路權問題陷入困境，究竟特區政府是否「不應介入」，「事實不容歪曲，意見大可自由」，是我任職《明報》時期，前社長查良鏞的辦報宗旨。讓我們就翻查檔案，弄清事實。

2011年與村民夜話於菜園新村。

特區政府在要求立法會撥款建高鐵的時候，清楚表明會採取措施，令菜園村村民能實現繼續一起耕種的生活的願望。

立法會財務委員會為審議高鐵撥款，在2009年12月18日及2010年1月7、8、15及16日召開了長達25小時的會議。這個會議有逐字紀錄。當時，多位包括建制派和民主派議員應菜園村村民的要求，向當局提出搬村復耕的建議。議員指出，菜園村是村民數十年心血經營的家園，毀人家園，並非金錢賠償或「上樓」可以彌補，而是要求原村搬遷。

當局解釋，按照現行政策，不可能做到政府撥地，原村搬遷，但是可以藉特惠賠償，在新界買地建屋耕種，只要有多戶聚居，實際上就可以有相若的效果。鄉議局會擔當起中介角色，令村民成功買到適合的土地。政府會發給建屋和復耕的牌照，並促各方面溝通合作，達到目標。

這個解釋當局以類似的字眼，在會上重複了多次，我只需引述其中一些例子：

2010年1月8日，回應李卓人議員：

運輸及房屋局局長鄭汝樺女士：⋯⋯ 如果居民覺得他們希望以務農繼續維生，作為他們的生活方式，他們可以利用這個復耕的政策。復耕政策就是他會租或買一些農地，那為何鄉議局是有一個角色呢？就是我相信它作為一個忠實的媒介，可能有一些願意提供土地的業主，它會與這羣居民一起傾⋯⋯ 可能是有一羣村民組成一起，也可以一起購買同一幅土地，利用這個復耕政策，他便可以有類似自己一個比較緊密的社區在那裏，我不知道，可能是十多二十户等等。那便要看看他們自己具體的安排，但如果他們成功取得我們60萬特惠金的話，他們便可以組合一起來做。但我想強調這個，就是因為他是利用復耕政策來做。

2010年1月15日，回應葉劉淑儀議員問政府可否租地給村民復耕：

運輸及房屋局局長鄭汝樺女士：主席，在這方面，如果我們有特惠金，就不會利用政府土地來做。但當然，新界其實有很多農地可以提供，特惠金不是用來購買400呎的農地，而是興建一間400呎的房屋。那麼，農地有多大，譬如說他需要多少千呎真的用來耕種，便要看個別農户的需要。

在土地方面，我知道鄉議局十分願意在這方面協助找一些願意提供農地的業主的。…… 我們可以替他們和那些業主做串連和溝通的工作…… 市場上應該有足夠的農地，新界還有很多農地可以做這一方面的。

1月16日，張學明議員代表鄉議局作出響應局長的承諾：

張學明議員：局長在多次的發言當中提及鄉議局，希望日後能夠協助菜園村的居民，特別是在復耕的問題上覓取土地。作為鄉議局的副主席，以及劉皇發主席，我們是願意承擔這個責任的。

高鐵撥款通過之後，菜園村關注組一直朝着重建菜園新村的方向與當局談判、磋商，爭取「先建後拆」，大概在去年10月，已在鄉議局主席劉皇發中介之下，找到了現址的農地，但路權的問題難以解決，沒有車路運送建築材料就建不成新村。一面，村民不放心買地，另一面，政府卻限日迫遷清拆舊村。延至12月，村民終於不能不先買地，繼續在路權上爭取解決。

至此，村民已無退路了，這時才說政府「不應介入」，效果等同迫村民放棄新村的計劃。這是「中立」嗎？

事涉公共政策的香港整體利益，政府不能置身事外：路權是「項莊舞劍，意在沛公」，「沛公」是以該1萬2千平方尺發展丁屋圖利。

這個局面，是政府的丁屋政策一手造成。新村土地以北是一片密集的丁屋，住的當然大部分不是新界原居民，而是發展商從原居民手中收購丁屋權，集體發展，牟取暴利。丁屋政策不是鄭汝樺的事，是發展局局長林鄭月娥的範疇。不是政府規劃為丁屋地，又哪來發展商垂涎？解鈴還須繫鈴人，焉能讓發展局與運輸局互相推搪？

問題更涉及保育新界農地政策。這幅被看中的土地，以前是個魚塘，現在魚塘仍在，地段卻已規劃為丁屋用地。在菜園新村的設計中，魚塘會用作整條新村廢水過濾系統核心的生態池；若賣給發展商，就必然填平了魚塘，盡用建房屋。哪個用途更符合整體公眾利益？保育魚塘，還是發展地產？

但最直接關係的公共政策是社會穩定與政府的公信力。清拆、迫遷是最動搖穩定的措施，有秩序的合理安置是最基本的考慮。菜園村的村民自發地計劃另建家園，是最可取的積極態度，政府竟然非但不玉成其事，還要將村民迫上絕路，製造暴力遷拆，這是何等行為？不但村民對政府有合理期望，全港市民都有權要求政府滿足公眾對良好管治的合理期望。民無信不立，何況政府？

附錄：2008年5月8日立法會會議吳靄儀發言摘錄

…… 在「一國兩制」之下，內地法律不能在香港實施。《基本法》第18條說：「在香港特別行政區實行的法律為本法以及本法第8條規定的香港原有法律和香港特別行政區立法機關制定的法律。」如果香港制定的一項法例，違反了第18條或令內地的法律可以在香港實施，我相信這項立法是違憲而無效的。香港特別行政區的區域界線是由人大決定的，這條界線劃定了在甚麼範圍之內要實行香港的法律，而非實行內地的法律。

主席，多位議員均說希望在西部通道進行「一地兩檢」，但當中是有很多複雜的問題存在的。不過，多位議員應該明白，西部通道這種做法是在內地實行香港法律，在港方口岸實行香港法律。當這項法案通過時，我已發言表示這種做法非常有問題，特別是如果說到「一地兩檢」，港方只是純粹執行通關的程序，是不應把所有香港法律在「一地兩檢」的範圍內實施。如果日後倒過來，內地全部法律可以在香港口岸實施，這樣違反《基本法》的情況便更嚴重 。

署方又說外國邊界有很多「一地兩檢」的情況，我們當時也討論了這問題。第一，我們這裏的情況，並非邊界兩方均是主權國，我們兩方均受同一的《基本法》所限制。《基本法》是不准內地法律來香港實施的，這是第一點；第二，外國的「一地兩檢」是很清晰的，外國人員在其國家執行的，只是通關所需的法律和作用，是不可以做其他事情的。不過，無論如何，「一國兩制」這情況當然是獨特的，有何奇特之處？當然是舉世無雙的。如果我們今天因為方便的理由，因為金錢之利，而忘記了「一國兩制」的原則，在香港實施「一地兩檢」，透過「一地兩檢」在香港實施內地法律，那麼，他日又會否同樣為了便利的理由，在香港其他地方讓內地其他執法人員執行內地法律呢？在這樣蠶食鯨吞之下，《基本法》內「一國兩制」的原則又剩餘多少呢？

流動民主教室
Mobile Democrac
Classroo

第六章

三朝構廈為梁棟

三座大樓·三代議會

1998–2012

構廈，字面指「構建大廈」，但在歐陽修的〈漁家傲・與趙康靖公〉中則是「建設社會」之意，正好呼應本章內容，既是關於三座立法機關大樓，同時我跟歐陽修一樣是三朝元老。親歷三代議會，大概也算克盡己任，守護議會優良文化，藉此建設社會；之後只盼也能像歐陽修那樣來個「定冊功成身退勇」。

我心目中的「構廈」該是杜甫筆下的「廣廈」，可以「大庇天下寒士」，而不是像現在那樣口裏喊着「門常開」，實際卻是封鎖門前供市民集會的餘地；嘴上掛着「民永繫」，實際竟有祕道直通政府總部。

三座立法大樓與三代議會大事紀要

1978年		原為香港最高法院大樓停用。
1985年	6月26日	立法局通過《權力及特權條例》，除了保障議員行使權利的自由，更確立了立法局傳召證人的權力。
1985年	9月	原最高法院大樓改建重修成立法局大樓。
1986年		吳靄儀任職《明報》，兼寫《南華早報》專欄，常到立法局旁聽。
1987年	11月4日	港府向立法局提交報告，以營造出來的民意調查為理據，將直選押後至1991年。
1988年		《基本法》第一稿發表後不久，英國下議院外交事務委員會於立法局就《中英聯合聲明》實施取證調查。
1989年		天安門事件發生後，英國外交事務小組向下議院報告，香港應得到准許決定九七前要怎樣的政府制度。
1990年		吳靄儀離開《明報》，開始了大律師執業生涯。
1991年		行政、立法正式分家，議員不得兼任行政、立法兩局，祕書處正式專注於立法局，並注冊為法團。
1994年	3月30日	《立法局行政管理委員會條例》通過，「行管會」由立法會議員互選組成，立法局主席及內務委員會主席分別法定為行管會正、副主席，負責整個立法局運作所需的行政管理服務支援。
1995年	9月18日	吳靄儀第一次宣誓就任立法局議員。
1997年	7月1日	臨時立法會代替原來的立法局。
1998年		新一屆立法會通過地區和功能組別選舉誕生。吳靄儀再度當選，並開始擔任「議事規則委員會」副主席至2012年。
		立法會成立專責委員會調查新機場運作初期的混亂事故，吳靄儀為其中一位委員。

2009年		立法會成立專責委員會調查退休高官梁展文加入新世界任職事件，並行使特權法傳召新世界主席鄭家純作供，鄭向法庭申請司法覆核委員會是否可以行使立法會特權。
2011年	7月18日	立法會告別舊大樓。
	9月1日	立法會正式遷入添馬艦新建成的綜合大樓。
2012年	5月2日	黃毓民、梁國雄、陳偉業三位議員以「拉布」方式阻延《立法會（修正）條例草案》，草案的目的乃防止「五區公投」重演。
	6月2日	立法會主席曾鈺成「剪布」，《立法會（修正）條例草案》通過。
2012年	9月	反國教集會在立法會外的添馬公園舉行，政府擱置推行國教。
2013年		九萬民眾在立法會外的公民廣場抗議政府拒絕解釋理由而否決發牌予香港電視。
2014年	9月26日	大專學生抗議人大的「八三一決議」，在立法會外集結，學民思潮黃之鋒率先衝入封鎖的公民廣場，得到更多羣眾到場聲援。
	9月28日	警方施放87枚催淚彈引發79日的雨傘運動。

引言：三朝構廈為梁棟

2015年10月30日的早上，我踏入剛遷入舊立法會大樓的終審法院，代表一位南韓籍香港居民出庭答辯破產管理署署長提出的上訴。[1] 這座古典建築物，本來就是香港最高法院，1978年停止使用，其後經內部改建，自1985年9月起用作立法局大樓。我在1995年當選議員之後，差不多天天在這幢大樓工作，直至2011年立法會遷往添馬艦，大樓又交還司法機關使用。這是我在立法會遷出後第一次舊地重臨。

三年修復翻新，舊日的會議廳還原為大法庭，拆掉了議會年代的一行行擠迫笨重的座椅，移走了擱置提交立法會的草案文書的大桌，清拆了兩旁「僭建」的閣樓，整個空間頓見闊落，石柱拱窗，古典比例重現，添上裝置簡約的尖端通訊科技設備，切合終審法庭的隱約威嚴。昔日盪激四壁的爭辯歸於沉寂，幾部簇新的升降機擋住了石級，我都幾乎認不出舊路了，但又一步步都彷彿窺見轉角處有舊時蹤影。

加上，跟我一起出庭的資深大律師是剛辭去立法會議席的湯家驊，無數去日，我們曾經並排而坐，在這個大堂裏為爭取普選辯論，如今同返舊地，重操故業，不禁莞爾。

---

1 Official Receiver v Zhi Charles, FACV 8/2015，載錄於(2015) 18 HKCFAR 467。這宗案件的主要爭議是破產條例之中，延遲破產令頒佈時不在香港的破產人破產期的計算，是否違憲侵犯該人的旅行自由。案件在上訴庭審理時只有我代表破產人，勝訴之後，破產管理署署長不服上訴終院，我的一襲布衣未免寒酸，須得有資深大律師統領，法援費用微薄，我便乘機欺負湯家驊，要他助一臂之力。恰巧破產條例相關一段先前的修訂，我倆多年前有參與審議，我記得，他卻早已忘掉。我們近年政見不大相同，但無減我對老湯法律修養的佩服。贏了官司，順便也造成了政府推動立法實現擱置了太久的破產條例改革。修正案在2015年11月在立法會正式通過。

我從1981年開始涉足政治至2012年退任的30年間，議會佔用過三座大樓，剛好象徵了三代議會，每座大樓都見證了重大的香港歷史時刻。中英談判展開之時，立法局的會議廳設於戰後重建的政府山政府合署中翼北端，穩坐在殖民地管治架構懷抱之中；《中英聯合聲明》簽署之後，立法局的前途篤定為特區憲制之下獨立自主的民選立法機關，與行政、司法鼎足而三，搬遷到市區中心的歷史性獨立建築物，是突顯其受市民監察、國際注視的重大機關身份。主權移交14年後，議會東遷至添馬艦特建的新大樓，臨海面北，政府總部在背後俯視，左側不遠是解放軍駐軍總部舊威爾斯親王大樓。立法與行政又同處一地，明分暗合，跟過去不同的，是中間有一個共用的添馬公園，造就了更聲勢浩大的民眾集會組織空間。

政府山上的立法局

我最初接觸立法局的時候，它的會議廳是在中環政府山政府合署之內，但有獨立的公眾入口。香港自開埠以來，政府山就是港英政府權力中心的所在地。Government House督轅居高，後花園下來，隔一條亞厘畢道是政府合署。戰後50年代重建，就在中翼北端地下設置了立法局的會議廳，其實不過是規模不大的房間，扇形設計，主席台坐南望北，牆上有英國國徽，議員座位在主席台前弧形展開。公眾入口在北，正對主席台，台側一左一右兩門，通往前廳，就是這樣。

港督是立法局主席，親自主持會議，《英皇制誥》制定，港督在聽取立法局意見及得到立法局同意之下，為香港的良好管治訂立法例。這個制度有多專制或開放，就視乎立法局的組成和由甚麼人擔任議員。1985年前，所有議員都是由港督任命，「官守」議員“Official Members”是自政府官員中選任的議員，

「非官守」議員 "Unofficial Members" 是自社會人士之中委任的議員，還有 "ex-officio" 的「當然議員」，是指制度上某些官職，例如布政司、財政司及律政司，同時有立法局議員的身份。由於議員全部由港督委任，所以立法局的開放程度，包括「官守」和「非官守」議員的比例，也控制在港督手裏。港督逐步減少委任官守議員，多委任非官守議員，就能形成議會中官方的聲音不再佔大多數。一般而言，非官守議員大多數意見保守及順從政府，但也不是千篇一律唯唯諾諾的橡皮圖章，有時會有激烈辯論，我看過我的大律師事務所當時任行政、立法兩局議員的張奧偉的發言紀錄，就很佩服他的獨立敢言。最顯著的分別，是當時立法局議員對政府的建議有反對意見，一般都是在閉門會議內解決，尋求共識，在正式會議上看到的都是已達成的協議，發言措詞十分客氣。

1984–85年，即首次公開選舉前一屆，實任官守議員 (包括三位當然議員) 共16人，實任非官守議員為30人。由於港府每有重大事項要向公眾宣佈，習慣上會在立法局會議上正式發表聲明，或以非正式會議形式，假座立法局會議廳舉行，供傳媒採訪，這個扇形會議廳，也就見證了香港主權移交的歷史談判大事。

1982年9月，英國首相戴卓爾夫人往北京與鄧小平會面，正式展開中英就香港前途談判，取道香港，就在這個會議廳上，由港督尤德陪同會見傳媒，向公眾宣佈英國展開中英談判香港前途的立場。

1984年9月26日早上，中英雙方完成草擬，晚上7時，在立法局會議上，尤德以白皮書形式，向立法局提交《中英聯合聲明》草擬本。10月16、18日兩天，立法局就首席議員羅保 Sir Roger Lobo 的動議，辯論文本，及是否向香港市民推薦《聯合聲明》。

在這場辯論中，議員紛紛表態支持，只有工運領袖陳鑑泉和御用大律師施偉賢 John Swaine QC 棄權。施偉賢說，絕大多數香港人渴望維持現狀，要英國繼續管治，因為他們不信共產黨，不相信共產黨的諾言。香港人期望英國為他們爭取，但英方沒有堅持立場，因為她進場之前已自縛一臂，用了種種入境法和國籍法將香港人摒諸門外。他問：「如果你自己不要他們，你能有多竭力為他們談判？中方會怎樣看你的談判主場？」[2] 他對《中英聯合聲明》提出不少疑慮，後來一一兑現。

扇形會議廳見證了其時是記者的劉慧卿質問剛在北京簽署了《中英聯合聲明》，回到香港會見傳媒交待其事的戴卓爾夫人：「你剛把五百萬人交付給一個共產黨獨裁政權，道德上說得過去嗎？」

扇形會議廳見證了首席非官守議員鄧蓮如當眾落淚——那是1989年4月的事。1985年10月，立法局已遷往前高等法院大樓，但扇形會議廳還保留了一段日子，1988年《基本法》第一稿發表不久之後，英國下議院的外交事務委員會就《中英聯

2 "In the early days of the debate over the future, the overwhelming majority of the people wanted the retention of the status quo. They wanted British administration to continue because they saw this as a buffer between themselves and the Communist state. These people had a deep distrust of communism, many had suffered at its hands, and they could not bring themselves to believe in its promises.

They looked to Britain to negotiate for them, and for a while Britain persevered. But how hard did Britain try on their behalf? I am not persuaded that she did all in her power for Hong Kong. I think she went to the negotiating table with one arm tied behind her back. She disabled herself a long time ago, when she closed the door to Hong Kong. She did this by a series of immigration and nationality acts which turned the Hong Kong passport holder into a second-class citizen.

If you don't want them, how hard will you negotiate on their behalf? Just as important, what is the Chinese perception of your negotiating stance?"

——John Swaine, 15 October 1984, *Hong Kong Hansard*, pp.105–106

港督尤德爵士於1984年9月26日向立法局提交中英兩國關於香港前途的協議草案。圖為仍在政府山上的立法局扇形會議廳。

合聲明》的實施進行取證及調查，期間訪問香港，在這個會議室聽證。鄧蓮如是率先應邀出席的，也是最雍容華貴、悉心打扮的證人，與劉慧卿的粗線條作風剛相反，那是劉慧卿穿吊帶裙採訪立法局的時代，兩位女士，在不少場合針鋒相對。鄧蓮如温婉細説香港人面對主權移交的無奈和憂慮，但對自己命運卻不能自主（"we are not the master of our own fate"）。一時之間，一向矜持的她，竟然當場落淚！委員會那些英國紳士大駭，手足無措，連聲道歉，問她是否要休息片刻，但鄧蓮如瞬息間已恢復常態，反而為失儀道歉。結果，新聞報道就集中於這位首席女強人的眼淚！

扇形會議廳，是我第一次認識後來成為多宗憲法人權司法覆核拍檔的李志喜。那次，我盯着她的背影個多小時，只聽她娓娓而談，竟不得見其面！

向外交事務委員會提意見的民間團體之一，是自稱為 "The Lobby Group" 的一羣專業人士，包括李志喜、吳崇文、秦家驄、陸恭蕙等，他們編訂了一份詳盡的意見書，代表他們出席聽證會的就是李志喜大律師，她是上訴庭大法官李福善的女兒，從小在英國受教育，是英國執業大律師，1982年始回港執業。我孤陋寡聞，未曾聽過她的名字，那日坐在公眾席上，她背對公眾，我未睹其面容，只見一短髮白襯衣女子，紋風不動，以極其有教養的英語，娓娓道來，將問題所在一一說清楚。最妙的是她的識見，顯然超乎這羣所謂專家，以至他們情不自禁，深入提問，而李小姐無奈一一作答，由提意見的公眾，變了答問題的專家。

後來，小組委員會向下議院報告，認為實施立法局全面民主選舉，對保障聯合聲明的承諾至為重要，須盡快展開改革，以能在1997年前完成。1989年6月4日，天安門大屠殺之後，小組委員會作第二次報告，更堅決認為，香港人應得到准許決定九七前他們要怎樣的政府制度，九七後亦然，這是英國在《聯合聲明》之下的道義責任。

那是1989年。後來，當然不一樣了。

舊大樓的立法歲月

1985年10月，立法局遷入昃臣道一號。這座宏偉的花崗石古典主義建築物頗有來頭，前身是香港最高法院，1900年批出工程，1903年奠基，1912年落成啟用，足足建了12年，是大英帝國本土以外最大的法院建築物。大樓由地面至塔頂共高130呎，左右雙層疊瓦屋頂，圓拱雲頂居中，四平八穩，正門朝西，其上矗立着蒙眼公義女神泰美斯立像，右手持天秤，左手仗劍，象徵無分貴賤，法律之前人人平等。由於大樓建在填海地段，為鞏固地基，沉埋了數以百計的中國巨杉，整座大樓，就像浮托在木筏上的方舟。據一本1908年出版的畫冊紀錄，

THE NEW LAW COURTS.

In the new Law Courts, now nearing completion, Hongkong will possess a notable example of modern architecture, the style being that of the English school with details of Greek character. The principal elevation of the structure faces west, and is divided into fifteen bays with Ionic columns and square angle piers. The height to the first parapet is about 50 feet. The centre portion is surmounted by a pediment containing a semicircular opening, round which are grouped the royal arms and the figures of Mercy and Truth, the whole being crowned by a statue of Justice, 9 feet high. The drum of the dome is of the circular Doric order, the intercolumnar spaces being pierced by windows. The dome is surmounted by a handsome granite lantern, terminating at a height of 130 feet from the ground in a bronze Tudor crown. The north, south, and east elevations are similar in character to the west, but without the pediment. The whole building is faced with granite quarried in the Colony.

The ground floor of the structure provides various offices for the officials of the Court, spacious apartments being set aside as land offices, and separate rooms reserved for the Registrar and Deputy Registrar, and also for the bailiffs. There is a prisoners' receiving room with cells, reached by a separate entrance, and stone staircases lead to the docks of the two principal Courts. Two large entrances for the general public are provided on the west side of the building, with broad staircases leading to the upper floors, and there are separate entrances for the officials and judges, with private staircase and electric lifts. The official portions of the building are thus kept quite distinct from those to which the general public have access.

The principal Court occupies the centre of the first floor, and is so situated that the surrounding corridors, small rooms, and library render it practically proof against the distraction of street sounds. It is a large and lofty apartment, lighted by means of four semi-circular windows, each 28 feet in diameter, placed high up, and four small circular windows. The Court is 71 feet 6 inches in length, and 40 feet in width, and ample space is provided for judge and jury, the members of the legal profession, the prisoners, the press, and the general public. There are four pairs of massive granite pillars ranged along the walls, supporting the dome, the height from the floor to the ceiling of the dome being 48 feet. At either end of the Court are smaller Courts, each 53 feet 6 inches by 42 feet—one designed for the use of the Puisne Judge, and the other as a Civil Court.

On the second floor are large offices for the Attorney-General and the Crown Solicitor, with their respective clerks.

A small basement contains appliances for the heating of the building by a hot-water system at low pressure, divided into sections so that only the parts of the building actually in use need be heated.

The foundation-stone, a fine block of Chinese granite, bears the following inscription, which epitomises all that remains to be said :—"This stone was laid on the 12th November, 1903, by His Excellency Sir Henry Arthur Blake, G.C.M.G., Governor of Hongkong ; William Chatham, M.Inst.C.E., Director of Public Works ; Aston Webb, R.A., E. Ingress Bell, F.R.I.B.A., architects ; Chan A. Tong, contractor." Mr. H. G. Fisher, A.R.I.B.A., has supervised the work of construction.

19世紀初建築師筆下的最高法院。

「快將落成」的大樓是「糅合了英國風格及古典希臘特色的現代建築物的代表作。」[3] 英治撤退，留下健全的法治觀念和普通法制度，是給香港人最寶貴的遺產。香港繁榮，商業發達，對法治的信心是基石，年月發展，大樓成了中環區的中心，選為立法會新址，當非偶然！

3 Arnold Wright (Editor-in-Chief), *Twentieth Century Impressions of Hong Kong, Shanghai and Other Treaty Ports of China*, (Singapore: Graham Brash, 1908, Reprinted in 1990).

大樓自1912年啟用以來，除了1942–45年香港淪陷為日軍憲兵總部佔用之外（大樓朝東的外牆石柱猶見子彈洞痕），一直是最高法院所在，直至1978年，因受興建地下鐵路的工程影響，地基下陷，大樓變得不安全而遷離。曾經一度有爭議應否索性拆掉大樓，在這幅珍貴地皮上蓋商業大廈，幸好在1984年外觀得到列為古跡保存，到了1985年，才能經過大規模的內部改建，成為立法局的新址。港府隆重其事，立匾誌記，又刊行紀念特刊，介紹自開埠以來的行政、立法兩局簡史及大樓歷史，加插了很多歷史圖片和改建後的立法局大樓內部設施，大法庭改裝為會議廳，設置足夠容納74名議員的座位，另加120個供記者及公眾旁聽的座位，部分設於加建的閣樓。

1986至1990年間我任職《明報》，兼寫《南華早報》專欄時，經常到來旁聽會議，就坐在與議員席位只一道欄杆之隔的記者席上，官員、議員不時過來打招呼閒聊，許多重要約會，就藉此約定。坐在主席座上的港督，與記者時有無言的眼神接觸，我們自封為現場監察政府的第四權。後來樓下的記者席拆卸，改為官員座位，記者席移上閣樓。衛奕信任港督時代，已開始有意改由議員選出代主席主持會議，我覺得官員和議員的表現都會受影響，但這是民主化必經之路，而港督本人，不用每週主持冗長會議，聽議員逐一發言，簡直舉腳贊成！

舊大樓見證了一場場堪稱爭取香港民主化的重大辯論，其中令我最欽佩而又感動的是1987年7月16日，政制檢討辯論中李柱銘的發言，核心問題是應否在1988年推行直選。尤德在1984年7月發表的政制綠皮書，提出了逐步建立一個權力立根在香港、代表香港人意見及向香港人負責的政制目標，為香港人帶來了信心和希望，但兩個月後卻改弦換轍，強調香港必須保持局勢穩定，1985年只容許24個全部由間接選舉或功能界別選出的議席，將直選推到1987年檢討後再決定。李柱銘是第一任由法律界選出的議員，他力陳「八八直選」是決定香港民主前途的成敗關頭，香港需要有民選議會才可能做到在一國兩制之下，保持香港的制度，《中英聯合聲明》已承諾了立法機關由選舉產生、行政機關必須守法並向立法機關負責，這已提出了足夠基礎推行直選，不需要等待《基本法》通過。他當時就呼籲香港人覺醒發聲：「為自己及為我們的子女，我們要將香港前途把握在自己的手中，我們要讓全世界知道，香港人要主宰自己的命運。」[4] 比雨傘運動的年輕人早了27年。當年，我坐在記者席前排，深感這位遲來的政治領袖才華出眾，遺憾政府對他的話置若罔聞。

港府大張旗鼓，聘請了顧問公司大舉民意調查，表面客觀獨立，但其實在問卷上做了手腳，營造出支持「八八直選」的市民佔少數的結論，[5] 1987年11月4日，港府向立法局提交報告，

4 "Let us take our future in our own hands and work out a successful future for ourselves and our children. Let us raise our voices in unison and demand to be treated with equality before the law. Let us demand to have a vote in the 1988 Legislative Council election. Let us take courage in our conviction that this is the only right thing to do at this time. And let the world know that we, the people of Hong Kong, want to be masters of our own destiny, and that we are both willing and ready to administer Hong Kong in full accordance with the terms of the Joint Declaration."

— Martin Lee, 16 July 1987, *Hong Kong Hansard*, pp.2134–2135

5 港府聘請了AGB McNair Hong Kong Ltd. 負責做大型民意調查，該公司於1987年10月呈交的報告顯示，有關立法會選舉方面，問卷並沒有直接問受訪者是否贊成引入直選，如果贊成，則認為1988年、1991年，或更遲才引入，而是設計了一項非常複雜的題目，首先分 (1) 官守、委任和民選人數和比例維持不變；(2) 直選不可取；(3) 直選部分議員可取但不應在1988年推行；(4) 如認為在1988年改變立法局成員組織為可取，則須再在 (A) 至 (F) 五個方案內選其一。第 (4) 項的 (E) 方案才包含直選。AGB McNair 就這張問卷進行了兩輪諮詢，得出首輪只有19%，次輪只有21% 受訪者主張「八八直選」的結論。根據專家分析，李柱銘對這項調查激烈批評，而當時的布政司霍德也沒能反駁，見1987年11月4日及18日立法局辯論紀錄。

90年代，舊立法會大樓的記者席改到閣樓，那時記者可説是監察政府的第四權。

以調查結果為理據，將直選押後到1991年。30年後，英國檔案解封，我們才知道原來當年中英雙方在《中英聯合聲明》聯絡小組達成協議，英方以押後直選，換取中方在《基本法》明文保障立法會由普選產生。這宗交易，影響至巨，是英方「一子錯，滿盤皆落索」？還是一直心知肚明，遲來的民主，可能永遠不會到來？

1990年我離開了《明報》，開展了大律師執業生涯之後，便很少到立法局了，但這座大樓，彷彿有一根無形的線繫着我，每有大事，總要親身前來看望，就如1994年彭定康要立法設立「新九組」，我就忍不住放下案頭工作，深宵前來旁聽辯論。[6]那時，記者席已移往閣樓，立法局主席已換了施偉賢，行政、立法已經分家，但我的熟人仍不少，見我回來，興高采烈，又上樓來招呼，又喚我到樓下廊上敍話，令我感到大家都在同一條船上。那時我根本沒有想像過有一天自己會坐到議員席上。

會議廳是眾目所視的焦點，但其實閒日都是閉門裹在一片幽暗之中。會議廳後有一套房間，原是港督專用，後來成了立法會主席的套房。1986年12月，尤德在任上猝然病逝，喪禮在聖約翰座堂舉行，據聞靈柩隊伍經立法局大樓時，有粉蝶自港督房間飛出來，停在棺上，久久不去。

我當議員時，主要在幾個小會議室工作。「A房」在三樓，室外是落地玻璃長廊，屋簷下雕木拱斗襯着玻璃外的灰黑瓦頂，又清幽又古雅。我任主席十多年的司法事務委員會例於A房開會，上一個會議未完，就站在廊上等候。三樓另一邊廂是議員週三大會開會時用的飯堂，幾張大圓桌，其中一張長期擺放一瓶巨型裝的威士忌酒，我常擔心有訪客經過看到，定以為我們都是酒鬼了。後來，開大會的日子，宴會廳會間開一角，作議員安靜休息喝茶的咖啡角，那是因為本來供議員和出席會議的官員傾談的前廳愈來愈嘈吵，要靜下來預備發言稿就無處

6 Jonathan Dimbleby, *The Last Governor*, (UK: Little, Brown and Company, 1997) 對這場辯論有十分緊張刺激的描述，見頁258–268，但涉及本人部分並非完全正確，我既沒有在立法局對代表法律界的葉錫安施壓，亦沒有打電話告知彭定康的私人助理我和張健利會這樣做。我同情葉錫安的處境則是真的。

可去，需要另闢寂靜地帶。其實十分奇妙的文化差異是，九七前的前廳像英式紳士淑女的起坐間，矜持低調，只有簡單的小三文治作茶點，九七之後較像廣東茶樓，熱鬧而食物豐富，兩座大屏幕電視長期播放。

與會議廳同一層還有「B 房」、「C 房」兩個會議室，閉門會議多在 C 房舉行。記得 1998 年新機場（赤鱲角國際機場）出了大亂子，立法會成立了專責委員會調查，最後階段要趕工完成委員會報告的草擬本讓委員會逐個段落通過，我往往跟祕書處的同事在 C 房工作通宵達旦，改了又改，務求精準，要見得人。可惜，每次調查完成，傳媒只對有沒有官員遭譴責感到興趣，真正細閱報告了解事實根據的沒幾人。然而，委員會報告交大會通過，是歷史檔案，堅持一絲不苟是對公眾對歷史的責任，是值得的。

舊大樓新軟件

從殖民地立法局蛻變為九七後的立法機關，需要新軟件。其一是確立立法局運作時享有的權力和特權。過去，立法局一直模擬英國下議院的程序和行事方式，但九七後便不能倚賴英國制度。殖民地的立法局，不像英國國會那樣在憲制地位至高無上，但它仍享有為履行憲制職能所需的一切權力和特權，包括言論自由，以及內部程序，除了在特殊情況之外，不受法庭干預。這些權力及特權，受到普通法保障，早在 1970 年樞密院一宗裁決，[7] 香港立法局的權力和特權已得到充分肯定，但明文立法的好處就是有明確的法律條文為依據，讓所有人都清楚看到。

7 Rediffusion (Hong Kong) Ltd. v Attorney-General [1970] AC 1136.

1985年6月26日，立法局通過了《立法局（權力及特權）條例》。條例第一部分確定了立法局及它的委員會的程序，享有言論和辯論自由，這種自由，不得在任何法院或立法局以外的任何地方受到質疑。任何人不得因議員在立法局及它的委員會的程序中發表的言論，或提交的報告、決議、草案等文書，對他提民事或刑事的法律程序。條例第二部分確立了立法局傳召證人作供的權力及採取的程序，及證人享有的權利和保護；條例第三部分界定藐視立法局、在立法局作假證供，及擾亂立法局秩序的罪行，及執行懲處的方式。這是第一項軟件。

第二項軟件是逐步加強支援議會工作的祕書處。1986年原稱「非官守議員辦事處」（UMELCO: Unofficial Members of Executive and Legislative Councils Office）的職員，改稱為「兩局議員辦事處」（OMELCO: Office of Members of Executive and Legislative Councils）祕書處，因為「非官守」議員一詞已不合時宜，但顧名思義，兩局議員仍是祕書處職員的服務對象，「立法局」仍未有自己的獨立官方身份，而辦事處的職員，主要由公務員借調，要到1991年，彭定康上任，行政、立法正式分家，議員不得兼任行政、立法兩局，祕書處也就正式專注於立法局，並注冊為法團。1994年4月，《立法局行政管理委員會條例》（Cap.443）通過，「行管會」由立法局議員互選組成，立法局主席及內務委員會主席分別法定為行管會正、副主席，負責整個立法局運作所需的行政管理服務支援。祕書處職員由行管會聘任，透過祕書長向行管會負責。除了祕書長之外，另一位重要職員是法律顧問，統領其下的法律事務部，向立法局提專業獨立法律意見。祕書處員工的薪酬及聘用條件，由行管會經參照公務員職級薪酬待遇後決定。行管會所需的開支，與行政機關各部門一起，向財委會申請。

可見1985年前的立法局，主要角色是代表社會各界利益的非官守議員，因應政府施政需要通過的法例、財務撥款及政策建議表達意見，他們作為議員的活動所需的人手支援服務，就由政府調任公務員提供。1985–86年度開始，政府有意識地逐步建立一個獨立於行政機關之外的個體，於是在結構與形象上都需要與政府分開。這項工程，在1994–95年一屆大致完成。祕書處職員是立法局的職員而不是任何議員的員工。

我很重視祕書處的質素及效率。我自2001年到2012年參與行管會，心願是創立「議會祕書」(parliamentary secretary)為一個獨特而備受社會尊敬的專業，除了須具備一般行政人員的才能，還須精通議會文化、程序和歷史，有使命感，對議會忠誠。我常對祕書處的同事說，議員的質素每屆不同，再好的議員有一天也會離開議會，但祕書處是常設的，你們的學識和經驗年月積累，一代一代傳下去，在適當的時候能協助議員主持議會事務，祕書處才是議會的水準和傳統的真正監護人。

基於這個期望，我經常通過行管會為祕書處爭取更合理的薪酬和編制。每年財政預算，我都向政府爭辯，強調立法局不是一個中小型的政府部門，我們是立法機關，應有足夠的撥備和最大的程序自主。

祕書處的編制，由1991年的162人增至2012的517人；立法局/立法會的財務開支，撇除議員薪酬和實報實銷經費津貼，由1993–1994年的七千九百萬元，增至2011–2012年的三億八千五百萬元。

最後，也是最重要的一項軟件，是議會程序，九七前跟英國下議院稱為「會議常規」(Standing Orders)，九七後跟《基本法》稱為「議事規則」(Rules of Procedure)，保留九七前的內容不變。議會程序是議會的靈魂，它的實際功用是便利議會處理事務，人人知有所循，但更重要的意義是維護議會的獨立自主，發揮其無畏無懼，自由辯論的功能。規則是為了便利辯論而不是窒礙辯論而設的，執行議事規則的主席，需要深切了解這個基本原則，不應視議事規則為對付政見不同的議員的工具。主席應要為議事規則服務，而不是要議事規則為主席服務，本末倒置，議會便迷失本義。

議會內有很多大大小小的委員會，事務委員會、法案委員會等等，為協助有需要的議員認識正確的程序和背後的理念，以及作出裁決所需的考慮和步驟，祕書處用心編寫了一套供各類委員會的主席參考的手冊，可惜小冊子的使用率似乎不高。

更不幸的是，公眾甚至議員往往忽略議會程序的基本原則而為枝節皮毛爭執，例如議員的服裝和發言所用的字眼，其實如果每位議員都尊重議會精神，這些爭執就不易發生。

民主政制停滯不前，《基本法》規定立法會的組成及分組點票，造成內在不公平，令議會按程序得到的結果愈來愈顯著不公，議員也愈來愈不服議會程序。2008年10月15日，特首曾蔭權向立法會宣讀施政報告的時候，社民連議員黃毓民向他扔出一隻塑膠玩具香蕉。香蕉沒有擲中或弄傷任何人，但對議事規則而言，則是一舉打破了以侮辱性的行為在議會內表達不滿的禁忌，從此之後，類似行為成了議會內抗議不時採用的一種方式，而社會上有關議事規則的爭論，也聚焦於應否及如何懲處不守秩序的議會行為了。

《議事規則》其實只有很小部分關於議員在會議上的行為，更多的篇幅關乎議會處理事務的方式和程序，例如有關委員會的成立及職能。議會絕大部分工作需要透過委員會進行，委員會大體上分為兩種，一種是有實權作出有約束力的決議的委員會，例如財務委員會；一種是沒有實權而旨在討論、研究和提供意見的委員會，例如監察政府各政策範疇的事務委員會。前一種委員會程序嚴謹，後一種則不大拘謹於形式。

非常設而權力重大的委員會之中，最為人熟悉的就是行使《特權》條例的權力，調查重大事故的專責委員會了。自1995至2012年，議會一共成立過六個專責委員會，而我參加過其中3個。[8] 2009年，立法會調查有關批准退休高官梁展文加入新世界任職事宜的專責委員會，行使《特權》法的權力，傳召新世界主席鄭家純到委員會席前作供，鄭家純拒絕，並向法庭申請司法覆核，起訴李鳳英議員任主席的委員會13名成員（包括我在內），[9] 挑戰立法會主席向他發出的傳票。他的主要理據是《基本法》只賦予「立法會」傳召證人的權力，沒有賦予立法會的委員會這項權力，所以委員會引用《特權》法條款傳召他是違憲，而《特權》法賦予立法會的委員行使這項權力的條文，因此也是違憲及無效。案件的憲制意義重大，鄭家純和委員會雙方都延聘了英國御用大律師出庭代表，而律政司司長，因為覆核涉及憲制大事，所以亦以利益受影響者的身份出庭陳詞。

其實事情簡單得近乎無稽。《基本法》第73(10)條賦予立法會傳召證人的權力；立法會如何行使各項憲法權力以履行憲法訂立的職能，須透過法定程序訂立。第75條規定立法會得「自行制定」議事規則。專責委員會由《議事規則》訂立，由立法會議決成立，由立法會議決行使《特權》法之下的所有權力。哪有甚麼違憲違法的理據可爭議呢？即使從常識角度，規定立法會要全體聆訊及訊問證人根本不切實際，違反常理。從延續性的

8 1996年調查入境處處長梁銘彥離職事件，1998年調查赤鱲角新機場大混亂事件，及2008年調查梁展文離職後從事工作事件。

9 由於委員會不是法人，所以與訟人須逐一包括以李鳳英議員為首的所有13名成員。

角度，承傳過往立法局的做法，一直是按照同樣的會議常規，由議會成立、通過議決賦權委員會進行，憑甚麼說《基本法》有意徹底改變？

無論如何，在訴訟過程中，立法會祕書處向法庭呈遞誓章詳盡陳述立法會的委員會制度，細說前朝，都在長達數百段的判決書提述，得到法庭確認，雖然此事毋須法庭確認。鄭家純覆核駁回。[10]

議會規則，須經常檢討。我自1998年至2012年任議事規則委員會（簡稱CROP : Committee of Rules of Procedure）副主席，《議事規則》需要澄清、修改或補充，都由委員會草擬新的規則交大會通過。例如在1999年，大會按委員會建議，通過了第49B條，制定根據《基本法》第79（6）及（7）條，解除議員職務及譴責議員的程序，最重要的準繩是必須明確而公平。訂立程序，本不應受政見影響，不應為某人某事「度身訂做」，不然難以令公眾信服是客觀而公平，但要維持這個理想原則愈來愈艱難，因為立法會雖然有個不錯的開端，但最後也無法建立起對議會的忠誠的憲制信念，「保皇」/建制與「反對」/民主兩大派別的鴻溝左右了一切。論理，任何獨立自主，不受干預的議會都應有自我紀律、調查及紀律議員操守的機制和程序，但現實告訴我，若成立了這樣的一套機制，佔大多數的建制派必然忍不住用來「殲滅」反對派。同樣，《基本法》第73（9）條制定立法會有權彈劾特首，報請中央免除其職務。我認為《議事規則》應訂立彈劾程序，在萬一有需要時，能公平公正，莊嚴而有體面地處理這麼震動社會的憲制大事。但委員會討論再三，結果不了了之，彷彿設立程序已是對特首不敬。2012年，我退任之

10 Cheng Kar-shun and Another v Hon. Li Fung Ying and Others [2011] 2 HKLRD 555.

前的一樁爭議是可否修改《議事規則》解決「拉布」、「剪布」問題。在一個正常的民主議會，此事不難解決，但我們不是個正常的民主議會，而是發育不全。解決了發育的畸形，其他問題就迎刃而解了。

告別大樓

法律上，舊大樓是立法會向政府物業處租用的。隨着祕書處人手增加，事務繁複，會議頻密，特別是公眾參與愈來愈深入，向立法會議員申訴和要求協助的個案愈來愈多，大樓的地方早已不夠用，要在各附近商廈租用寫字樓，不但人手分散造成額外不便，而且經濟上也不划算，在范徐麗泰當立法會主席的年代，行管會已多次要求政府提供新址，但行管會多項建議逐一為行政署否決，一意要我們接受跟政府總部同遷往添馬艦，在5.3公頃填海地上蓋建新大樓。其時，添馬艦空地應作甚麼用途，社會有很大爭議，特首董建華意屬興建威煌的政府大樓、回歸展館等等大計，頗受批評，其實在政府內部也不受歡迎，無奈那是政府決定，立法會不肯接受，政府就堅決不給我們其他選擇，結果，行管會只得接受，從此展開了漫長的策劃和商議工作。為此，行管會需要特別指派一隊人手，一面收集議員的意見，另一面要與行政署談判，而議員又各有不同意見，總之現實與理想之間有很多爭論。

1997年立法局結束給議員的紀念杯，上面除了有大樓的圖案外，還刻了議員的名字，極具紀念性。

我對新大樓只有幾點要求，但十分執着，一是要一個可供議員及到訪市民共用的簡單餐廳；二是要有小商店售賣立法會紀念品及立法會出版的刊物；三是要有一個憲制圖書館，其中包括立法會的檔案處；第四，也是我認為憲制上必要的，就是供議員進出立法會的安全通道。後來，餐廳略為走樣，變了主營外賣，而最大的諷刺是議員通道，最後竟然變了連接政府總部的祕密通道！

另一個煩惱問題是保安。舊大樓沒有甚麼保安措施可言，只能做到規限公眾攜帶物品要接受檢查或存放在入口的儲物櫃，但亦沒有多大的保安需要，大樓內過去最「激烈」的公眾抗議，只是從閣樓公眾席撒下紙張，最難處理的是議員在會議廳內行為不檢，又不肯聽從主席命令自動離開會議廳。行管會擔心的是羣眾在大樓外的抗議日趨嚴重，同時添馬艦新大樓有很多地點對公眾開放，新大樓面積又遠比舊大樓廣闊，保安需求因而大大增加，也更加複雜。

我的意見又是與別不同。保安固然重要，但立法會是民選議會，妥善處理保安，必須同時兼顧市民的感受。我認為新大樓設計上應是愈接近核心地點（如會議廳）就愈要限制公眾進入，愈在外圍就愈要放寬，以至通行無阻。同時立法會的職員沒有保安訓練，不應要他們負責撵走不願離場人士，如有需要，這些工作應由受過專業訓練的護衛員經主席命令執行。一年後，我和祕書長吳文華趁往英國國會參加會議，乘機向下議院的 Sergeant-at-arms 取經，這位首席護衛長是名足踏三吋高跟鞋的嬌滴滴女士，她說對付不守規則議員很簡單，議長命令該議員退席，她就會走到議員身邊禮貌地請他退席，他若不從，她就會命兩位「守門人」（Door-keeper）進會議廳，一左一右撵人，施展絕技，波瀾不驚、桀驁不馴的議員也束手就擒！

我想，香港特區卧虎藏龍，一定聘到適當的守門人。其實英國國會西敏寺宮是矚目恐襲目標，保安問題應比立法會大百倍，同時公關要求比我們更嚴，護衞長女士一笑嫣然，答道保安第一要用腦，九成要靠管理政策得宜，不是倚靠蠻力的。

這些問題都是行管會的事，議員最感興趣的，除了座椅的舒適健康及美觀悦目之外，就是關於辦事處的設施，和大樓內外的藝術陳設。這些我都不給意見，因為在其他方面已説了太多。

2011年7月18日，立法會舉行告別舊大樓聚會，邀請了歷屆前任議員和工作人員到來，拍照留念，還餘一年任期的在任議員，9月便要遷往新大樓。本人不合時宜，強烈反對，力言不待新一屆才搬遷不但勞民傷財，而且新大樓根本就諸事未備，其中最大問題的是缺乏公共交通安排，公眾不能隨時前來旁聽或表達意見，立法會就不能滿足「會議公開」的憲制要求，立法會受市民監察是須認真落實的。署方為之氣結，但搬遷(不知如何)鐵定9月，結果同意在舊大樓與新大樓之間設免費接駁旅遊巴士，直至公眾充分適應及有合理公共交通。

添馬艦新大樓新故事

2011年9月1日，立法會正式遷入添馬艦新建成的綜合大樓。新大樓的佔地是舊大樓的四倍，設備應有盡有，議員們除了有光線充足的寬敞辦公室之外，還享有專用的咖啡閣、天台平台花園、健身室等設備。祕書處終於有合理空間集中在一處辦公，貼近大小會議廳，便利行政。新大樓還設有展覽場地和教育設施，供公眾參觀和使用。祕書處定期舉辦導賞團，歡迎市民參加；還有規模不小的憲制圖書館和檔案室、紀念品店和小型快餐店，都對公眾開放。

新立法會大樓

大會會議廳設於低座會議大樓，面積達800平方米，圓形設計，媲美古羅馬鬥獸場，公眾席設於三樓閣樓，可以居高臨下作壁上觀。配套前廳和宴會廳闊落如小型機場候機室，與會議廳之間隔着一片綠地毯。記者原本另有通訊科技周全的記者室可用，但他們天性最緊張在意接近消息來源，綠地毯於是成了記者攔截往返前廳、飯廳、會議廳的議員和官員就地採訪的勝地，同時又是官員助理站崗看守議員行蹤，不讓支持票流失的要津。

其實入遷之日，諸事未備，新大樓只勉強可用，趕工痕跡處處，手工粗糙。安頓下來，愈覺瑕疵礙眼，設計上頗多不通之處，新大樓雖大得驕人，但卻令人感到虛有其表，甚至大而無當，沒有重大公共建築物的莊嚴氣象。這多多少少也象徵了新一代議會的困境。

譬如會議廳，面積擴闊了許多，大得出席會議的官員與議員、議員與主席，甚至議員與議員之間根本不能作自然交流，不能互相看到眼神或互相聽聞，必須倚靠機器。加深隔膜，缺乏人性接觸，辯論淪為形式上的表演，正是新一代議會的特徵。旁聽的公眾席不但與議會更疏離，而且似乎所有設計都是為了保持距離，嚴密隔離，集中防範市民在公眾席上輕舉妄動，若有任何舉動，也會被無處不在的鏡頭拍下，日後作為罪證。

大門入口，又是一大諷刺。在招標文件中，立法會議員列明條件，要求新大樓表現議會的莊嚴和高度透明，於是建成的大樓用了大幅大幅的玻璃外牆，但可惜從樓外望只能看到玻璃牆內一片木板內壁，同時不知為了甚麼意想不到的力學需要，公眾入口楣低門窄，與透明開放的形象剛好相反。

有公民集會的，與重重欄柵圍起沒有公民集會的公民廣場。

政府選擇了「設計與建造」的模式招標，即是由承建商按照使用者提出的概念和所需的設施及要求，負責起從設計到建成的一切工程，當時政府提出的概念據說是「門常開，地常綠，天復藍，民永繫」十二字真言，而立法會則要特別強調新大樓要突顯其獨立於行政機關的特殊地位，這些概念，究竟體現了多少，真是令人感到諷刺。

立法如何「獨立」於行政，一條「祕道」的曝光，表露無遺。2013年11月8日的《明報》報道：

助二十多建制離場　立會「祕道」曝光

立法會一連兩日審議特權法議案，前晚有萬人集會包圍立法會撐發牌，議員停車場的出入通道亦被堵塞。不過，二十多名建制派前晚仍能自行駕車離開，原來立法會底層的停車場只得一個出口，但有一道大鐵閘，打開後「別有洞天」，能通往政府總部的停車場，由特首辦方向驅車離開，本報前晚便直擊多名議員駕車由「祕道」離開，避過示威者，離開時暢通無阻。[11]

這條「祕道」的設計與存在，充分説明了立法機關的憲制地位在多方合作之下已被顛覆。

九七前後，憲制已保障議員不受阻撓，自由直達會議廳的特權，但所防範的是政府侵權，武力(包括以逮捕方式)阻止議員進入會議廳行使其憲制之下的言論自由及相關職能制衡政府，而不是防範人民接觸議員表達意見。這次「祕道」的曝光，正好曝露了新大樓設施，顛覆憲制，變成防範的是人民，方便的是議員與政府當局暗渡陳倉而不必面對民意。更甚者，祕道的存在容許行政機關祕密直入立法大樓，把關的只是聽命於立法會主席的祕書處。

議員不受阻撓，自由直達立法會會議廳的憲制保障，源自英國憲制史上國會與君權之間的鬥爭，所以防範的對象是手握軍警大權的政府當局。香港自1985年辯論制訂特權法以來，這項憲制保障一直受到重視，不但為防止政府以武力阻撓議員出席會議的非常情況，亦同時更為經常突顯立法機關獨立自主，不受行政機關牽制干預的重要憲制地位。

11　事件關乎行政會議拒絕發牌給王維基的香港電視而又以保密理由拒絕解釋不發牌的原因，惹起公憤，立法會民主派議員動議成立專責委員會，行使《特權》法調查，動議遭建制派議員否決。

這項憲制保障，須體現於法律條文及實際的行政安排及建築設計。在我任立法局/立法會議員的17年間，立法局/立法會行政管理委員會對於這項保障也曾十分認真，對於何謂「會議廳範圍」(precincts of the [Legco] Chamber) 的法律界定有過多次討論。在行政安排上，所有在該範圍內的事宜，均由立法機關自主，警方「非請勿進」，大樓的議員入口及其外的停車場，均屬「會議廳範圍」，是以能保障議員自由直達，官員以至行政長官，均是在立法會邀請之下進入大樓，在該範圍內的民眾集會，由立法當局准許，所採的尺度，須是符合民主社會言論自由的尺度。

立法會添馬大樓的設計，在行管會討論經年，其間我特別留意追問的是如何落實議員自由直達會議廳的憲制保障，但其他議員少有真正關心甚至明白這方面的設施的重大憲制意義，直至米以成炊，出來的結果，就是豪華的議員專用入口，以及為這條連結政府總部的「祕道」。建制派的尊貴議員，以為這是大人物在超級私人會所應有的特權享受，其實這是濫權瀆職，背棄人民，是議會墮落的徵兆。

「地常綠」原本的意思是添馬公園一片綠草如茵，面對天空海闊，市民自由自在，休憩其間。但為了嚴防被利用為大型抗議的場地，政府特意在草地上劃出了多條縱橫交叉硬石地路徑，又在特首辦事處之前的空地植滿樹木，在設計階段行管會關注讓市民到立法會及政府總部請願的空間是否會比舊大樓減少，要行政署點明哪些是可供公眾到場請願。行政署只在政總

吳靄儀在「民主教室」講課。

樓前的廣場劃出一幅不滿百米的角落，故意在廣場中央建一大圓形高台，使餘下空間，全部讓寬闊的汽車迴旋道路佔用。立法會行管會儘管分成建制和民主兩派，但始終也有底線，於是除了會議大樓前的半有蓋半露天的大廣場之外，還將東側會議大樓與議員大樓的空地也劃為請願區，但為免重蹈反高鐵的覆轍，同時立下一套規則，如要在請願區佈下甚麼架高及大型裝置，需預先取得准許，這也是合理的妥協。

處心積慮，但防民之口難於防川，不知疏導只顧堵塞，結果就是決堤。2012年9月反國教大聯盟「守護孩子，良心話事：公民教育開學禮」在添馬公園舉行，四萬人參加，擠滿了公園，泛濫到立法會廣場，黑壓壓一片人頭，學民思潮正式冒起，發起留守政府總部外面空地絕食抗議，一連幾晚留守，出席人數總達12萬人，[12] 空地正式命名為「公民廣場」。9月8日，政府讓步，押後國教。隨後政府封閉公民廣場，並封閉連接立

12 國民教育家長關注組，《爸爸媽媽上戰場》，2013年，頁23。

法會大樓的通道。2013年初，民眾抗議政府拒絕解釋而否決發牌給王維基，九萬人湧到公民廣場，並站滿天橋和街道，歷久不肯散去。2014年9月，大專學生抗議人大決定「八三一」政改方案，在校園罷課首日之後，移往添馬公園繼續，在公園進行「罷課不罷學」，大專教師及社會知名人士義務主持講座，公民參與，成為「民主教室」的先行，到第五天，由於康文署停止租用，教室被迫移往添美道行人路，昔時中學生也在添美道罷課，結果是政總大樓外擠滿成千上萬人靜坐待捕。9月26日，學民思潮16歲的黃之鋒率先爬上鐵欄衝入封閉的公民廣場，大隊警員拘捕參與者。守候羣眾及前來支援的羣眾，不甘被大批警員四面攔截，衝破防線，9月28日，警方施放87枚催淚彈，引爆了為期79日的雨傘運動。歷史充滿諷刺，這都是活生生的教訓。

立法會最後的拉布

遷入新大樓，我的立法會故事差不多說完了，因為我心意已決，不再參選。18年守護議會，我的精神和心血已消耗得七七八八，再也不能負起這個重責了。最後一年，還有很多需要好好了結之事，但在集體回憶之中，最突出的無疑是「拉布」和「剪布」事件，最後上訴到終審法院立下權威的「不干預」原則。

2012年5月2日，黃毓民、梁國雄、陳偉業三位議員決定以「拉布」方法，阻延《立法會（修正）條例草案》通過。該項條例草案只有三條條文，旨在限制辭去議席的立法會議員在六個月內不得參加補選，用意當然是防止「五區公投」重演。

「拉布」(filibuster) 是西方民主議會的議事規則和議會習慣的產品，簡單地說，就是議員在議事規則容許之下，作冗長的發言，藉此拖慢或癱瘓議程的進度。「拉布」在立法會不是新鮮事，1999年，當時任憲制事務局局長的孫明揚，就冗長發言，拖延時間，等候支持政府議案的議員回到會議廳投票。值得注意的是，《議事規則》對官員發言不設時限。

本來，在英美議會可行的拉布，在香港立法會卻不大行得通。主要原因是《議事規則》對發言有嚴格限制，一般發言不能多過一次，即使在全體委員會階段可以多次發言，也受到每次不得超過15分鐘的限制，而且內容不得離題或過分重複，否則主席就可要議員停止發言，若不遵從，更可命令他立即退席。這次三位議員能造成拉布事件，其實出於他們想到了提出大量修正案——合共1306項，而且全部得到主席批准，逐項辯論，每項多次輪流發言，便可消耗大量時間。但即使如此，能夠說的話仍是十分有限，支撐不到多久，最後也阻止不到法案通過。意外地大大助了他們一臂之力的是在拉布過程中，由於出席議員不夠法定人數，立法會兩度流會，每次流會，會議終止，便要待下星期的例會恢復辯論，辯論因此延長了兩個星期。

初時，三位議員要求其他泛民參加拉布，泛民認為這個行動不會奏效，反而招惹批評，所以不同意加入，但同時又認為在不公平選舉產生的議會的情況下，應該維護佔少數的反對派議員在《議事規則》之下的發言權，所以同意不阻撓拉布，不留在會議廳，但戒備守候。後來，由於一再流會，投票一再受阻，喚起社會注意，拉布忽然好像大有希望成功阻止法案通過，一些原先不打算加入戰圈的泛民議員也改變了主意，參與發言。其實在《議事規則》嚴格執行之下，辯論是沒可能拖得太久的，而只要佔大多數的建制派議員堅決留在會議廳，流會就不可能發生。

當時，我給自己的任務是坐在前廳看着直播守候，以防有任何突然變故。5月17日凌晨4時，我看到黃宜弘議員起立向主席發言，要求終止辯論，《議事規則》之中並無任何條文賦予主席終止辯論的權力，但曾鈺成主席的回應顯示，他打算運用規則第92條，我立即返回會議廳，在他有機會作出裁決之前向他提出規程問題，提醒他按照立法會慣例，主席在作出重大裁決之前，必先聽取各黨各派議員的意見。我發言期間，其他泛民議員也陸續回到會議廳，紛紛反對「剪布」，曾鈺成終於同意押後裁決，暫停會議，在主席辦公室會見議員。

大批議員擠到主席辦公室的會客室，建制、泛民激辯了個多小時，我痛陳理據，唇焦舌爛，惜曾鈺成也不為所動，只同意恢復會議之後，再稍延長辯論。我失望之極，望着窗外晨曦漸露，可說的都說了，剩餘惟有沉默。

曾鈺成擬以《議事規則》第92條（也是最後一條之前的一條）的權力終止辯論，我認為是不能成立的。第92條是一項補遺權力：「對於《議事規則》內未有作出規定的事宜，立法會所遵循的方式程序由立法會主席決定；如立法會主席認為適合，可參照其他立法機關的慣例程序處理。」這項權力，只是針對無爭議的方式和程序，不是漫無邊際，讓主席隨時賦給自己《議事規則》沒有給予的權力。其他地區的民主議會，終止辯論都是由議員動議提出，投票通過，而不是由主席自己裁決的。若主席要改變做法，那也應按既定程序和慣例，交由議事規則委員會商討及建議。即使拉布惹人煩厭，曾鈺成強行剪布卻是立下了極壞的先例。[13]

布既剪，餘下程序只是繁冗枝節，更加不堪入目，《立法會（修正）條例草案》終於在6月2日通過。但梁國雄於5月17日

13 詳論可見我在《信報》2012年6月4日及5日發表的評論：〈「拉布」與「剪布」的虛虛實實〉，及〈「剪布令」下議會勢危〉。曾鈺成主席後來在一個特別會議中向議員解釋其事，該次會議有逐字紀錄。

提出緊急司法覆核申請許可，雖在5月25日已遭原訟庭駁回，他不服上訴，上訴駁回，他上訴至終審法院，2014年9月29日終極上訴駁回，立下了權威裁決，這是後話。[14]

6月初，拉布捲土重來。這次狙擊的對象是候任行政長官梁振英提出改組政府架構的議決案，由原有的「三司（政務司司長、財政司司長、律政司司長）十二局（十二個政策局）」改為「五司（增設副政務司司長及副財政司司長）十四局（增設兩個政策局）」，同時在政治任命方面，增設一羣「政治助理」，並且要求優先處理，在7月1日之前通過。這個要求是很不合理的，一般改組程序，需先在相關的事務委員會討論改組的政策目標，然後涉及官員及公務員編制的改動，需在財務委員會屬下人事編制委員會提案討論，最後涉及財政撥款建議需由財委會通過，涉及法例或附屬法例的修改，則需循立法程序處理，通常須設立法案委員會或小組委員會審議，這是為保障法制及行政規制完整，及保障公帑運用得宜的正常程序，如果爭議不大，便順利通過，但梁振英建議的改組，特別是在「司」與「局」的兩層架構之間多設一層，肯定對行政及問責，以及公務員向誰負責有影響，需要弄清楚，而「政治助理」是新生事物，角色與資格為何，須得正式交待，由是討論過程需時，不是三言兩語便可點頭通過，況乎梁氏身份仍是候任，沒有適當官員可以代他回應議員的提問質詢，合理的做法，是應等他正式上任才由新一屆的立法會處理。我們看不到有甚麼特別迫切。

14 見 Leung Kwok Hung v President of the Legislative Council (2014) 17 HKCFAR 689；及拙文〈以司法覆核挑戰議會程序〉，黃浩銘等編，《我反抗故我在——梁國雄司法抗爭二十年》，2016年，頁122–128。

同時，這個要求也來得非常不合時，立法會換屆在即，「終止會期」(Prorogation) 已由特首宣佈了是7月17日，即是所有未了之事，未通過的議案及條例草案，都須在此日午夜之前通過，否則便會隨會期終止而失效，將來要通過，就得從頭再來。在6月底7月初，立法會最後的幾個會議議程上，有多條重大的條例草案和十六、七項議決案等待通過。法案之中，包括商討、諮詢磋跎了20年，草擬了五年，全面現代化香港的營商模式的《公司》法案，總共九百多項條文，還有對民生影響重大的保障一手樓宇買賣的法案、禁止不良營商手法的法案、擴大法援範圍的法案；議決案之中，包括同意委任終審法院大法官的議案、擴展法援、補償肺塵埃沉着病的議案、改善工傷賠償、改善消除殘疾歧視等等議案，難道都統統丟下不顧，優先滿足候任行政長官早點進行改組政府的心願麼？

當時，立法會真是十分狼狽，一方面忙着完成正在處理中的諸多事務，另一方面又趕忙為審議「五司十四局」開會，老實說，很多議員都感到十分憤怒，而且愈開愈清楚看到這籃子改組之議大有問題，不能輕率通過，所以三位議員有意拉布阻止，泛民中人大多認同拉布的目標，但對這手法很有保留，擔心波及其他立法工程。這次條件對拉布有利，一來因為有終止日期，只須拖延到過了7月17日便大功告成，二來，按照《議事規則》，議案要排在條例草案之後，有這麼多的繁重法案在前，拉布簡直沒有難度。

當局出盡法寶，不但把「五司十四局」盡量放到議案最前，僅在任命法官之後，還企圖「突襲」，廢掉《議事規則》的功效，爬頭越過法案。這次也是我及時醒覺識破，當局功敗垂成。事緣6月19日深夜，署方祕密通知立法會主席，要求豁免預告，在翌日動議暫停執行《議事規則》，這項動議若成功通過，政府便會馬上改動次序，讓「五司十四局」議案先行。當局瞞着議員，主席亦沒有告知議員，但卻在限制正在拉布的陳偉業議員離題之時，無意中透露了口風，我隨即請他澄清，問主席剛才向陳偉業議員表示，明天會處理五司十四局議案，令人迷惑，究竟這項議案將於何時進行辯論？[15]主席這時才透露收到政務司司長的要求。

「突襲」有了預告，次日議員有備而來，泛民紛紛發言反對，對政府行為大加譴責。我在發言中指出：

> 今天這項議案，實際上是在毫無預告的情況下要求暫停執行《議事規則》的有關條文，好讓關於五司十四局的決議案可以「打尖爬頭」。這是另類的腰斬議案，政府更要求我們立即通過。本會是同意，還是不同意？答案不是昭然若揭了嗎？還有其他可行的答案嗎？主席，這個毫無預告的情況，較收到書面預告更為可怖。若非主席昨晚露了口風，令我們這些十分留意議程的人有機會即時提問，我們甚至連24小時的通知也沒有，今天回來便會突然發現原來我們需要處理這項議案，然後隨即處理五司十四局的決議案。這種做法，你認為很合特區政府的身份嗎？你們批評「拉布」的議員說粗口、粗聲粗氣，但這些粗聲粗氣、說粗口的議員也比你們稍為乾淨一點。以前政府採取突如其來的行動前，都會先知會議員一聲，說明如果我們堅持某種做法，他們便會被迫做某些事情，對議員總算有點尊重。今天，何以我們的議會淪落至此？正因為有人「合作」。[16]

15 《立法會議事錄》，2012年6月19日，頁757–758。

16 《立法會議事錄》，2012年6月20日，頁1241。

當局太過分了，可能建制派也不盡認同，結果54人出席，只有27人贊成，25人反對，1人棄權，當局以1票之微奸計不得逞。

於是拉布繼續，署方執意將梁氏議決排在任命法官之後，一切民生議案之前處理。我向合作了多年的官員查問，為何甘願冒險，為了一個這樣的議案，令多個部門多年努力完成的工作付諸東流？答案是：高層不聽勸喻。終於，天可憐見，7月9日，政府當局同意，關乎民生的議案先行，「五司十四局」押至最末。但拉布議員拉得高興，已無意收手。7月11日《信報》報道民意調查，發動拉布的議員民望上升9個百分點。我則坐在會議廳無奈守候，不時可勸兩句就勸兩句，以免拉布過火，犧牲了立法。

大會辯論至最後一刻，就在時至午夜，通過了除最末一項以外的所有政府議案，「五司十四局」無疾而終。這次可說是拉布勝利，但我無法感到高興，因為犧牲了議會應有的辯論的素質。我們的責任，不止於通過應通過的、否決不應通過的，還要向歷史交代在審議過程中的要點，有甚麼需來日跟進，甚麼人做了甚麼事值得褒貶。

我自己可堪告慰的一點是，18年前，我以守護法治為起點，今日，我也以服務法治為終結。在支持議決同意委任鄧國楨法官為終審法院常任法官，及包致金（Kemal Bokhary）法官、范理申勳爵為終審法院非常任法官辯論上，我作了以下發言：

> 主席，司法獨立，是法治的基石，是香港法制與中國大陸制度最大、最具決定性的分別；司法獨立，是我們最珍貴的財產。維護現有的優良法治制度，行政機關責任至巨。政府當局，應重視司法獨立，以身作則，

尊重法庭。假如政府當局無視、甚至踐踏司法獨立，公然或私下對司法人員不敬，法治就會像風暴中的燭光一樣飄搖，隨時熄滅，一旦燭光熄滅，我們就生活在黑暗之中。

然而，我已再三強調，司法獨立的一大危險，便是司法機關在當權者面前的恐懼、軟弱、屈服或任何形式的妥協。司法宣誓，要每一位法官忠於法律。在法治受到各方威脅的時候，更要記住誓言，我相信，所有正義之士，都會挺身而出，保衛我們的法官的獨立。

主席，大多數香港市民習以為常的司法獨立、法庭約束行政機關必須守法的制度，其實已面臨嚴峻的挑戰。

四年前，國家副主席習近平訪港，訓斥特區管治團隊要「通情達理、團結高效、精誠合作、行政立法司法要互相理解，互相支持。」這「三權合作論」引起公眾關注，大律師公會亦發表聲明重申在《基本法》之下，香港司法必須獨立於行政、立法架構之外，不能視為「管治團隊」的一部分。政府行為是否合法，須遵從獨立的司法裁斷，這是我們的法治心臟所在。

主席，國家領導人無戲言，習近平之言，不是一時個人意見，而是國家政策路線。四年以來，我無一日不以此為警惕。稍加留意，我們就會見到四年以來，波濤暗湧，對法庭的攻擊，其實來自四方八面，包括政治官員及本會議員。梁振英行為顯示崇尚權力大於法，未來的日子，預料施壓只會更為露骨，更大壓力。

主席，在這情況下，我們第一關注的，就是確保有關機制能夠選任具備一切所需條件的司法人員。首先，我們要維護獨立的遴選制度和機構，不受任何干預，特別是政治干預，包括本會的干預。本會的職能，是在正常獨立的程序遭受破壞的時候，挺身而出。

主席，公眾應以甚麼指標看司法任命？我認為稱職的司法人員，應具備以下的條件：

一、能夠無畏無懼，不偏不倚，不受任何外來力量干預，不是沒有個人信念，而是能放下個人的成見好惡，根據法律審訊和裁決；

二、有深厚的法律修養及對法治的承擔，這對於上級法庭而言特別重要，因為他們負責澄清法理，訂立先例，發展法律原則的責任；及

三、個人行為操守，必須達到公眾對司法人員的期望，為了維護司法的公信力，必須自我約束。

主席，我不認同「開明」、「保守」的標籤，司法公正，不在於法官傾向「開明」或「保守」，而是在於每一份判決書都能清列理據，讓訴訟雙方及公眾清楚知道，法庭根據甚麼事實和法理判決，以理服人。

司法機關必須承傳法治文化，打開法庭大門，讓受屈的公眾能訴諸法庭；應確保公平程序，所有人都得享公平審訊，而非事事屈服於經濟效益。同時，遲來的公義，往往是空洞的公義，所以法庭應避免訴訟人久等審訊或宣判，若要增加司法人員編制，本會應盡力支持。

主席，公眾對法官期望甚高，但才德兼備的司法人員並不易求，司法機關在招聘方面，不宜亦不必收窄範圍，例如只限內部晉升、本地招聘或只限有中文能力的人擔任，應廣納不同背景的人選。

我又藉着這個機會，向將於10月榮休的終審法院常任法官包致金法官致敬：

主席，包法官以目光宏大、學識淵博、重視人權和剛正無畏，深得公眾尊敬，他的「異見判決」，深入民間。普通法的發展，往往由「異見判決」推動，今時的「異見」，只不過是他日主流的前驅，從異見到普遍認受這個獨特模式，啟發討論，令法律的發展方向有基礎有預見性。同時，「異見判決」的傳統，正好印證了司法獨立的特質，也是每位法官必須獨立判決的證明。[17]

最後的律師茶敘

2012年7月27日，我舉行了最後一次的律師茶敘。"Friday Tea" 是我無意中「發明」的傳統，原先只為聯絡我的「業界」選民，每月在我的議員辦事處喝茶聊天，交換意見，後來漸漸發展成邀請講者專題講座，講解有關法律執業及相關公共政策等題目，講者全是對題目有專長的有分量和有名望的人士，包括律師、大律師、法官、律政官員、學者、專家等等，題目既符合專長，內容自然豐富及具權威性，令參加者有所裨益，因此

17 《立法會議事錄》，2012年7月17日，頁15838–15841。

大受歡迎。再後來，律師會規範會員每年須獲得若干CPD學分方能續牌，但新入行的年輕律師每因工作時間不便，要取得分數，便要在毫無選擇之下，參加收費高昂而內容未必符合興趣、服務機構主辦的講座。我於是向律師會申請認可，每次「茶敍」可得1分。由於律師會向我徵收的500元手續費並不能由我的議員開支津貼償還，我便要訂明要分數的參加者須繳費30大元，當時堪稱「物超所值」，[18]同業更加踴躍參加，而我亦趁機會每次簡報立法會的工作情況。我十分享受這些茶敍，因為能與同行聚首，討論彼此關心如何做得更好的事情，是我從政生涯的亮點。既云「茶敍」，須得至少有茶點招待，尤其是下班趕來，既累且餓，於心不忍，於是供應自家製小蛋糕或餅乾，這竟然成了「集體回憶」!

7月27日，是我卸任前最後一次茶敍，我親手烤製了多樣傳統蛋糕餅點，權當告別派對，我每年印製向選民發表的立法會報告，最後一冊，總結過去，就用法庭慣用語，稱做 “Final Submissions” (結案陳詞)，同場派發。

但其實茶敍還有一個重要目標。我請來的講座嘉賓是剛在7月1日卸任的律政司司長黃仁龍資深大律師，討論「The Legal Profession and the Rule of Law 法律專業與法治」，不但讓同業了解他的原則和抱負，同時我打算藉這個機會，好好公開向他致敬，感謝他在任期間，在艱難的情勢下，為政府守法把關。我原要在立法會會議上正式發言記錄在案，但最後幾場會議兵荒馬亂，不及告別，他已卸任，倒是他反而趁《調解》法案辯論，在6月15日的會議上公開致謝我十多年任司法事務委員會主席的工作，我則只有機會在另一法案辯論中感謝他對推動立法的

18 後來，律師會的有學分活動大增，很多不收費用，大大改善了問題。

承擔。[19]茶敍上，終於能暢所欲言，不但向他有所為致敬，更向他有所不為——不肯為政府不符合憲法的要求如「一地兩檢」背書——深為致敬。我相信不是對法治原則信念深刻的法律執業者，不能承受其中巨大的壓力。

豈料，仁龍也是有備而來，嫌先前表揚未夠全面，再藉機加贈美言，令參加者開懷大笑。不止此，我還有更尷尬的任務。前任終院首席法官李國能，在仁龍司長卸任時向傳媒發表聲明，公開讚揚，傳媒踴躍報道，到了我要退下，李官又撰文特意表揚，這次傳媒不大熱衷，而李官堅持我要公開傳播，我惟有在茶敍上奉命原文照讀！其實李官早在他的退休的法庭儀式上，特別吩咐我和很多與法庭的工作有關的人士到席，在場聆聽他逐一點名致謝，這是禮儀之所須。所謂「禮」「儀」，不是虛文，不是客套，更不是互相吹捧，古聖賢說的「禮」，西方曰 propriety，「儀」是「宜」，是以得體的形式表達，用意不在針對個人，而是表達社會整體應對某些基本價值的肯定。當年9月，李官宣佈他會提早退休的決定，震動社會，我以司法事務委員會主席的身份，發表聲明，並刊載在我2008–2009年的立法會年報，對李官的退休表示遺憾，特別指出，作為特別行政區第一任首席大法官，他對建立贏得舉世尊重和香港社會信心的香港終審法院，貢獻良多，我們透過司法事務委員會與之合作無間，促進司法和立法之間的互相尊重及良好溝通。

三權分立，司法獨立，法官不踏足立法會議，我們創立傳統，司法事務委員會每隔年餘訪問司法機關，共議公眾關注之事如勞資審裁法庭的行政運作、法官人手的空缺安排等。正如

19 2012年7月12日成立有限責任律師服務的《法律執業者（修正）條例草案》，見《立法會議事錄》頁14876。

我在聲明中強調：任何服務公職的人，總有一天要退下來。始終我們依賴的是建全的制度，而不是任何一個人。

我和李國能相識在大學時代，黃仁龍是我初次參選時的提名人之一；他兩位受任公職之後，我完全避免提及私交，往來都以公事身份，有第三者在場；尤其是我政治不正確，聲名狼藉，不願連累好人。公與私，褒與貶，沉默與發聲，我們一生慣於守禮。「發乎情，止乎禮」，「克己復禮為仁」，是唸書時老師教的。

定冊功成身退勇？

我正式任滿的日期是2012年9月30日。11月9日，一羣十多年來一直助我參選、競選、一起為民主法治奮鬥的好朋友，要捉弄我，給我一個意外驚喜晚會，事前不透露半點風聲，不善騙人的李志喜，叫祕書跟我預約時間，和李柱銘一起接待一位遠道而來的朋友，説是在深水灣馬丁去慣的哥球會所訂了枱。當天，她就跟我同往，一路上特別健談，我後來才知道，原來李小姐怕我在路上提出疑問，所以不斷跟我説話！其實我這個懵懂的人，一點疑心也沒有，直至抵達目的地，步入庭院，見有人列隊歡迎，全都是熟人，包括忠心服務我多年的前助理，我還沒想到這是為我設筵，奇怪為何這麼湊巧，不知他們在歡迎甚麼人！這麼蠢，難怪他們都堅信我只是裝傻！

帶頭的自是大「幕後黑手」張健利，他特別請書法家寫給我他作的一副對聯：「靄氣衞公平法治精神欣守護，儀觀揚正義人權準則永堅持」，我委實愧不敢當。另一份大禮是一本紀念冊，每位老戰友一頁留言，「秀才人情紙一張」，這些法庭高手，妙語如珠，這些紙上人情貴比金；紀念冊中還收集了我從政的歷史照片和發言撮錄，讓我的回憶（如果要回憶的話）充滿幸福。

步出盛筵，回首1997年我暫別議會時，張健利在送給我的紀念冊 *My Seated Days*[20] 扉頁留言，題上「塵緣未了」四字，堅稱我與香港政治舞台「塵緣未了」。1998年，我的確重返議會，一耽竟13年！我心想，張健利，這趟塵緣了未？

做議員既然「尊貴」，自然諸多限制，在立法會時我常渴望回復自由身，好比莎士比亞劇《大風暴》劇終時，Prospero 釋放 Ariel：To the elements now be free! 不做議員，如釋重負，的確是真的，但是見新一代為自己的前途擔憂，在黑暗中拼力奮鬥，有時問起我的前事，我又回到那遙遠的日子，想起我在這個小島的風風雨雨，不能太上忘情，畢竟有責任說出我的議會故事。

20　見第二章頁74–75。

...The isle is full of noises,

Sounds, and sweet airs, that give delight and hurt not.

Sometimes a thousand twangling instruments

Will hum about mine ears, and sometimes voices

That, if I then had waked after long sleep,

Will make me sleep again: and then in dreaming.

The clouds methought would open and show riches

Ready to drop upon me, that when I waked

I cried to dream again.

—— William Shakespeare, *The Tempest*, Act 3 Scene 2, 138–146

……這小島總是鬧哄哄的，充滿

奇妙的樂聲和曲調，甜美悅耳，不擾人的

有時千種樂器，在我耳邊哼和

有時人聲，讓悠悠醒轉的我

再度入眠，復在夢中遇見

天啟雲門，綻放絢爛，快要

灑滿我身，赫地醒來

我呼喊讓我重新入夢

—— 莎士比亞《大風暴》第3章第2幕，138–146

拱心石之為零

劉偉成

《拱心石下》是吳靄儀1995年至2012年18年間，任立法會法律界功能組別議員的心路歷程全紀錄。書中另有詹德隆和陳文敏的序，既熱血又專業，基本上已是水銀瀉地，很難再找到闡述的空間了，所以我曾打退堂鼓，建議取消這一篇編後記，怎料吳大狀如此敲下定音鎚：「你以編輯角度切入，未嘗不可寫出較當局者更新鮮的觀點和更宏觀的視野。」那我只好嘗試以自己的文學觸覺去闡析這部充滿法治理念的著作。文學跟法律，驟聽起來，彷彿是兩個風馬牛不相及的範疇，但卻是吳事業生涯中兩個不可或缺的元素，她在學院中先是受文史哲訓練，當過編輯報人、專欄作家、時事評論人，接着才負笈海外攻讀法律，回港後當上執業律師和立法會議員。我之所以稱這是近似「回憶錄」的著作，因其構思和推衍手法跟邱吉爾的《二次大戰回憶錄》甚為相似。兩人都有感於天地正氣日漸潰散於動盪世局，遂嘗試藉着親和文筆，將之重新聚結成形，縱然未必可以立時挽回頹勢，但至少可安撫人心，一起迸放正念。

《二》最「盪氣迴腸」之處不在於描畫戰況的情節，而是作者面對國家厄困時，自己如何作出最恰當的抉擇的盤算 —— 當中一定牽涉機會代價，所以書中括引了許多政府文檔、會議紀錄、來往函件、個人備忘等，藉此突顯一刻決定背後的分寸拿捏。《二》出版的年代，互聯網還未盛行，讀者不易翻查資訊，可能還有耐性去消化眾多繁瑣文件，所以當《拱心石下》同樣以如此方式細意鋪墊闡釋決定背後的考量時，我確曾擔心過這會降低讀者購買的意慾。但當你仔細閱讀《吳嘉玲》案的各項判詞和其中牽涉的函件，我們便明白為何吳靄儀等一干大律師要冒着被人抹黑為「滋事分子」也要守穩那個法理的橋頭堡。當我讀到終審法院如何被迫為立下的判詞再作「澄清」時，我心裏同樣感到一陣揪痛。縱使你的立場未必跟吳等一干大律師一致，但看見他們憨憨地堅持、矻矻地苦幹，你便明白在一個文明社會中，政府必須受一定制肘，才不會輕易給當權者利用。

在爭居港權的事件上，這羣律師其實是試着以法例來編神奇女俠的「吐真索」，除了用以羈勒當權者的私心野性外，更重要是迫使他們顯露真正的意圖。既然對政府有如此冀盼（你可說在這方面吳是有點天真的），作者自然也得秉持直白的說話態度和平白親和的文字風格。正如1953年諾貝爾文學獎的頒授詞中指《二次大戰回憶錄》有這樣的特色：「他瞧不起多餘的虛飾，他的暗喻用得很少卻意味深長。」我記得在編纂的過程中，吳曾就我改動的內容添了煽情成分而提出異議，並喻之為「無謂的淚水」。不錯，吳就是將情感交給辛苦蒐集回來的檔案，讓讀者的情感在檔案不同的立場、語調和遣詞中跌宕，讓讀者的理性在我將於下文詳述的"2f–2f"的情緒元素中積厚。我之所以不以加數，而以減法表示，乃因這是「負面情緒」和「正念能量」各佔2f，並存在互相消弭的關係。

牛頭怪與迷宮陣

早前《消失的檔案》這套紀錄片引起頗為廣泛的討論，原來民間所認知的所謂實況，是不斷給當局篡改和捏造出來的，我們正處於一個"falsification"的年代——許多檔案和文件是「被消失」了，挪移到某處，成為建造迷宮的牆。在博爾赫斯（Jorge Luis Borges）的作品中，「迷宮」是常見的意象，單是以此為題的詩作已有三首，其中一首只是三次重複這樣一段內容：「這是克里特島上有牛頭怪盤據其中的迷宮，根據但丁的想像，它是一頭長着人頭的公牛，有多少代人迷失在它錯綜複雜的石砌網絡裏。」博爾赫斯似乎想強調那牛頭怪只是我們想像的投射，其實並不存在，它不是先於迷宮存在，我們建造迷宮不是為了「困」着它，而是讓它「住」在裏面——原來通過篡改和歪曲常理建造的迷宮並不陰森，反之豪華舒適，漸漸，我們已習慣，甚至樂意住在裏面，當最後一絲突兀感也消失，我們便成了「牛頭怪」而不自知。

在〈漁梁渡頭爭渡喧——九七過渡的挑戰〉一章中，我們見到沒有直通車的「立法局」如何演化成「臨時立法會」的迷宮，吳於是提出這樣的反思：「如果臨立會不是《基本法》之下的第一屆立法會，只是個『暫時性組織』，那麼它是不是個立法機關？如果它有權限，那麼權力來自何方？限制為何？香港法庭有沒有權力裁斷？如果法庭認為臨立會權限來自籌委會1996年的議決，法庭是否有權審判該議決的法律效力及範圍？最大的問題，究竟甚麼是香港特區的法律？是否人大決議就是法律？」又例如在〈城春草木深——反對「23條」立法抗爭〉一章中，政府為了給立法開綠燈，甚至將多數反對意見歸為「未能分類」，甚至勉強歸入「支持」一方，務求操控民意，完成政治任務。而吳引述張健利的描畫，我們便可清楚見到「牛頭怪」是如何在自砌的「迷宮」中生成、冒現：「外望街上數千冒着零散雨點聚集的羣眾，吳靄儀必然又一次感受到他們多守秩序和愛好和平，以『國家安全』為名緊急收緊公安法例針對他們，是多大的侮辱和不公平！脱除殖民地管治的政府，第一件事不是放寬而是收緊他們的權利和自由，多麼令人難過！當家作主之後，人民在1998年能享有的選舉權，反而不及1995年作為女皇陛下子民得到的遲來的賜予，那是多大諷刺！」（見第二章）只是「牛頭怪」的數目至今似乎有增無減，迷宮的幅員還不斷在擴大。

這本《拱》最發我深省的，不是只看出“falsification”所衍生的荒謬，還同時也讓我看到「牛頭」和「人身」之間，其實也是用血肉連接，當中不無掙扎的扯痛，學會尊重不同立場者，是走出迷宮的首要竅門。博爾赫斯將上面的段落重複三遍後，最後只加了一句作結：「並且還要在時間的另一個迷宮中迷失。」不錯，我們走出了當下的議題迷宮還不夠，我們還得面對下一代質詢為何上一代沒有好好爭取，而要由他們從零開始打拼。

從鏡子到棋局

在博爾赫斯的作品中，「時間的迷宮」是以「鏡子」來表現的，他有多首以「鏡子」為題的詩作。面對鏡子，詩人不斷重申感到恐懼（fear），他的「鏡子驚慄」大致可分為三類，而吳在《拱》中全都有論及。第一種恐懼就是「營造平靜安憩的假象」：「那恐懼兼及寧靜平展的水潭／其深處天空的另一片蔚藍／時而會被倒懸着的飛鳥掠擾／時而又會被輕波微瀾所攪亂」（〈鏡子〉）。正如特區政府當初為了「建設高鐵」不惜「遷拆菜園村」（詳見第五章），也是營造了一個經濟再次起飛的繁華願景來說服市民支持。而在「23條立法」和「爭取居港權」的事件中，政府則「逆向施術」（就是詩人所說的「倒懸着的飛鳥」所象徵的技倆），指出如果不接納政府的方案，便會破壞香港的「安定繁榮」，同樣是利用市民恐懼失去安定生活的情結。

第二種「鏡子驚慄」乃在於不斷複製臨照的「我」：「你是敢於倍增代表我們的自身／和播弄我們命運之魔物的數量／在我死去之後，你會將另一個人複製／隨後是又一個、又一個、又一個……」（〈致鏡子〉）。現在無論是議員還是官員，也是同一面鏡子不斷複製出來的「我」，在「截取通訊及監察條例草案」審議中，雖然吳靄儀跟涂謹申各自提出了不少修正案，但建制派就是「寸步不讓」，就連「只是順手更正文法錯誤」的修訂也給否決(詳見第五章)——這是多麼弔詭之現象，建制派雖然佔多數議席，但都是沒有「自我」的「我」，本來議會內應是多聲道，現在都變成單聲道——議題「樣板化」、討論渠道「樽頸化」。泛民議員無計可施，只能服膺突破圍堵局面的大前提，於是同樣是在不斷「自我複製」，漸漸「泛民」也「泛」不起來。唐太宗名言：「以人作鏡，可以正得失」，面對眾相一貌的「人」，我們的下一代又可以怎樣「正得失」?

第三種的「鏡子驚慄」就是關乎「正得失」：「現在我害怕鏡子裏/是我靈魂真正面目/他已受到陰影和過錯的侵害/上帝看到，人們或許也看到」。這裏的「我」似乎不盡然只就個人層面而言，引申指社會「大我」也未嘗不可。唐太宗也有「以史作鏡，可以知興替」之語。詩人說害怕上帝和別人看見真面目，因它已「受到陰影和過錯侵害」，而從字裏行間，我們大概可以讀出詩人的含意似乎是除了直接犯錯者以外，連不盡力遏止陰霾蔓延者也該自慚。我們常以為法律的核心價值為「合約精神」，它體現於周密的條例和法案中，但在編纂這本書的過程中，我多次聽見吳說「禮樂風度」才是最高層次的彰顯，無論條例如何縝密也難涵蓋所有世態，所以普通法中特別注重案例，讓社會有完善法則的機會，但大前提是社會大眾要尊重制度、恪守公平原則，不應肆意摧毀或扭曲。每當讀到《拱》中描述的「禮崩樂壞」的瘡痍景況，我強烈地感受到作者的痛心疾首。我想當政府第一次就「居港權」提請人大釋法後，法官聽見申請人父母指「守法先讓子女回內地的喪失資格，非法留港的卻因寬免措施而獲居港權」的荒謬時，應該會心生這種「鏡子驚慄」；我想當梁振英嘗試以「突襲」方式通過「五司十四局」議案而遭到「譴責」時，其中一些參與者或許在夜闌人靜之時會心生這種

「鏡子驚慄」；我想當建制派議員不問情由盲目護航通過高鐵撥款後，不敢走出立法會大樓面對羣眾時，他們心裏大概閃過這種「鏡子驚慄」……

除了「鏡子」，博爾赫斯還鍾情於「棋」的意象，這大概由於棋盤左右兩邊對稱的格局，彷彿是放了一面鏡子在中間而生成的「鏡象」，我想那些格線正好可以消弭一點點「鏡子驚慄」，讓人懂得約束自己，善用權利，發展專長：「棋子們並不知道嚴苛的規則/在約束着自己的意志和進退」。方格間線之於棋盤，就好比法律條文之於《拱》書。如果鏡子是「時間迷宮」，如果鏡子所處的代表「現在」，那麼這些條文、檔案便是接通過去與鏡中未來的脈絡。畫家瑪格列特（René François Ghislain Magritte）筆下的「明鏡」是奇特的，鏡子只會映出臨照人腦後的景象，如果想鏡子映出面容，那麼臨照人只可以把後腦勺對着鏡子，那麼臨照人始終無法看到自己的容貌。所以無論吳在從政18年的生涯裏如何嚴謹處事，都已成歷史，喋喋不休地複述，就好比瑪格列特的鏡子，只照出了後腦勺，沒法令人得見自己的真面目，更遑論展望和部署未來。所以我看過吳交來的書稿後，我便大不韙地向她建議不如加一章闡述這些回憶跟未來的關係，遂有了〈尋找未來的旅程〉，並以此作為序章，其中有這樣一段：「歷史上有令人驚歎的無數例子，對信念的堅持，令處於弱勢的人們一次又一次地戰勝強權，甚至戰勝命運。重大事業需要很多人協力用心，我個人的力量和犧牲微不足道。然而，能控制自己，不等於能控制別人。每個人都有自主權，同行者一旦選擇走上一條我不認同的路，我只得尊重，一任自己的心血付諸東流。過去如此，未來如何，難以逆料。」憑着自己的信念和對人的尊重，我們和下一代該可看清自己的面目，勇於應對「鏡子驚慄」。

我想當一眾議員，夜闌人靜，攬鏡自顧而不生「鏡子驚慄」，我們的議會才能回復尊榮，「尋找未來的旅程」才算圓滿。

大信念小工具

在希臘神話中的大英雄，大多是靠着大信念（faith）來靈巧地運用小工具，才得以戰勝怪物，例如特修斯（Theseus）殺掉迷宮中的牛頭怪後，之所以可全身而退，靠的不過是一個線球；柏修斯（Perseus）之所以可以殺掉蛇髮女妖梅杜莎（Medusa），靠的不過是盾牌的反映；而奧德修斯（Odysseus）之所以逃過海妖塞壬（Siren）的歌聲誘惑，靠的不過是用蠟堵住耳朵。在《拱》書中，法律條文就好像是迷宮中的線球，可領人走出「禮崩樂壞」的迷宮。法律，就是吳憑着大信念行使的小工具，陳文敏在序中寫道，很難得見到有人像吳靄儀那樣對琢磨斟酌法律條文中的遣詞用字都顯得拼勁十足，讀到這裏我不禁莞爾，覺得這也是《拱》值得一提的特色。德國社會學家韋伯（M. E. Weber）將人類的理性分為「工具理性」（instrumental rationality）和「價值理性」（value rationality）。前者就是強調通過靈活運用不同的工具和具體策略來達至最大成效的思考模式，韋伯認為這就是歐洲邁進現代化階段的重要推力；後者則是指審美、倫理和宗教等層面的價值追求。那麼，《拱》可說是以民主、法治的大信念來運用法律這個小工具的理性思考紀錄。其實吳琢磨法律用語跟米高安哲勞（Michelangelo）為着將雕塑作品臻於完美而去解剖屍體的做法如出一轍。

拱心石之為零

代表正念能量的2f，除了信念（faith）外，另一個就是堅持（firm）。信念主要針對當下議題的迷宮，用以抵禦扭曲、篡改事實（falsification）的力量；堅持則回應時間的迷宮，用以消弭種種營造的恐懼（fear）。面對九七過渡的挑戰，吳靄儀如此自勉：「我代表法律界出任立法局議員，最大任務是確保法治的平穩過渡，把守立法局這一關，不讓損害人權法治的惡法通過，同時還要推動一切所需的法例，令人權法治得以安穩延續，要時刻警醒，在法治受到危害之際挺身而出，正直發言。」這徹頭徹尾就是「拱心石」（Keystone）堅定不移的姿態，無怪她會以「信念始終如一」為競選口號。整部《拱》其實就是在談 "2f–2f" 這道公式，而答案自然是等於「0」。這「0」就是拱心石的位置。拱心石就是拱門頂中央那塊梯形楔石，必須不偏不倚，分量十足，才能抵住左右兩方勢力的夾攻，才能將壓力卸回圓拱，不然整道拱門便會塌下，所以它可說是把不同立場的石塊團結起來的中介。一般來說，拱心石都會較其他石塊厚一點點：它敦厚卻能懸空，它位於矚目的高位，卻沒有表現出飄飄然的輕浮，它上闊下窄的形態總予人時刻指望實地的感覺，它守着「0」的位置，就是初心的發端，是一切回憶的源頭，是所有勢力互相抵消達至平衡和諧的關鍵。在拱心石下仰望，就是仰望這維繫和諧大力（Force）的理想位置，所以說渾厚的拱心石是 "2f–2f=0=F" 的最佳體現。讀罷這部《拱心石下》，更會讓你相信這道公式才是給我們的家成就真正「繁榮安定」的進路。